应用型本科 机械类专业"十三五"规划教材

工程训练

主　编　孙　涛　　陈本德

副主编　伍文进　　张　磊　　秦录芳

邬志军　　阮成光

西安电子科技大学出版社

内 容 简 介

本书共分7章，主要介绍与工程训练有关的基础知识和操作方法，包括：工程材料与制造技术基础，铸造、焊接与塑性成形技术，车削加工，铣削、刨削与磨削加工，钳工，数控加工和先进制造技术。同时，本书对各工种列举了加工实例，便于学生学习和应用。

本书可作为大学机械类及近机械类各专业本科、专科的工程训练课教材，同时可供成人高校、电视大学、职工大学、函授大学选用，也可供机械制造行业的工程技术人员参考使用。

图书在版编目（CIP）数据

工程训练/孙涛，陈本德主编. — 西安：西安电子科技大学出版社，2015.9（2018.6重印）
应用型本科 机械类专业"十三五"规划教材
ISBN 978-7-5606-3813-3

Ⅰ.①工… Ⅱ.①孙…②陈… Ⅲ.①机械制造工艺—高等学校—教材 Ⅳ.①TH16

中国版本图书馆CIP数据核字（2015）第199449号

策划编辑 高樱
责任编辑 马武装 刘莉莉
出版发行 西安电子科技大学出版社（西安市太白南路2号）
电 话 （029）88242885 88201467 邮 编 710071
网 址 www.xduph.com 电子邮箱 xdupfxb001@163.com
经 销 新华书店
印刷单位 陕西天意印务有限责任公司
版 次 2015年9月第1版 2018年6月第3次印刷
开 本 787毫米×1092毫米 1/16 印 张 16.5
字 数 327千字
印 数 6001～9000册
定 价 37.00元

ISBN 978-7-5606-3813-3/TH

XDUP 4105001-3

＊＊＊＊＊如有印装问题可调换＊＊＊＊＊

本社图书封面为激光防伪覆膜，谨防盗版

前　言

本书是应用型本科机械类专业"十三五"规划教材，是应用型本科院校理工科类专业学生"工程训练"课程教学用书。本书以"培养高素质的工程技术类应用型人才"为指导思想，在内容上突出"先进性和适用性"，结合编者多年实践教学经验编写而成。

应用型本科教育要求其培养的毕业生应具备熟练应用高新技术的能力，具有实践动手能力和创新精神，能够与企业实现无缝对接。实践教学有利于培养和锻炼学生综合运用所学专业理论和技能、独立工作的能力，有利于开发学生的创造能力，也有利于培养学生良好的职业道德、意志品质、心理承受能力和团结协作精神，使他们毕业后能尽快地适应岗位工作。

通过对本书的学习，学生可以了解毛坯和零件的加工工艺过程，正确地掌握材料及零件的主要加工方法，并获得基本操作技能，同时对机械制造的全过程有一个初步的了解，为以后的学习及工作打下一定的实践基础。

机械学科发展日新月异，新的加工设备、加工技术和加工工艺不断发展，要适应时代的发展，培养适合企业需求的人才，除了了解传统的机械加工设备、技术和工艺方法，更需要了解和学习现今机械加工技术的发展情况和未来的发展方向。因此，本书与其他同类教材相比，在内容编排上体现了"先进性和适用性"。

本书在介绍传统工种基础知识和操作方法的同时，也着重介绍了各种刀具材料、数控刀具的结构和选用，以及数控车床、数控铣床（加工中心）、数控线切割和数控电火花的编程操作等当今机械加工技术所需的内容。同时，本书对一些先进制造技术的发展也进行了介绍，有利于扩展学生的知识面。

此外，全书贯彻由浅入深、循序渐进的原则，在首先介绍工程材料和制造技术基础内容的基础上，以操作过程和操作技术为主，依次对各种加工技术进行介绍，并列举了加工实例，以培养学生掌握实际基本技能的能力。同时，每章最后都附有复习思考题，以引导学生独立思考，培养其分析问题和解决问题的能力。

本书由孙涛（徐州工程学院）和陈本德（三江学院）同志主编，伍文进（徐州工程学院）、张磊（徐州工程学院）、秦录芳（徐州工程学院）、邬志军（皖西学院）和阮成光同志担任副主编。其中，孙涛编写了第1章和第5章，陈本德编写了第2章，秦录芳编写了第3章，张磊编写了第4章，伍文进编写了第6章和第7章部分内容，阮成光编写了第7章部分内容。邬志军负责全书的统稿工作。

本书可作为大学机械类及近机械类各专业本科、专科的工程训练课教材，同时可供成人高校、电视大学、职工大学、函授大学选用，也可供机械制造行业的工程技术人员参考使用。

由于编者水平有限，本书不足之处在所难免，衷心希望读者批评指正。

编　者
2015 年 3 月

应用型本科 机械类专业规划教材
编审专家委员名单

主 任：张　杰（南京工程学院 机械工程学院 院长/教授）

副主任：陈　南（三江学院 机械学院 院长/教授）

丁红燕（淮阴工学院 机械与材料工程学院 院长/教授）

郭兰中（常熟理工学院 机械工程学院 院长/教授）

花国然（南通大学 机械工程学院 副院长/教授）

张晓东（皖西学院 机电学院 院长/教授）

成 员：（按姓氏拼音排列）

陈劲松（淮海工学院 机械学院 副院长/副教授）

胡爱萍（常州大学 机械工程学院 副院长/教授）

刘春节（常州工学院 机电工程学院 副院长/副教授）

刘　平（上海第二工业大学 机电工程学院 教授）

茅　健（上海工程技术大学 机械工程学院 副院长/副教授）

唐友亮（宿迁学院 机电工程系 副主任/副教授）

王树臣（徐州工程学院 机电工程学院 副院长/教授）

王书林（南京工程学院 汽车与轨道交通学院 副院长/副教授）

温宏愿（南理工泰州科技学院 智能制造学院 院长/副教授）

吴懋亮（上海电力学院 能源与机械工程学院 副院长/副教授）

许德章（安徽工程大学 机械与汽车工程学院 院长/教授）

许泽银（合肥学院 机械工程系 主任/副教授）

周　海（盐城工学院 机械工程学院 院长/教授）

周扩建（金陵科技学院 机电工程学院 副院长/副教授）

朱龙英（盐城工学院 汽车工程学院 院长/教授）

朱协彬（安徽工程大学 机械与汽车工程学院 副院长/教授）

目　　录

第 1 章　工程材料与制造技术基础

1.1　工程材料

1.1.1　材料的发展与概述

世界是由物质构成的，材料就是人们用来制成各种机器、器件、结构等具有某种特性的物质实体。材料是人类社会生活的物质基础，材料的发展引起时代的变迁，推动人类文明和社会的进步。

在古代，生活、祭祀和先进武器等的需求促进了新材料的应用。在现代，材料广泛用于大众的生活和不断发展的制造业中。人们对高品质生活的不断追求和对高性能器具的广泛需求，是新材料发展的动力。在知识经济时代，材料、能源和信息并列为现代科学技术的三大支柱，其作用和意义尤为突出。

人类文明的发展史，就是利用材料、制造材料和创造材料的历史。从人类的出现到21世纪的今天，人类的文明程度不断提高，材料及材料科学也在不断发展。在人类文明的进程中，有学者将材料的发展归纳为以下八个发展阶段：天然材料→陶瓷→青铜→铁→钢→有色金属→高分子材料→新型材料。

1. 使用纯天然材料的阶段

距今约300万年前～距今约1万年前，人类只能使用天然材料(如兽皮、甲骨、羽毛、树木、草叶、石块等)，相当于人们通常所说的旧石器时代。在这一阶段的后期，人们在制造器物方面有了技巧，但都只是纯天然材料的简单加工，如石针和石刀。

2. 使用陶瓷的阶段

距今约1万年前陶器开始出现，人们用黏土或以黏土、长石、石英为主的混合物，经成型、干燥、烧制(烧制温度低于1200 ℃)，得到坚硬的陶器。陶器的出现成为新石器时代开始的标志之一。陶器是人类创造的第一种无机非金属材料，陶器也是最早的耐火材料，为以后的铜、铁冶炼提供了物质条件。

3000多年前的殷、周时期，通过炉窑烧制，温度达到1200 ℃，能将金属氧化物烧制成釉瓷。釉瓷的用途更为广泛，质地比陶器更为细腻，且外观美观。

3. 使用青铜的阶段

我国青铜的冶炼可追溯到公元前3600年，晚于埃及和西亚民族(伊朗、伊拉克)，到殷、西周时期已经发展到较高水平。青铜即铜锡合金，其冶炼温度较低，制作器具的成型性好，是人类最早大规模利用的金属材料。当时，青铜的用途非常广泛，包括钱币、武器、工具以及社会生活的其他方面。

4. 使用铁的阶段

铁器的使用大约追溯到公元前1000年，中国最早关于使用铁制工具的文字记载是《左传》中的晋国铸铁鼎。由于铁具有比青铜更好的性能，如：铁制农具的强度和硬度比铜高、更加耐用、价格便宜，铁制盔甲比铜制盔甲轻、增加了战士的灵活性，铁制兵器比铜制兵器轻巧、锋利和耐用，因此铁器的崛起宣告青铜器退出历史舞台。

5. 使用钢的阶段

距今1800年前出现了两步炼钢技术，即先炼成铁、再炼成钢。但大规模的炼钢工业出现在19世纪70年代的英国。从此以后，钢轨、钢桥、钢船、钢枪、钢炮等逐步取代了铸铁。1898年美国机械工程师Taylor和冶金工程师White发明了工具钢W18Cr4V（高速钢），在当时使得车削速度提高了几倍，对机械工业的发展起了极其重要的推动作用；1916年英国科学家Harry Brearley发明的不锈钢开始工业规模生产，为化学工业的发展做出了重大贡献。

6. 使用有色金属的阶段

近代以来，人们除发展钢铁材料以外，还进一步发展金、银、铜、钛、铝、镁、钼等有色金属及其合金材料。有色合金的强度和硬度一般比纯金属高，电阻比纯金属大、电阻温度系数小，具有良好的综合机械性能。对有色金属资源的开发和利用，不只是对钢铁材料的补充，更重要的是可发挥和开发钢铁材料不具备的各种特殊性能。如：钛合金具有比强度高、抗腐蚀、耐高温等优点，故广泛用于航空航天、航海等行业。

7. 使用高分子材料的阶段

天然高分子材料（丝、皮、毛等）从远古就已经被人们发现并利用。现代，高分子材料已与金属材料、无机非金属材料相同，成为科学技术、经济建设中的重要材料。如：由高分子黏合剂与聚丙烯腈制成的高强度、高模量碳纤维复合材料成为飞行器理想的壳体；可抗酸、碱、盐溶液和蒸汽等腐蚀的聚四氟乙烯广泛用于各行各业。

8. 使用新型材料的阶段

20世纪人类进入新材料时代，新材料技术成为全球新技术革命的四大标志之一。新型材料和传统材料相比具有优异的性能和特定的功能，是信息、航天、生物、能源等高技术行业的重要物质基础。新材料技术的发展会对国家、社会和个人产生重要的影响，如：超纯硅、砷化镓研制成功，导致大规模和超大规模集成电路的诞生，使计算机运算速度从每秒几十万次提高到现在的每秒百亿次以上。金属与无机材料的复合、金属与高分子材料的复合、无机材料与高分子材料的复合等，这些新材料技术的发展使生产力得到了极大的提高，推动了人类社会的发展。

1.1.2 工程材料的分类与应用

工程材料是用于制造工程结构和机械零件并主要要求力学性能的结构材料。按照材料的组成与结合键特点，工程材料可以划分为四种材料类型。

1. 金属材料

金属材料是以金属键结合为主的材料。其具有良好的导电性、导热性、延展性和金属光泽等特点，用量最大、应用最广泛。金属材料包括黑色金属和有色金属。

铁及铁合金称为黑色金属，即钢铁材料，其世界年产量已达10亿吨，在机械产品中的用量已占整个用材的60%以上。

除钢铁以外，铝、铜、钛、镍等金属及其合金称为有色金属。通常，有色金属分为5类：重金属（如：Cu、Zn）、轻金属（如：Al、Mg）、贵金属（如：Ag、Au）、半金属（如：Si、As）、稀有金属（如：Ti、W）。有色合金常分为4类：重有色金属合金（如：铜合金、镍合金）、轻有色金属合金（如：铝合金、镁合金）、贵有色金属合金（如：银合金）、稀有金属合金（如：钛合金）。有色金属的产量和用量不如黑色金属多，但其具有许多优良的特性，如特殊的电、磁、热性能，耐蚀性能及高的比强度（强度与密度之比）等，已成为现代工业中不可缺少的金属材料。

2. 陶瓷材料

陶瓷材料是以共价键和离子键结合为主的材料，具有硬度高、熔点高、绝缘性优良、抗氧化性和耐腐蚀好等特点。陶瓷材料分为传统陶瓷、近代陶瓷和金属陶瓷三类。

传统陶瓷又称普通陶瓷，以黏土（塑性组分）、长石（熔剂组分）、石英（惰性组分）等天然矿物为原料，经粉碎、混合、磨细、成型、干燥、烧成等工序制成，适用于日用、电气、化工、建筑等行业，如装饰瓷、餐具、耐蚀容器等。

近代陶瓷又称特种陶瓷，是以人工合成材料为原料的陶瓷，可分为氧化物陶瓷、氮化物陶瓷和碳化物陶瓷。氧化物陶瓷以Al_2O_3为主要成分，氮化物陶瓷最常用的有氮化硅和氮化硼陶瓷，碳化物陶瓷主要成分有SiC、WC、TiC等。特种陶瓷硬度高、耐高温、化学稳定性好，普遍适用于刀具、密封环、高温轴承等场合。

金属陶瓷以金属氧化物或碳化物为主要成分，加入适量的金属粉末，通过粉末冶金的方法制成，具有某些金属性质。金属陶瓷是金属切削刀具、模具和耐磨零件的重要材料。

3. 高分子材料

高分子材料是以分子键和共价键结合为主的材料，具有塑性高、耐蚀性强、电绝缘性好、减振性好和密度小等特点，包括塑料、橡胶及合成纤维等。高分子材料在机械、电气、纺织、汽车、飞机、轮船等制造工业和化学、交通运输、航空航天等行业中被广泛应用。

4. 复合材料

复合材料是由两种或两种以上物理和化学性质不同的物质采用适当的工艺组合而成的一种多相固体材料，而且这种多相固体材料的性能比单一材料的性能优越。按基体材料分类，复合材料可以分为聚合物基复合材料、金属基复合材料和无机非金属基复合材料。聚合物基复合材料以有机聚合物（热固性树脂、热塑性树脂及橡胶等）为基体；金属基复合材料以金属（铝、镁、钛等）为基体；无机非金属基复合材料以陶瓷材料（也包括玻璃和水泥）为基体。

复合材料在航空航天、交通运输、化学工业、电气工业、建筑工业、机械工业和体育用品等方面的用途非常广泛，如："科曼奇"直升机的机身有70%是由复合材料制成的；第四代战斗机F/A-22中聚合物基复合材料的比例占到24%，主要用于机翼、尾翼、中机身蒙皮和隔框等；用复合材料制造的汽车部件较多，如车体、驾驶室、挡泥板、保险杠、引擎罩、仪表盘和驱动轴等；聚合物基复合材料由于具有优异的电绝缘特性，被广泛地用于电机、电工器材的制造中；复合材料在机械制造工业中，用于制造各种叶片、风机和各种机械部件如齿轮、皮带轮和防护罩等；在体育用品方面，复合材料被用于制造赛车、赛艇、皮艇、划桨、撑杆、球拍、弓箭、雪橇等。

1.1.3 工程材料的性能

工程材料的性能包括使用性能和工艺性能。使用性能是指材料在使用条件下表现出的性能，包括力学性能、物理性能和化学性能等；工艺性能指材料在加工过程中反映出的性能。

1. 工程材料的力学性能

材料在外力作用下所表现出的各种性能称为力学性能。常见的有强度、硬度、塑性、冲击韧性和断裂韧性等。

1）强度

强度是指在外力作用下材料抵抗变形和断裂的能力，是材料最重要、最基本的力学性能指标之一。

图1-1是低碳钢的应力—应变曲线，由于曲线是在缓慢加载前提下进行试验的，所以可以看做是在静载荷条件下得出的静载强度，包括比例极限 σ_p、弹性极限 σ_e、屈服极限 σ_s 和强度极限 σ_b。

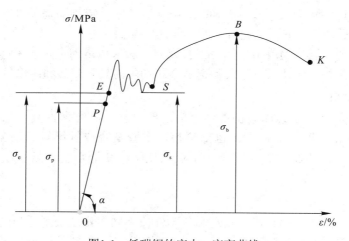

图1-1 低碳钢的应力—应变曲线

比例极限 σ_p 是指材料在不偏离应力与应变正比关系（胡克定律）条件下所能承受的最大应力。

弹性极限 σ_e 是指材料保持完全弹性变形的最大应力，它是衡量材料抵抗弹性变形能力的指标，在工程上亦叫刚度。

当应力超过 σ_e 后，应力与应变之间的直线关系被破坏，并出现屈服平台或屈服齿。如果卸载，试样的变形只能部分恢复，而保留一部分残余变形，即塑性变形，这说明变形进入弹塑性变形阶段。此时所对应的应力就称为材料的屈服强度或屈服点 σ_s，它表示材料抵抗微量塑性变形的能力。

当应力超过 σ_s 后，试样发生明显而均匀的塑性变形，若使试样的应变增大，则必须增加应力值，这种随着塑性变形的增大，塑性变形抗力不断增加的现象称为加工硬化或形变强化。当应力达到 σ_b 时，试样的均匀变形阶段终止，此最大应力 σ_b 称为材料的强度极限或抗拉强度，它表示材料对最大均匀塑性变形的抗力。

除此之外，变载时的强度也是衡量材料工作性能的一项重要指标。最常用的指标是疲劳强度，它是指材料在无数次交变载荷作用下不致断裂的最大应力，用 σ_{-1} 表示。实际上，一般试验规定，钢经受 $10^6 \sim 10^7$ 次、有色金属经受 $10^7 \sim 10^8$ 次交变载荷作用而不断裂的最大应力为疲劳强度。金属的疲劳强度与抗拉强度之间的近似关系为：碳素钢的 $\sigma_{-1} = (0.4 \sim 0.55) \sigma_b$，灰铸铁的 $\sigma_{-1} = 0.4\sigma_b$，有色金属的 $\sigma_{-1} = (0.3 \sim 0.4) \sigma_b$。

2）塑性

材料在外力作用下，产生塑性变形而不断裂的性能称为塑性。塑性的大小用伸长率 δ 和断面收缩率 ψ 表示。δ 和 ψ 值愈大，材料的塑性愈好。

3）硬度

硬度是指在外力作用下材料抵抗局部塑性变形的能力，即抵抗外物压入其表面的能力。常用的硬度有布氏硬度 HB、洛氏硬度 HR 和维氏硬度 HV。布氏硬度测定结果较准确，但压痕大，不适合成品检验；洛氏硬度压痕小，可用于较薄工件或表面较薄硬化层的检测；维氏硬度测定所用载荷小、压痕浅，适用于测定零件表面的薄硬化层、镀层及薄片材料的硬度，同时，载荷可调范围宽，对软、硬材料都适用。

此外，工程材料的力学性能还有：衡量材料抵抗冲击载荷能力的冲击韧度 a_k 或冲击功 A_k、衡量材料抵抗裂纹扩展能力的断裂韧性 K_{1C} 和衡量材料抵抗磨损能力的耐磨性等。

2. 工程材料的其他性能

工程材料除了力学性能之外，还包括物理性能、化学性能和工艺性能。物理性能主要包括材料的电性能、磁性能、光性能、热性能等；化学性能包括抗腐蚀性、抗氧化性等；工艺性能包括铸造性能、塑性加工性能、焊接性能、切削加工性能和热处理性能等。

1.1.4　机械产品常用的金属材料

金属材料是国民经济建设的重要生产资料。金属材料的品种规格繁多，性能和用途各异，在机械、冶金、矿山、石油、化工、轻工、建筑、制造、纺织等行业应用十分广泛。金属材料可分为两大类：钢铁和非铁金属（或有色金属）。

1. 钢铁材料

钢铁是钢和铁的统称。钢和铁都是以铁和碳为主要元素组成的合金。钢铁材料是工业中应用最广、用量最大的金属材料。钢铁材料分为生铁、铸铁和钢三类。

1）生铁的分类

生铁是碳的质量分数大于 2% 的铁碳合金（工业生铁一般含碳量为 2.11% ～ 4.3%），用铁矿石经高炉冶炼而成。按用途可将生铁分为炼钢生铁和铸造生铁；按化学成分可将生铁分为普通生铁和特种生铁（包括天然合金生铁和铁合金）。

2）铸铁的分类

碳的质量分数超过 2% 的铁碳合金称为铸铁（工业用铸铁一般含碳量为 2.5% ～

3.5%）。铸铁一般用铸造生铁经冲天炉等设备重熔，用于浇注机器零件。按断口颜色可将铸铁分为灰铸铁、白口铸铁和麻口铸铁；按化学成分可将铸铁分为普通铸铁和合金铸铁；按生产工艺和组织性能可将铸铁分为普通灰铸铁、孕育铸铁、可锻铸铁、球墨铸铁和特殊性能铸铁。

3）钢的分类

碳的质量分数不超过2%的铁碳合金称为钢。按用途可将钢分为结构钢、工具钢、特殊钢和专业用钢；按化学成分可将钢分为碳素钢和合金钢，具体分类方法见表1-1。

碳钢的编号方法如表1-2所示。

表1-1 钢的分类

分类方法	分类名称		说　明
按用途分	结构钢	建筑及工程用结构钢	建筑及工程用结构钢（简称建造用钢），是指用于建筑、船舶、锅炉或其他工程上制作金属结构件的钢。这类钢大多是低碳钢，因为它们多要经过焊接施工，含碳量不宜过高，一般都是在热轧供应状态或正火状态下使用
		机械制造用结构钢	机械制造用结构钢是指用于制造机械设备上结构零件的钢。这类钢基本上都是优质钢或高级优质钢，往往要经过热处理、冷塑成形和机械切削加工后才能使用
	工具钢		工具钢是指用于制造各种工具的钢。 按其化学成分，通常分为：碳素工具钢、合金工具钢和高速钢；按照用途又可分为：刃具钢（或称刀具钢）、模具钢（包括冷作模具钢和热作模具钢）、量具钢
	特殊钢		特殊钢是指用特殊方法生产，具有特殊物理、化学性能或力学性能的钢，主要有：不锈耐酸钢、耐热不起皮钢、高电阻合金钢、低温用钢、耐磨钢、磁钢（包括硬磁钢和软磁钢）、抗磁钢、超高强度钢（$\sigma_b \geq 1400\ MPa$ 的钢）
	专业用钢		专业用钢是指各个工业部门专业用途的钢。如：机床用钢、重型机械和农机用钢、汽车用钢、航空航天用钢、石油和化工机械用钢、锅炉用钢、电工用钢等
按化学成分分	碳素钢		碳素钢是指含碳量w_c低于2%，并含有少量锰、硅、硫、磷、氧等杂质元素的铁碳合金。 按其含碳量的不同可分为：工业纯铁（$w_c \leq 0.04\%$的铁碳合金）、低碳钢（$w_c \leq 0.25\%$的钢）、中碳钢（$w_c = 0.25\% \sim 0.6\%$的钢）和高碳钢（$w_c > 0.6\%$的钢）。按照钢的质量和用途的不同，碳素钢通常又分为：普通碳素结构钢、优质碳素结构钢和工具碳素钢三大类
	合金钢		合金钢是指在碳素钢的基础上，为了改善钢的性能，在冶炼时特意加入一些合金元素（如铬、镍、硅、锰、钼、钨、钒、钛、硼等）而炼成的钢。 按其合金元素的种类不同，可分为：铬钢、锰钢、铬锰钢、铬镍钢、铬钼钢、硅锰钢和硅锰钼钒钢等。按其合金元素的总含量，可分为：低合金钢（合金元素含量小于5%）、中合金钢（合金元素含量为5%～10%）和高合金钢（合金元素含量大于10%）

表 1-2　碳钢的编号方法

分类	编号方法		常用牌号及用途
	举　例	说　明	
碳素结构钢	Q235-A.F	"Q"为"屈"字的汉语拼音字首，后面的数字为屈服点（MPa）。A、B、C、D 依次代表质量等级从低到高。F、b、Z、TZ 分别表示沸腾钢、半镇静钢、镇静钢和特殊镇静钢	碳素结构钢主要用于各类建筑工程，制造承受静载荷的各种金属构件及不需要热处理的机械零件和一般焊接件。如：Q195、Q215、Q235 钢焊接性能好，塑性和韧性好，有一定强度，常轧制成钢筋和焊接钢管等，用于桥梁、建筑等结构和制造普通螺钉、螺母等零件；Q255 和 Q275 钢强度较高，塑性、韧性较好，可进行焊接，通常轧制成型钢、条钢和钢板作结构件以及制造简单机械的连杆、齿轮和联轴节等零件
优质碳素结构钢	40Mn	数字表示单位为0.01%的平均含碳量。化学元素符号 Mn 表示钢中的含锰量较高	优质碳素结构钢的硫磷含量低于0.035%，主要用来制造较为重要的机件。如：20 钢属于低碳钢，常用来制造螺钉、螺母、垫圈、小轴以及冲压件、焊接件；45钢属于中碳钢，在机械结构中用途最广，常用来制造轴、丝杠、齿轮、连杆、套筒、键、重要螺钉和螺母等；65、75 钢等属于高碳钢，不仅强度、硬度高，且弹性优良，常用来制造小弹簧、发条、钢丝绳、轧辊等
碳素工具钢	T8A	"T"为"碳"字的汉语拼音字首，后面的数字表示单位为0.1%的平均含碳量，A 表示高级优质	碳素工具钢用于制作刃具、模具和量具。如：T7 钢具有良好的韧性，但耐磨性不高，适于制作切削软材料的刃具和承受冲击负荷的工具，如木工工具、镰刀、锤子等；T8Mn 钢淬透性较好，适于制作断口较大的木工工具、煤矿用凿、石工凿和要求变形小的手锯条、横纹锉刀等；T12 钢硬度高、耐磨性好，但是韧性低，适于制作不受冲击的，要求硬度高、耐磨性好的切削工具和测量工具，如刮刀、钻头、铰刀、扩孔钻、丝锥、板牙和千分尺等
铸造碳钢	ZG200-400	"ZG"代表碳钢，后面的第一组数字表示屈服点（MPa），第二组数字表示抗拉强度（MPa）	ZG200-400为低碳铸钢，用于制造机座、变速箱体等受力不大，但要求韧性的零部件；ZG230-450 为低碳铸钢，用于制造轴承盖、底板、阀体、机座等负载不大、韧性较好的零部件；ZG310-570 为中碳铸铁，用于制造联轴器、大齿轮、缸体、轴等重负载零件；ZG340-640 为高碳铸铁，用于制造强度、硬度和耐磨性要求很高的零件，如：起重运输机齿轮、联轴器、齿轮、车轮、阀轮、叉头等

2. 有色金属材料

有色金属材料通常是指除去钢铁(又称黑色金属材料)以外的所有金属。在工业生产中，应用较为广泛的是铝、铜、锌、钛、镍等金属及其合金和轴承合金。

1）铝合金

铝是目前工业中用量最大的有色金属。纯铝为纯白色，具有密度小($2.72 \ g/cm^3$)、无磁性、良好的导电和导热性、极好的塑性、耐腐蚀性好等特点。

按照成分，纯铝可以分为高纯铝、工业高纯铝和工业纯铝。纯铝的应用很少，主要用于科学试验和化学工业或者用于配制铝合金。

纯铝的强度和硬度很低，不宜做工程结构材料，向铝中加入适量Si、Cu、Mg、Zn等元素（主加元素）和Cr、Ti、Zr、B、Ni等元素（辅加元素），组成铝合金，可提高铝的强度并保持纯铝的特性。铝合金根据其成分和工艺特点，可分为形变铝合金和铸造铝合金两大类。铝合金在高耐腐蚀性的薄板容器（如焊接油箱）、窗框、飞机骨架、发动机的活塞和气缸体等方面都有广泛应用。

2）铜合金

铜合金以纯铜为基体加入一种或几种其他元素所构成的合金。纯铜呈紫红色，又称紫铜。纯铜密度为8.96 g/cm³，熔点为1083℃，具有优良的导电性、导热性、延展性和耐蚀性。铜合金主要用于制作发电机、母线、电缆、开关装置、变压器等电工器材和热交换器、管道、太阳能加热装置的平板集热器等导热器材。

常用的铜合金分为黄铜、青铜、白铜三大类。

3）钛合金

钛是同素异构体，熔点为1668℃，在低于882℃时呈密排六方晶格结构，称为α钛；在882℃以上呈体心立方晶格结构，称为β钛。利用钛的上述两种结构的不同特点，向钛中添加适当的合金元素，使其相变温度及相分含量逐渐改变而得到不同组织的钛合金。室温下，钛合金有三种基体组织，钛合金也就分为以下三类：α合金，(α＋β)合金和β合金。中国分别以TA、TC、TB表示。

钛是20世纪50年代发展起来的一种重要的结构金属，钛合金因具有比强度高、耐蚀性好、耐热性高等特点而被广泛用于各个领域。许多国家都认识到钛合金材料的重要性，相继对其进行研究开发，钛合金在航空航天、海洋工业、医疗机械等行业得到了广泛应用。

4）轴承合金

轴承合金是制造轴承用的合金的总称。对轴承材料，要求与轴表面的摩擦系数小，轴颈的磨损少，而且能承受足够大的比压。常用的轴承合金有巴比合金、青铜、铸铁等。

1.1.5　金属热处理的基本概念

1. 金属热处理工艺基本知识

金属热处理是指通过对工件的加热、保温和冷却，使金属或合金的组织结构发生变化，从而获得预期的性能（如机械性能、加工性能、物理性能和化学性能等）的操作工艺。工件热处理的目的是通过热处理这一重要手段，来改变（或改善）工件内部组织结构，从而获得所需要的性能并提高工件的使用寿命。

热处理工艺一般包括加热、保温、冷却三个过程，有时只有加热和冷却两个过程。这些过程互相衔接，不可间断。

加热是热处理的重要工序之一。金属加热时，工件暴露在空气中，常常发生氧化、脱碳（即钢铁零件表面碳含量降低），这对于热处理后零件的表面性能有很不利的影响。因而金属通常应在可控气氛或保护气氛中、熔融盐中和真空中加热，也可用涂料或包装方法进行保护加热。

　　加热温度是热处理工艺的重要工艺参数之一，选择和控制加热温度，是保证热处理质量的主要问题。加热温度随被处理的金属材料和热处理的目的不同而异，但一般都是加热到相变温度以上，以获得高温组织。显微组织转变需要一定的时间，因此当金属工件表面达到要求的加热温度时，还须在此温度保持一定时间，使内外温度一致，使显微组织转变完全，这段时间称为保温时间。采用高能密度加热和表面热处理时，加热速度极快，一般就没有保温时间，而化学热处理的保温时间往往较长。

　　冷却也是热处理工艺过程中不可缺少的步骤，冷却方法因工艺不同而不同，主要是控制冷却速度。一般退火的冷却速度最慢，正火的冷却速度较快，淬火的冷却速度更快。钢种不同对冷却有不同的要求，例如空硬钢（空冷硬化钢的简称）就可以用正火的冷却速度进行淬硬。

　　在热处理时，因工件的大小不同，形状不同，材料的化学成分不同，要采用不同的加热速度、最高加热温度、保温时间和冷却速度。通常把加热速度、最高加热温度、保温时间和冷却速度称为工件热处理的四个要素，也称工艺参数。正确地确定工艺参数和保证实施好工艺，就能获得预期的效果，并将得到满意的性能。

　　从数学的观点看，热处理的质量是温度和时间的函数，所以工件的热处理工艺规范可用时间—温度为坐标表示出来。任何工件的热处理，都应包括四个重要因素：加热速度 V、最高加热温度 T、保温时间 h、冷却速度 V_t。图 1-2 为金属热处理规范示意图。

　　金属热处理工艺大体可分为整体热处理、表面热处理和化学热处理三大类。根据加热介质、加热温度和冷却方法的不同，每一大类又可分为若干不同的热处理工艺。同一种金属采

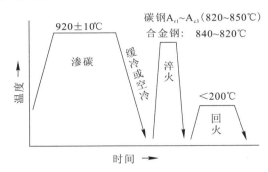

图 1-2　热处理规范示意图

用不同的热处理工艺，可获得不同的组织，从而具有不同的性能。钢铁是工业上应用最广的金属，而且钢铁显微组织也最为复杂，因此钢铁热处理工艺种类繁多。

　　整体热处理是对工件整体加热，然后以适当的速度冷却，以改变其整体力学性能的金属热处理工艺。钢铁整体热处理有退火、正火、淬火和回火四种基本工艺。

　　2. 整体热处理的基本知识

　　1）退火

　　退火是将工件加热到适当温度，根据材料和工件尺寸采用不同的保温时间，然后在一定条件下进行缓慢冷却（冷却速度最慢），目的是使金属内部组织达到或接近平衡状态，获得良好的工艺性能和使用性能，可为进一步淬火作组织准备。退火后的金相显微组织如图 1-3 所示。

　　2）正火

　　正火是将工件加热到适当的温度后在空气中冷却，正火的效果同退火相似，但正火的冷却速度稍快于退火，得到的组织也更细，常用于改善材料的切削性能，也可用于对一些要求不高的零件作为最终热处理，正火后的金相显微组织如图 1-3（b）所示。

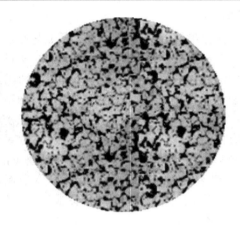

（a）退火后的金相显微组织　　　　　　　　　（b）正火后的金相显微组织

图 1-3　退火与正火后组织的比较

3）淬火

淬火是将工件加热保温后，在水、油或其他无机盐、有机盐水溶液等淬冷介质中快速冷却。淬火后钢件变硬，但同时变脆。

为了降低钢件的脆性，将淬火后的钢件在高于室温而低于710℃的某一适当温度进行长时间的保温，再进行冷却，这种工艺称为回火。

退火、正火、淬火、回火是整体热处理中的"四把火"，其中的淬火与回火关系密切，常常配合使用，缺一不可。

4）回火

"四把火"随着加热温度和冷却方式的不同，又演变出不同的热处理工艺。为了获得一定的强度和韧性，把淬火和高温回火结合起来的工艺，称为调质。某些合金淬火形成过饱和固溶体后，将其置于室温或稍高的适当温度下保温较长时间，以提高合金的硬度、强度或电性磁性等，这样的热处理工艺称为时效处理。把压力加工形变与热处理有效而紧密地结合起来进行，使工件获得很好的强度、韧性的方法称为形变热处理；在负压气氛或真空中进行的热处理称为真空热处理，它不仅能使工件不氧化，不脱碳，保持处理后工件表面光洁，提高工件的性能，还可以通入渗剂对工件进行化学热处理。

3. 表面热处理的基本知识

表面热处理是只加热工件表层，以改变其表层力学性能的金属热处理工艺。为了只加热工件表层而不使过多的热量传入工件内部，使用的热源须具有高的能量密度，即能在单位面积的工件上给予较大的热能，使工件表层或局部能短时或瞬时达到高温。

表面热处理的主要方法有激光热处理、火焰淬火和感应加热热处理，常用的热源有氧乙炔或氧丙烷等火焰、感应电流、激光和电子束等。

4. 化学热处理的基本知识

化学热处理是通过改变工件表层化学成分、组织和性能的金属热处理工艺。化学热处理与表面热处理不同之处是前者改变了工件表层的化学成分。化学热处理是将工件放在含碳、氮或其他合金元素的介质（气体、液体、固体）中加热，保温较长时间，从而使工件表层渗入碳、氮、硼和铬等元素。渗入元素后，有时还要进行其他热处理工艺如淬火及回火。

化学热处理的主要方法有渗碳、渗氮、渗金属、复合渗等。

热处理是机械零件和工模具制造过程中的重要工序之一，它可以保证和提高工件的各种性能，如耐磨性、耐腐蚀性等。还可以改善毛坯的组织和应力状态，以利于进行各种冷、热加工。例如白口铸铁经过长时间退火处理可以获得可锻铸铁，提高塑性；齿轮采用正确的热处理工艺，使用寿命可以比不经热处理的齿轮提高几倍甚至几十倍；另外，廉价的碳钢通过渗入某些合金元素就具有某些价格昂贵的合金钢性能，可以代替某些耐热钢、不锈钢；工模具钢则几乎全部需要经过热处理方可使用。

1.1.6　刀具常用材料

刀具的发展在人类进步的历史上占有重要的地位。中国早在公元前 28 ~ 前 20 世纪，就已出现黄铜和紫铜的锥、钻、刀等铜质刀具。战国后期（公元前 3 世纪），由于人们掌握了渗碳技术，制成了钢质刀具。当时的钻头和锯，与现代的扁钻和锯已有相似之处。

刀具的快速发展是在 18 世纪后期，伴随蒸汽机等机器的发展而来。1780 年至 1898 年期间，刀具材料主要有碳素工具钢和合金工具钢，切削速度大概为 6 ~ 12 m/min。1898 年 Taylor 和 White 发明了高速钢，切削速度可较前提高 2 ~ 6 倍。1927 年，德国出现了 widia 牌硬质合金，其切削速度较高速钢提高了 2 ~ 5 倍。此后，许多新的刀具材料如：变型硬质合金、单晶金刚石、各种涂层硬质合金（TiC、TiN、TiAlN、Al_2O_3 等）及陶瓷和各种新型磨料如立方氮化硼等也相继出现，使刀具（砂轮）耐用度、切削（磨削）速度得到大幅度提高，出现了高速切削、高速磨削、缓磨和高效深磨等。刀具材料的发展与切削加工高速化的关系如图 1-4 所示。

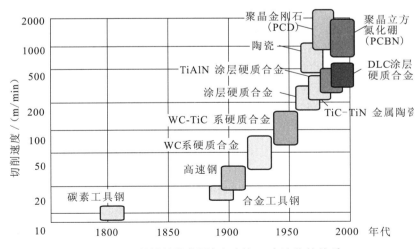

图 1-4　刀具材料的发展与切削加工高速化的关系

刀具是从工件上去除材料，所以刀具的硬度必须高于工件材料的硬度，一般要求刀具的硬度要高于 60 HRC，即高硬度。同时，刀具在切削时要承受很大的切削力和冲击力，因此要求具有高强度和强韧性。除此之外，还要求刀具具有优良的耐磨性以维持刀具合理的切削时间，具有高的导热性以降低刀具温度减小刀具磨损，具有好的耐热性以保证高温环境下刀具抵抗塑性变形的能力。最后，刀具还应具有良好的工艺性和经济性以便于制造和广泛使用。

目前，在生产中常用的刀具材料有工具钢、硬质合金、涂层硬质合金和其他刀具材料。

1. 工具钢

1）碳素工具钢

碳素工具钢淬火后具有较高的硬度：61～65 HRC，而且价格低廉。但这种材料的耐热性较差，约为250～300℃，并且淬火时容易产生变形和裂纹。碳素工具钢常用于制造手工工具和一些形状较简单的低速刀具，如刮刀、钻头、锉刀、手锯条、錾子、锤子等。

2）合金工具钢

合金工具钢是在碳素工具钢的基础上，加入适量的合金元素如Cr、Si、W、Mn等。与碳素工具钢相比，其热处理变形有所减少，耐热性也有所提高，约为350～400℃，硬度为61～68 HRC。合金工具钢常用于制造手工工具和一些形状较简单的低速刀具如拉刀、丝锥、扳牙。

3）高速钢

高速钢是一种加入较多W、Mo、Cr、V等合金元素的高合金工具钢。高速钢热处理后硬度可达63～70 HRC，抗弯强度约3.3 GPa（约为硬质合金的2～3.5倍，陶瓷的5～6倍），有较高的热稳定性、耐磨性、耐热性，切削温度在500～650℃时仍能进行切削。

高速钢热处理变形小、能锻易磨，所以特别适合于制造结构和刃型复杂的刀具，如成形车刀、铣刀、钻头、切齿刀、螺纹刀具和拉刀等。

高速钢按用途分为通用型高速钢和高性能高速钢；按制造工艺不同分为熔炼高速钢和粉末冶金高速钢。

（1）通用型高速钢。这类高速钢含碳量为0.7%～0.9%。按钢中含钨量的不同，可分为含W12%或18%的钨钢，含W6%或8%的钨钼系，含W2%或不含钨的钼钢。

钨系高速钢（简称钨钢）：钨钢的典型牌号是W18Cr4V（简称W18），它含W 18%、Cr 4%、V 1%。钨钢具有较好的综合性能，在600℃时其高温硬度为48.5 HRC，刃磨和热处理工艺控制较方便，可以制造各种复杂刀具。由于钨价格较贵及W18具有强度和韧性不够不易做大截面的刀具、热塑性差、碳化物分布较不均匀等缺点，有的国家已基本不使用这种牌号的钢了。

钨钼系高速钢（简称钨钼钢）：钨钼钢是将钨钢中的一部分钨用钼代替所获得的一种高速钢。其典型牌号是W6Mo5Cr4V2（简称M2），它含W6%、Mo5%、Cr4%、V2%。其中碳化物分布细小、均匀，具有良好的机械性能，抗弯强度比W18高10%～15%，韧性高50%～60%。钨钼钢可做尺寸较大、承受冲击力较大的刀具，热塑性特别好、适用于制造热轧钻头等，磨加工性也好，目前各国广为应用。我国生产的另一种钨钼钢W9Mo3Cr4V（简称M9），它的热稳定性略高于M2，脱碳倾向比M2小得多，刀具耐用度也有一定提高。

（2）高性能高速钢。高性能高速钢是指在通用型高速钢中再增加一些C、V及添加Co、Al等合金元素的新钢种，按其耐热性，又称高热稳定性高速钢。在630～650℃时高性能高速钢仍可保持60 HRC的硬度，具有良好的切削性能，耐用度约为通用型高速钢的1.3～3倍，适合于加工高温合金、钛合金、超高强度钢等难加工材料。

其典型牌号有高碳高速钢 9W18Cr4V、高钒高速钢 W6Mo5Cr4V3、钴高速钢 W6Mo5Cr4V2Co5、超硬高速钢 W2Mo9Cr4VCo8 等。

（3）粉末冶金高速钢。粉末冶金高速钢（简称粉冶钢）是用高压氩气或纯氮气雾化熔融的高速钢钢水而得到细小的高速钢粉末，然后再热压锻轧制成。其特点是：有效地解决了一般熔炼高速钢时铸锭产生粗大碳化物共晶偏析的问题，得到细小均匀的结晶组织，使之具有良好的机械性能。其强度和韧性分别是熔炼高速钢的 2 倍和 2.5 ～ 3 倍；磨削加工性好；物理、机械性能高度各向同性，淬火变形小；耐磨性提高20% ～ 30%，适用于制造精密刀具、大尺寸刀具（滚刀、插齿刀）、复杂成形刀具、拉刀等。

2. 硬质合金

硬质合金由难熔金属碳化物（如 WC、TiC）和金属粘结剂（如 Co）经粉末冶金法制成。其特点是：硬质合金的硬度、耐磨性、耐热性都很高，硬度可达89 ～ 93HRA，在800 ～ 1000℃还能承担切削，耐用度比高速钢高几十倍，当耐用度相同时，硬质合金切削速度比高速钢高4 ～ 10倍；强度和韧性小于高速钢，仅为0.9 ～ 1.5 GPa；工艺性差，切削时不能承受大的振动和冲击负荷，适于制造高速切削刀具。大多数车刀、端铣刀等均由硬质合金制造。

ISO（国际标准化组织）将切削用硬质合金分为三类：P类，用于加工长切屑的黑色金属，相当于我国的 YT 类；K类，用于加工短切屑的黑色金属、有色金属和非金属材料，相当于我国的 YG 类；M类，用于加工长或短切屑的黑色金属和有色金属，相当于我国的 YW 类。

1）WC-Co 类硬质合金（YG）K 类

WC-Co 类硬质合金由 WC 和 Co 组成，硬度为89 ～ 91.5 HRA，抗弯强度为1.1 ～ 1.5 GPa，有粗晶粒、中晶粒、细晶粒、超细晶粒之分。一般硬质合金均为中晶粒组织。我国生产的常用牌号有：YG6、YG8、YG3X、YG6X，其中数字是含钴量的百分数，X 代表细晶粒。含钴量低时硬度高，耐热、耐磨性好，但脆性增加，含钴量高时抗弯强度和冲击韧度高。

此类硬质合金较适于加工短切屑的硬、脆铸铁、有色金属和非金属材料。含钴量高的 WC-Co 类硬质合金适用于粗加工。

2）WC-TiC-Co 类硬质合金（YT）P 类

WC-TiC-Co 类硬质合金除 WC 和 Co 外，还含5% ～ 30%的 TiC，硬度和耐磨性提高，但抗弯强度，特别是冲击韧性显著降低。其硬度为89.15 ～ 92.5 HRA，其抗弯强度则为0.9 ～ 1.4 GPa。常用牌号为：YT5、YT14、YT15、YT30等，数字为 TiC 的含量百分数，其相应的钴含量为10%、8%、6%、4%。TiC 含量提高，则 Co 含量降低。

此类硬质合金有较高的硬度和耐磨性，特别高的耐热性，抗粘结扩散能力和抗氧化能力好；但抗弯强度、磨削性和导热系数下降，低温脆性大、韧性差。

此类硬质合金适于加工钢料，不宜用于加工不锈钢和钛合金。因 YT 中的钛元素和工件中的钛元素之间的亲合力会造成严重粘刀现象，在高温切削及摩擦系数大的情况下会加剧刀具磨损。

3）WC-TiC-TaC（NbC）-Co 类硬质合金（YW）M 类

在 YT 类中加入 TaC（NbC）可提高其抗弯强度、疲劳强度、冲击韧性、高温硬度和抗氧化能力、耐磨性等。常用的牌号有 YW1 和 YW2。

此类硬质合金既可用于加工铸铁及有色金属，也可加工钢。因而又有通用硬质合金之称。含钴量高时强度和冲击韧度高，可用于粗加工和断续切削；含钴量低时耐磨性、耐热性好，用于半精加工和精加工。

以上三种硬质合金的主要成分都是 WC，故可统称为 WC 基硬质合金。

4）TiC（N）基硬质合金

TiC 基硬质合金是以 TiC 为主要成分用 Ni 或 Mo 作粘结剂的 TiC-Ni-Mo 合金。其特点是：硬度很高（90～94 HRA），达到了陶瓷的水平；同时具有高耐磨性，较高的耐热性和抗氧化能力，化学稳定性好，抗粘结能力强，刀具耐用度高。

这类合金的抗塑性变形能力和抗崩刃性能差，故不适于重切削及断续切削，可以加工钢和铸铁，主要用于钢连续表面的精加工和半精加工。

3. 涂层刀具

涂层刀具是在韧性较好的硬质合金刀具基体或高速钢刀具基体上，涂覆一薄层耐磨性高的难熔金属化合物而制成的。

在涂层硬质合金上一般采用化学气相沉积法（CVD法），沉积温度在 1000℃左右；高速钢上一般采用物理气相沉积法（PVD法），沉积温度在 500℃左右。

常用的涂层材料有 TiC、TiN、TiAlN、Al_2O_3 等。涂层可采用单涂层，也可采用双涂层或多涂层，如 TiC-TiN、TiC-Al_2O_3-TiN 等。涂层厚度：硬质合金为 4～5 μm，表层硬度可达 2500～4200 HV；高速钢为 2 μm，表层硬度可达 80 HRC。

涂层刀具的优点如下：耐磨性好和抗月牙洼磨损能力强；摩擦系数低，可降低切削时的切削力及切削温度，可提高刀具耐用度（提高硬质合金刀具耐用度 1～3 倍，高速钢刀具耐用度 2～10 倍）。缺点也很明显：锋利性、韧性、抗剥落性、抗崩刃性差及成本昂贵。

4. 其他刀具材料

1）陶瓷

陶瓷是以氧化铝（Al_2O_3）或以氮化硅（Si_3N_4）为基体再添加少量金属，在高温下烧结而成的一种刀具材料。

陶瓷的优点如下：硬度高，耐磨性、耐高温性能好，有良好的化学稳定性和抗氧化性，与金属的亲合力小、抗粘结和抗扩散能力强；其缺点是：脆性大、抗弯强度低，冲击韧性差，易崩刃，所以使用范围受到限制。陶瓷可用于钢、铸铁类零件的车削、铣削加工，也可用于高速切削加工的精加工阶段。

2）金刚石

天然金刚石由于价格昂贵，用得较少，常采用人造金刚石。人造金刚石是通过合金触媒的作用，在高温高压下由石墨转化而成，是目前人工制造出的最坚硬物质。金刚石刀具有三种：天然单晶金刚石刀具、整体人造聚晶金刚石刀具及金刚石复合刀具。

金刚石具有如下优点：硬度高，耐磨性好，刀具耐用度比硬质合金高几倍到几百倍；切削刃口锋利，刃部表面摩擦系数较小，不易产生粘结或积屑瘤，加工冷硬现象较少，很适于精密加工。其缺点是：热稳定性差，切削温度不宜超过 700～800℃；强度低、脆性大，对振动敏感，只适宜微量切削，与铁有强烈的化学亲合力，不能用于加工钢铁材料。

金刚石目前主要用于磨具及磨料,可用于加工硬质合金、陶瓷、高硅铝合金及耐磨塑料等高硬度、高耐磨的材料。也可用于加工高硬度的非金属材料,如石材、压缩木材、玻璃等,还可加工有色金属,如铝硅合金材料以及复合难加工材料的精加工或超精加工。

金刚石用作刀具材料时,多用于在高速下精细车削或镗削有色金属及非金属材料,加工铝合金、铜合金时,切速可达 800 ～ 3800 m/min。

3）立方氮化硼（CBN）

立方氮化硼是一种人工合成的新型刀具材料,它由六方氮化硼在高温、高压下加入催化剂转化而成。其属于超硬材料（8000 ～ 9000 HV）,硬度极高但韧性极差,耐磨性、热稳定性好,化学惰性大,与铁系金属在1300℃时不易起化学反应,导热性好,摩擦系数低。

立方氮化硼可胜任高温合金、冷硬铸铁、淬硬钢等多种难加工材料的半精加工和精加工,加工精度高,表面粗糙度低,可以代替磨削加工。立方氮化硼不仅用于磨具,也逐渐用于车、镗、铣、铰等刀具。

各种刀具材料的耐磨性和断裂韧性的关系如图1-5所示。

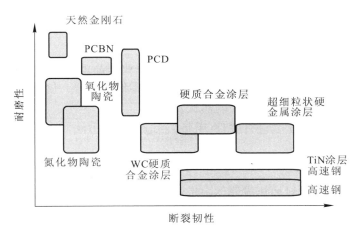

图 1-5　刀具材料的耐磨性与断裂韧性关系图

1.2　机械制造技术

1.2.1　机械制造技术概念

机械制造是将原材料制成零件的毛坯,将毛坯加工成机械零件,再将零件装配成机器的整个过程。一个完整的机械制造要经历的过程如图1-6所示。在产品生产中,使原材料转化为产品过程中所施行的各种手段的总和,称为机械制造技术。

机械制造中与产品生产直接有关的生产过程常被称为机械制造工艺过程。与毛坯和零件成形有关的工艺过程有:铸造、锻压、冲压、焊接、压制、烧结和注塑等;与机械加工有关的工艺过程有：切削、磨削和特种加工等；与材料改性或处理有关的工艺过程有：热处理、电镀、转化膜、涂装和热喷涂等；与机械装配有关的工艺过程有零件的固定、连接、调整、平衡、检验和试验等工作。

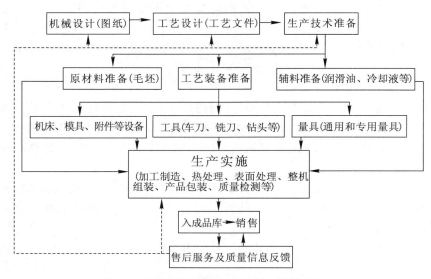

图 1-6   机械制造要经历的过程（批量生产）

机械制造离不开零件和毛坯，其中毛坯是将工业产品或零件、部件所要求的工业尺寸、形状等放大，制成坯型，以供切削的半成品。零件是机器、仪表以及各种设备的基本组成单元，不同类型的零件具有不同的形状及功能。

零件（毛坯）的成形方法是进行零件（毛坯）制造的工艺方法，包括材料成形法、材料去除法和材料累加法。

1. 材料成形法

材料成形法指将原材料加热成液体、半液体，在特定模具中冷却成形、变形或将粉末状原材料在特定型腔中加热加压成型的方法。材料成形前后无质量变化。铸造、锻造、挤压、轧制、拉拔、粉末冶金等，常用于毛坯制造，但也可直接成形零件。

2. 材料去除法

材料去除法指利用各种能量去除原材料上多余材料获得所需（形状、尺寸）零件的方法。如：切削与磨削，电火花加工、电解加工及特种加工等。

切削和磨削过程中，有力、热、变形、振动和磨损等现象发生，这些现象综合决定了零件最终获得的几何形状和表面质量。

特种加工是指利用电能、光能或化学等方法完成材料去除的成形方法，这种方法适合于加工超硬度、易碎材料等常规加工难以完成的场合。

3. 材料累加法

材料累加法指将分离的原材料通过加热、加压或其他手段结合成零件的方法。该方法因材料的结合而使质量增加。

传统的累加方法有焊接、粘接或铆接等，通过不可拆卸连接使物料结合成一个整体，形成零件。

20世纪80年代发展起来的快速原型技术，是材料累加法的新发展。快速原型技术彻底摆脱了传统的"去除"加工法，而基于"材料逐层堆积"的制造理念，将复杂的三维加工分解为简单的材料二维添加的组合，它能在CAD模型的直接驱动下，快速制造任意复杂形状的三维实体，是一种全新的制造技术。快速原型技术在不需要任何刀具、模具及工装卡具的情况下，可将任意复杂形状的设计方案快速转换为三维的实体模型或样件，这就是快速原型技术所具有的潜在的革命性意义。

1.2.2　零件的加工质量

机械加工后，最外层表面与周围环境界面的几何形状误差为零件几何方面的加工质量。零件加工后，在一定深度的表面层内出现变质层，其变质层内的力学性能及金相组织等变化反映了零件的材料性能方面的加工质量。零件加工质量包括的内容如图1-7所示。

通常，零件的加工质量分为加工精度和已加工表面质量两个方面。其中加工精度有尺寸精度、形状精度和位置精度，已加工表面质量的指标有表面粗糙度、加工硬化、残余应力等。

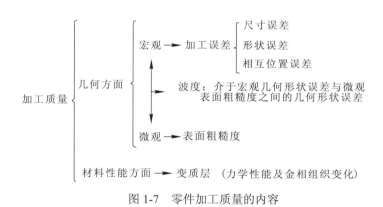

图 1-7　零件加工质量的内容

1．加工精度

零件的加工精度是指零件的实际几何参数与其理想几何参数相符合的程度。符合程度越高，加工精度越高，反之亦然。

1）尺寸精度

零件的尺寸精度指加工后零件的实际尺寸与零件理想尺寸的符合程度。加工后零件的实际尺寸不可能也没必要和理想尺寸绝对一致，这样两者之间存在一个差值（即尺寸误差），该误差值只要控制在允许变动的范围（尺寸公差）内，则零件的尺寸精度就满足需求。尺寸公差简称公差，等于最大极限尺寸减最小极限尺寸之差的绝对值，或上偏差减下偏差之差。

国标GB 1800.1-2009将确定尺寸精度的标准公差等级分为20级，分别用IT01、IT0、IT1、IT2、…IT18表示。从IT01到IT18相应的公差数值依次增加、精度依次降低。表1-3为各种加工方法所对应的公差等级与表面粗糙度。

表1-3　加工方法对应的公差等级与表面粗糙度

公差等级	表面粗糙度 $R_a/\mu m$	加工方法	应　用
IT01～IT2		精密加工，如精研	用于量块、量仪的制造
IT3～IT4	0.008～0.1		用于精密仪表、精密机件的光整加工
IT5～IT6	0.2～0.4	珩磨、精磨、精铰、精拉	用于一般精密配合，IT6～IT7在机械产品各零件中的应用最为广泛
IT7～IT8	0.8～1.6	粗磨、粗铰、精车、精镗、精铣、精刨	
IT9～IT10	3.2～6.3	半精车、半精镗、半精铣、半精刨等	用于中等精度的各种表面加工
IT11～IT13	12.5～25	粗车、粗镗、粗铣、粗刨、钻孔等	用于粗加工阶段
IT14	50	冲压	用于非配合尺寸
IT15～IT18		铸造、锻造、焊接、气割	

切削加工所获得的尺寸精度一般与使用的设备、刀具和切削条件等密切相关。尺寸精度愈高，零件的工艺过程愈复杂，加工成本也愈高。因此在设计零件时，应在保证零件的使用性能的前提下，尽量选用较低的尺寸精度。常用的公差等级为IT6～IT11。

尺寸精度常用游标卡尺、百分尺等来检验。若测得尺寸在最大极限尺寸与最小极限尺寸之间，则零件合格。若测得尺寸大于最大实体尺寸，则零件不合格，需进一步加工。若测得尺寸小于最小实体尺寸，则零件报废。

2）形状精度

零件的形状精度是指某一表面的实际形状与其理想形状相符合的程度。一个零件的表面形状不可能做得绝对准确，图1-8(a)所示轴的尺寸在公差范围内，但其轴线并不是直线，这种形状的轴装在精密机械上，效果显然会有差别。为满足产品的使用要求，对零件形状精度要加以控制。

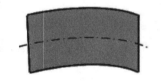

（a）直线度公差

3）位置精度

位置精度是指零件点、线、面的实际位置与理想位置相符合的程度。正如零件的表面形状不能做得绝对准确一样，表面相互位置误差也是不可避免的。如图1-8(b)所示轴的尺寸和形状均在公差范围内，但其两个轴线并不在同一直线上，这种有位置误差的轴装在精密机械上，效果显然会有差别。为满足产品的使用要求，对零件的位置精度也要加以控制。

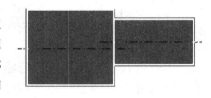

（b）同轴度公差

图1-8　轴的形位公差示例

形状公差和位置公差习惯上统称为形位公差。形位公差特征项目有14个（其中形状公差特征项目有4个，位置公差特征项目有8个，线面轮廓度公差特征项目2个），见表1-4。

表1-4 形位公差项目表

公差		特征	符号	有无基准
形状	形状	直线度	—	无
		平面度	▱	无
		圆度	○	无
		圆柱度	⌭	无
形状或位置	轮廓	线轮廓度	⌒	有或无
		面轮廓度	⌓	有或无

公差		特征	符号	有无基准
位置	定向	平行度	//	有
		垂直度	⊥	有
		倾斜度	∠	有
	定位	位置度	⌖	有或无
		同轴度	◎	有
		对称度	⌯	有
	跳动	圆跳动	↗	有
		全跳动	⌰	有

2. 已加工表面质量

已加工表面质量对机器零件的使用性能和机器的可靠性有重大影响。已加工表面质量也称为表面完整性，通常包含两个方面的内容：一是表面几何形状方面，主要指零件外层表面的几何形状，通常用表面粗糙度表示；二是表面层材质变化。零件加工后在一定深度的表面层内出现变质层，在此表面层内金属的组织、力学、物化性能均会发生变化，这种变化可以用塑性变形、加工硬化和残余应力等来表示。

1）表面粗糙度

在切削加工中，由于加工痕迹、工艺系统的振动以及刀具和工件表面之间的摩擦等原因，工件的已加工表面上不可避免地要产生一些微小的峰谷。这些微小的峰谷反映的是已加工表面形貌的状况，并且直接影响零件的使用性能。形状误差、表面波纹度和表面粗糙度是衡量已加工表面形貌的三个常用指标。

（1）形状误差。零件表面中峰谷的波长和波高之比大于1000的不平程度属于形状误差。

（2）表面波纹度。零件表面中峰谷的波长和波高之比等于50～1000的不平程度称为波纹度。过大的波纹度会引起零件运转时的振动、噪声，特别是对旋转零件（如轴承）的影响是相当大的。

（3）表面粗糙度。零件表面所具有的微小峰谷的不平程度，其波长和波高之比一般小于 50，属于微观几何形状误差。图1-9表示了表面粗糙度和波纹度之间的关系，其中λ表示波长，H_λ表示波高，R_Z表示轮廓的最大高度（在一个取样长度内，最大轮廓峰高和最大轮廓谷深之和的高度）。

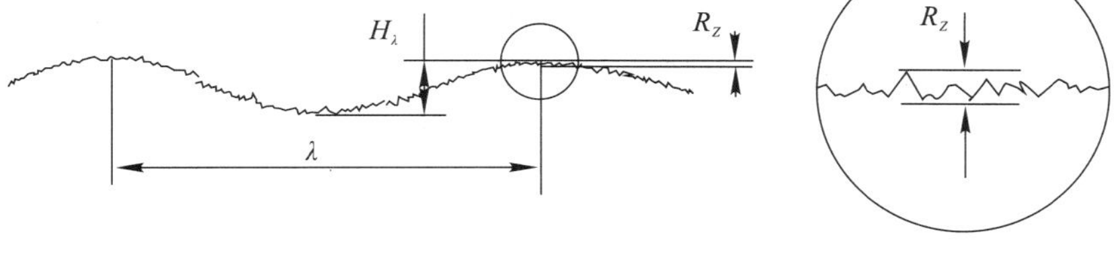

（a）波纹度　　（b）表面粗糙度

图 1-9 零件加工表面的粗糙度与波纹度的关系

国家标准规定了表面粗糙度的评定参数，其中最常用的是轮廓算术平均偏差R_a，单位为μm。影响表面粗糙度的主要因素是切削残留面积、刀具上积屑瘤和工艺系统的振动等。过大的表面粗糙度会增加零件配合面的磨损，降低零件的疲劳强度和耐腐蚀性，以及影响零件间的密封性，同时降低零件配合的稳定性和接触刚度，从而影响机器的刚度。但是过小的表面粗糙度又会增加加工难度，造成加工成本上升。所以，在设计零件时应根据不同应用场合，正确、合理地选用表面粗糙度数值。

表面粗糙度参数R_a的常用标注方法和意义如表1-5所示。

表1-5　常用表面粗糙度的标注和意义

代　号	意　义	代　号	意　义
3.2/	用任何方法获得的表面粗糙度，R_a的上限值为3.2μm	3.2/	用不去除材料的方法获得的表面粗糙度，R_a的上限值为3.2μm
3.2/	用去除材料的方法获得的表面粗糙度，R_a的上限值为3.2μm	3.2 1.6/	用去除材料的方法获得的表面粗糙度，R_a的上限值为3.2μm，R_a的下限值为1.6μm

2）加工硬化

机械加工时，工件表面层金属受到切削力的作用产生强烈的塑性变形，使晶格扭曲，晶粒间产生剪切滑移，晶粒被拉长、纤维化甚至碎化，从而使表面层的强度和硬度增加，这种现象称为加工硬化，又称冷作硬化或强化。

加工硬化在某些情况下可提高工件的耐磨性和疲劳强度，但常伴随着大量细微裂纹出现，降低了工件的抗冲击能力。另外，加工硬化也会使后道工序的切削加工困难，加剧刀具磨损。

3）残余应力

机械加工中工件表面层组织发生变化时，在表面层及其与基体材料的交界处会产生互相平衡的弹性力。这种应力即为表面层的残余应力。

残余应力的存在，一方面会降低工件的强度，使其在制造时产生变形和开裂等工艺缺陷；另一方面又会在制造后的自然释放过程中使材料的疲劳强度、耐腐蚀性等力学性能下降，从而造成零件在使用过程中出现问题。

1.2.3　常用量具和使用

1. 钢直尺

钢直尺是最简单的长度量具，它的长度有150、300、500和1000 mm四种规格。

钢直尺用于测量零件的长度尺寸，如图1-10所示。它的测量结果不太准确。这是由于钢直尺的刻线间距为1 mm，而刻线本身的宽度就有0.1 ～ 0.2 mm，所以测量时读数误差比较大，只能读出毫米数，即它的最小读数值为1 mm，比1 mm小的数值，只能估计而得。

2. 内外卡钳

图1-11是两种常见的内外卡钳。内外卡钳是最简单的比较量具。外卡钳是用来测量外

径和平面的，内卡钳是用来测量内径和凹槽的。它们本身都不能直接读出测量结果，而是把测量得的长度尺寸（直径也属于长度尺寸），在钢直尺上进行读数，或在钢直尺上先取下所需尺寸，再去检验零件的直径是否符合。

卡钳是一种简单的量具，由于它具有结构简单、制造方便、价格低廉、维护和使用方便等特点，广泛应用于要求不高的零件尺寸的测量和检验，尤其是对锻铸件毛坯尺寸的测量和检验，卡钳是最合适的测量工具。

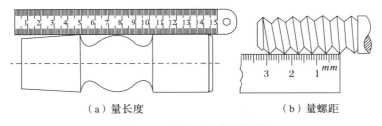

（a）量长度　　　　　　　　　　（b）量螺距

图 1-10　钢直尺的使用方法

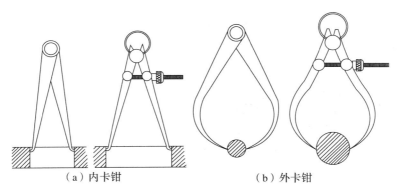

（a）内卡钳　　　　　　　　　（b）外卡钳

图 1-11　内外卡钳

1）外卡钳的使用

外卡钳在钢直尺上取下尺寸时，如图 1-12（a），一个钳脚的测量面靠在钢直尺的端面上，另一个钳脚的测量面对准所需尺寸刻线的中间，且两个测量面的连线应与钢直尺平行，人的视线要垂直于钢直尺。

用已在钢直尺上取好尺寸的外卡钳去测量外径时，要使两个测量面的连线垂直零件的轴线，靠外卡钳的自重滑过零件外圆时，手中的感觉应该是外卡钳与零件外圆正好是点接触，此时外卡钳两个测量面之间的距离，就是被测零件的外径。所以，用外卡钳测量外径，就是比较外卡钳与零件外圆接触的松紧程度，如图 1-12（b）所示，以卡钳的自重能刚好滑下为正确，把外卡钳用力压过外圆是错误的。如当卡钳滑过外圆时，手中没有接触感觉，就说明外卡钳比零件外径尺寸大；如靠外卡钳的自重不能滑过零件外圆，就说明外卡钳比零件外径尺寸小。由于卡钳有弹性，不能把卡钳横着卡上去，如图 1-12（c）所示。

对于大尺寸的外卡钳，靠它自重滑过零件外圆的测量压力已经太大了，此时应托住卡钳进行测量，如图 1-12（d）所示。

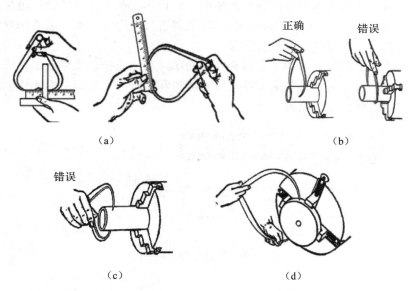

图 1-12　外卡钳在钢直尺上取尺寸和测量方法

2）内卡钳的使用

用内卡钳测量内径时，应使两个钳脚的测量面的连线正好垂直相交于内孔的轴线，即钳脚的两个测量面应是内孔直径的两端点。因此，测量时应将下面的钳脚的测量面停在孔壁上作为支点（见图 1-13（a）），上面的钳脚由孔口略往里面一些逐渐向外试探，并沿孔壁圆周方向摆动，当沿孔壁圆周方向能摆动的距离为最小时，则表示内卡钳脚的两个测量面已处于内孔直径的两端点了。再将卡钳由外至里慢慢移动，可检验孔的圆度公差，如图 1-13（b）所示。

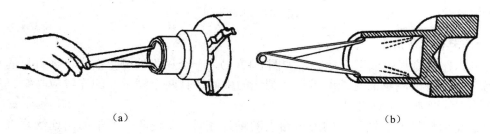

（a）　　　　　　　　　　　　　（b）

图 1-13　内卡钳测量方法

用已在钢直尺上或在外卡钳上取好尺寸的内卡钳去测量内径（如图 1-14（a）所示），就是比较内卡钳在零件孔内的松紧程度。如内卡钳在孔内有较大的自由摆动时，就表示卡钳尺寸比孔径内小了；如内卡钳放不进孔内，或放进孔内后紧得不能自由摆动，就表示内卡钳尺寸比孔径大了；如内卡钳放入孔内，按照上述的测量方法能有 1～2 mm 的自由摆动距离，这时孔径与内卡钳尺寸正好相等。测量时不要用手抓住卡钳测量，如图 1-14（b）所示，这样手感就没有了，难以比较内卡钳在零件孔内的松紧程度，并使卡钳变形而产生测量误差。

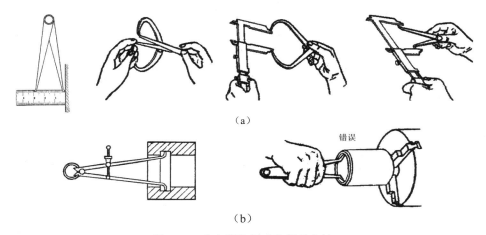

（a）

（b）

图 1-14   内卡钳取尺寸和测量方法

3. 塞尺

塞尺又称厚薄规或间隙片，主要用来检验机床特别紧固面和紧固面、活塞与气缸、活塞环槽和活塞环、十字头滑板和导板、进排气阀顶端和摇臂、齿轮啮合间隙等两个结合面之间的间隙大小。塞尺是由许多厚薄不一的薄钢片组成，如图 1-15 所示。按照塞尺的组别制成一把一把的塞尺，每把塞尺中的每片具有两个平行的测量平面，且都有厚度标记，以供组合使用。

测量时，根据结合面间隙的大小，用一片或数片重迭在一起塞进间隙内。例如用 0.03 mm 的一片能插入间隙，而 0.04 mm 的一片不能插入间隙，这说明间隙在 0.03 ～ 0.04 mm 之间，所以塞尺也是一种界限量规。

4. 刀口形直尺

刀口形直尺一般用合金工具钢、轴承钢或其他类似性能的材料制造，其测量面呈刀口状，是用于测量工件平面形状误差的测量器具，如图 1-16 所示。测量时采用光隙法，刀口紧贴被测表面，然后根据两者之间透过光隙的大小和均匀性来判断被测面是否平直。

5. 刀口直角尺

刀口直角尺如图 1-17 所示，主要用于直角的测量，由于其测量面为刀口形状，故能更加准确地测量出两面的垂直度。测量方法与刀口形直尺一样，都是采用光隙法。

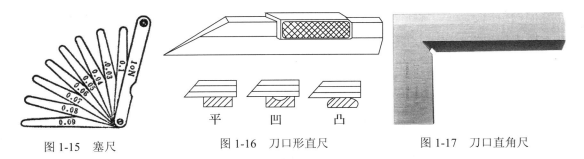

图 1-15   塞尺   图 1-16   刀口形直尺   图 1-17   刀口直角尺

6. 游标读数量具

应用游标读数原理制成的量具有：游标卡尺，高度游标卡尺、深度游标卡尺、游标量角尺(如万能量角尺)和齿厚游标卡尺等，用以测量零件的外径、内径、长度、宽度、厚度、高度、深度、角度以及齿轮的齿厚等，应用范围非常广泛。

1）游标卡尺

游标卡尺是一种常用的量具，具有结构简单、使用方便、精度中等和测量的尺寸范围大等特点，可以用它来测量零件的外径、内径、长度、宽度、厚度、深度和孔距等，应用范围很广。

（1）游标卡尺的结构。游标卡尺的读数准确度有 0.1 mm、0.05 mm 和 0.02 mm 三种，测量范围有 0 ～ 125 mm、0 ～ 200mm、0 ～ 300 mm 等。

如图 1-18 所示，游标卡尺主要由下列几部分组成：

① 具有固定量爪的主尺。尺身上有类似钢尺一样的主尺刻度。主尺上的刻线间距为 1 mm。主尺的长度怪决于游标卡尺的测量范围。

② 具有活动量爪的副尺。尺框上有游标，游标卡尺的游标读数值可制成为 0.1、0.05 和 0.02 mm 的三种。游标读数值，就是指使用这种游标卡尺测量零件尺寸时，卡尺上能够读出的最小数值。

③ 带有测量深度的深度尺。深度尺固定在尺框的背面，能随着尺框在尺身的导向凹槽中移动。测量深度时，应把尺身尾部的端面靠紧在零件的测量基准平面上。

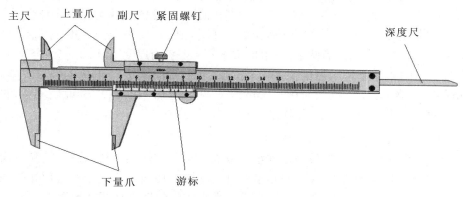

图 1-18　游标卡尺的结构形式

（2）游标卡尺的读数原理和读数方法。游标卡尺的读数，是由主尺读数和游标读数两部分组成。当活动量爪与固定量爪贴合时，游标上的"0"刻线(简称游标零线)对准主尺上的"0"刻线，此时量爪间的距离为"0"。当尺框向右移动到某一位置时，固定量爪与活动量爪之间的距离，就是零件的测量尺寸，此时零件尺寸的整数部分，可在游标零线左边的主尺刻线上读出来，而比 1 mm 小的小数部分，可借助游标读数来读出。

在图 1-19 中，游标零线在 123 mm 与 124 mm 之间，游标上的 11 格刻线与主尺刻线对准。所以，被测尺寸的整数部分为 123 mm，小数部分为 $11 \times 0.02 = 0.22$ mm，被测尺寸为 $123 + 0.22 = 123.22$ mm。

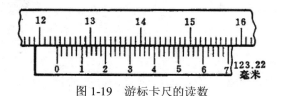

图 1-19　游标卡尺的读数

（3）游标卡尺的使用方法。使用游标卡尺测量零件尺寸时，必须注意下列几点：

① 测量前应把卡尺揩干净，检查卡尺的两个测量面和测量刃口是否平直无损，把两个量爪紧密贴合时，是否有明显的间隙，同时游标和主尺的零位刻线是否相互对准。这个过程称为校对游标卡尺的零位。

② 移动尺框时，活动要自如，不应过松或过紧，更不能有晃动现象。用固定螺钉固定尺框时，卡尺的读数不应改变。在移动尺框时，不要忘记松开固定螺钉，亦不宜过松以免脱落。

③ 当测量零件的外尺寸时：卡尺两测量面的连线应垂直于被测量表面，不能歪斜。测量时，可以轻轻摇动卡尺，放至垂直位置。

④ 用游标卡尺测量零件时，不允许过分地施加压力，所用压力应使两个量爪刚好接触零件表面。

⑤ 为了获得正确的测量结果，可以多测量几次，即在零件的同一截面上的不同方向进行测量。对于较长零件，则应当在全长的各个部位进行测量，务使获得一个比较正确的测量结果。

2）高度游标卡尺

高度游标卡尺如图1-20所示，用于测量零件的高度和精密划线。

它的结构特点是用质量较大的基座代替了游标卡尺的固定量爪，可上下移动的尺框装有测量高度和划线用的量爪，量爪的测量面上镶有硬质合金，提高量爪使用寿命。高度游标卡尺的测量工作应在平台上进行。当量爪的测量面与基座的底平面位于同一平面时，如在同一平台平面上，主尺与游标的零线相互对准。所以在测量高度时，量爪测量面的高度，就是被测量零件的高度尺寸，它的具体数值，与游标卡尺一样可在主尺（整数部分）和游标（小数部分）上读出。用高度游标卡尺划线时，调好划线高度，用紧固螺钉把尺框锁紧后，也应在平台上先进行调整再进行划线。

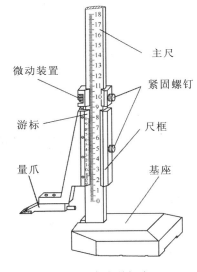

图 1-20　高度游标卡尺

图1-21为高度游标卡尺的应用。

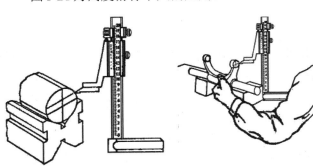

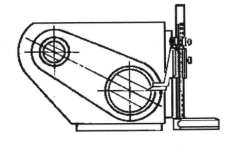

（a）划偏心线　　　　　　　　　（b）划拨叉轴　　　　　　　　　（c）划箱体

图 1-21　高度游标卡尺的应用

3）深度游标卡尺

深度游标卡尺如图1-22所示，用于测量零件的深度尺寸或台阶高低和槽的深度。它的结构特点是尺框的两个量爪连在一起成为一个带游标测量基座，基座的端面和尺身的端面就是它的两个测量面。测量内孔深度时应把基座的端面紧靠在被测孔的端面上，使尺身与被测孔的中心线平行，伸入尺身，则尺身端面至基座端面之间的距离就是被测零件的深度尺寸。它的读数方法和游标卡尺完全一样。

4）万能角度尺

万能角度尺（又称游标角度尺）是用来测量精密零件内外角度或进行角度划线的角度量具。

万能角度尺如图1-23所示，它是由刻有基本角度刻线的尺座和固定在扇形板上的游标组成。扇形板可在尺座上回转移动（有制动器），形成了和游标卡尺相似的游标读数机构。

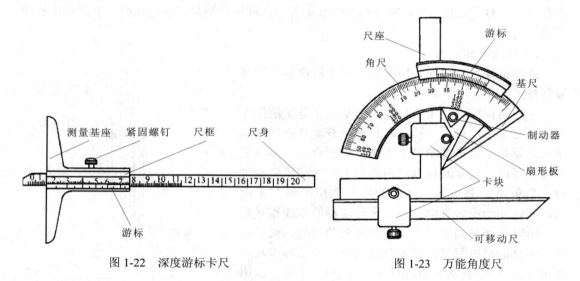

图 1-22　深度游标卡尺　　　　　　　　　　　图 1-23　万能角度尺

万能角度尺尺座上的刻度线每格1°。由于游标上刻有30格，所占的总角度为29°，因此，两者每格刻线的度数差是：

$$1° - \frac{29°}{30} = \frac{1°}{30} = 2'$$

即万能角度尺的精度为2′。

万能角度尺的读数方法和游标卡尺相同，先读出游标零线前的角度是几度，再从游标上读出角度"分"的数值，两者相加就是被测零件的角度数值。

在万能角度上，基尺是固定在尺座上的，角尺是用卡块固定在扇形板上，可移动尺是用卡块固定在角尺上。若把角尺拆下，也可把直尺固定在扇形板上。由于角尺和直尺可以移动和拆换，使万能角度尺可以测量0°～320°的任何角度，如图1-24所示。

由图1-24可见，角尺和直尺全装上时，可测量0°～50°的外角度；仅装上直尺时，可测量50°～140°的角度；仅装上角尺时，可测量140°～230°的角度；把角尺和直尺全拆下时，可测量230°～320°的角度（即可测量40°～130°的内角度）。

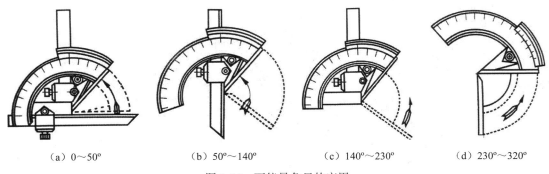

| （a）0～50º | （b）50º～140º | （c）140º～230º | （d）230º～320º |

图 1-24　万能量角尺的应用

万能量角尺的尺座上，基本角度的刻线只有 0º～90º，如果测量的零件角度大于 90º，则在读数时，应加上一个基数（90º、180º、270º）。当零件角度大于 90º～180º，被测角度 = 90º + 量角尺读数；大于 180º～270º，被测角度 = 180º + 量角尺读数；大于 270º～320º，被测角度 = 270º + 量角尺读数。

用万能角度尺测量零件角度时，应使基尺与零件角度的母线方向一致，且零件应与量角尺的两个测量面的全长上接触良好，以免产生测量误差。

7. 螺旋测微量具

应用螺旋测微原理制成的量具，称为螺旋测微量具。常用的螺旋测微量具有百分尺和千分尺。百分尺的读数值为 0.01 mm，千分的读数值为 0.001 mm。工厂习惯上把百分尺和千分尺统称为百分尺或分厘卡。

目前车间里大量用的是读数值为 0.01 mm 的百分尺。百分尺的种类很多，机械加工车间常用的有：外径百分尺、内径百分尺、深度百分尺以及螺纹百分尺和公法线百分尺等，并分别测量或检验零件的外径、内径、深度、厚度以及螺纹的中径和齿轮的公法线长度等。本书主要以外径百分尺作为主要的介绍对象。

1）外径百分尺的结构

各种百分尺的结构大同小异，常用外径百分尺用以测量或检验零件的外径、凸肩厚度以及板厚或壁厚等（测量孔壁厚度的百分尺，其量面呈球弧形）。图 1-25 是测量范围为 0～25 mm 的外径百分尺，由尺架、测微螺杆、固定刻度套筒、微分筒和测力装置等组成。尺架的一端装着固定测砧，另一端装着测微螺杆等部分。固定测砧和测微螺杆的测量面上都镶有硬质合金，以提高测量面的使用寿命。尺架的两侧面覆盖着绝热板，使用百分尺时，手拿在绝热板上，防止人体的热量影响百分尺的测量精度。

2）百分尺的测量范围

为满足工业生产的需要，百分尺的尺架做成各种尺寸，形成不同测量范围的百分尺。目前，国产百分尺测量范围的尺寸分段如下：

测量上限小于 500 mm 的百分尺，测微螺杆的移动量为 25 mm，对应的测量范围的尺寸分段如：0～25 mm、25～50 mm、50～75 mm、75～100 mm、450～475 mm 和 475～500 mm 等；测量上限大于 500 mm 的百分尺，测微螺杆的移动量为 100 mm，对应的测量范围的尺寸分段如：500～600 mm、600～700 mm、700～800 mm、800～900 mm 和 900～1000 mm。

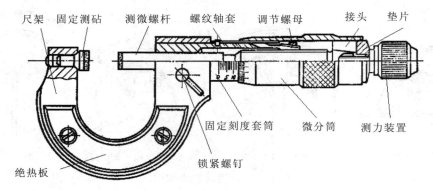

尺架　固定测砧　　测微螺杆　螺纹轴套　　调节螺母　　　接头　垫片

固定刻度套筒　微分筒　测力装置

绝热板　　　　　　　锁紧螺钉

图 1-25　0～25 mm 外径百分尺

测量上限大于 300 mm 的百分尺，也可把固定测砧做成可调式的或可换测砧，从而使此百分尺的测量范围为 100 mm。测量上限大于 1000 mm 的百分尺，也可将测量范围制成为 500 mm，目前国产最大的百分尺为 2500～3000 mm 的百分尺。

3）百分尺的工作原理和读数方法

以外径百分尺为例，百分尺的工作原理就是应用螺旋读数机构，它包括一对精密的螺纹——测微螺杆与螺纹轴套和一对读数套筒——固定套筒与微分筒，如图 1-25 所示。

用百分尺测量零件的尺寸，就是把被测零件置于百分尺的两个测量面之间。所以两测砧面之间的距离，就是零件的测量尺寸。当测微螺杆在螺纹轴套中旋转时，由于螺旋线的作用，测微螺杆就有轴向移动，使两测砧面之间的距离发生变化。如测微螺杆按顺时针的方向旋转一周，两测砧面之间的距离就缩小一个螺距。同理，若按逆时针方向旋转一周，则两测砧面的距离就增大一个螺距。常用百分尺测微螺杆的螺距为 0.5 mm。因此，当测微螺杆顺时针旋转一周时，两测砧面之间的距离就缩小 0.5 mm。当测微螺杆顺时针旋转不到一周时，缩小的距离就小于一个螺距，它的具体数值，可从与测微螺杆结成一体的微分筒的圆周刻度上读出。微分筒的圆周上刻有 50 个等分线，当微分筒转一周时，测微螺杆就推进或后退 0.5 mm，微分筒转过它本身圆周刻度的一小格时，两测砧面之间转动的距离为 $0.5 \div 50 = 0.01$ mm。由此可知：百分尺上的螺旋读数机构，可以准确的读出 0.01 mm，也就是百分尺的读数值为 0.01 mm。

在百分尺的固定套筒上刻有轴向中线，作为微分筒读数的基准线。另外，为了计算测微螺杆旋转的整数转，在固定套筒中线的两侧，刻有两排刻线，刻线间距均为 1 mm，上下两排相互错开 0.5 mm。

百分尺的具体读数方法如下：

首先，读出固定套筒上露出的刻线尺寸，然后，读出微分筒上的尺寸，要看清微分筒圆周上哪一格与固定套筒的中线基准对齐，将格数乘 0.01 mm 即得微分筒上的尺寸。最后，将上面两个数相加，即为百分尺上测得尺寸。

如图 1-26（a）所示，在固定套筒上读出的尺寸为 5 mm，微分筒上读出的尺寸为 46（格）×0.01 mm ＝ 0.27 mm，上两数相加即得被测零件的尺寸为 5.46 mm；如图 1-26（b）所示，在固定套筒上读出的尺寸为 5.5 mm，在微分筒上读出的尺寸为 46（格）×0.01mm ＝ 0.46 mm，上两数相加即得被测零件的尺寸为 5.96 mm。

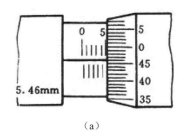
（a）

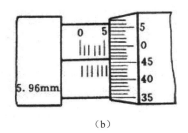
（b）

图 1-26　百分尺的读数

4）百分尺使用方法

（1）使用前，应把百分尺的两个测砧面揩干净，转动测力装置，使两测砧面接触（若测量上限大于 25 mm 时，在两测砧面之间放入校对量杆或相应尺寸的量块），接触面上应没有间隙和漏光现象，同时微分筒和固定套筒要对准零位。

（2）转动测力装置时，微分筒应能自由灵活地沿着固定套筒活动，没有任何轧卡和不灵活的现象。如有活动不灵活的现象，应及时检修。

（3）测量前，应把零件的被测量表面揩干净，以免有脏物存在影响测量精度。绝对不允许用百分尺测量带有研磨剂的表面，以免损伤测量面。

（4）用百分尺测量零件时，应当手握测力装置的转帽来转动测微螺杆，使测砧表面保持标准的测量压力，即听到嘎嘎的声音，表示压力合适，并可开始读数。要避免因测量压力不等而产生测量误差。

（5）使用百分尺测量零件时，要使测微螺杆与零件被测量的尺寸方向一致。用百分尺测量零件时，最好在零件上进行读数，放松后取出百分尺，这样可减少测砧面的磨损。在读取百分尺上的测量数值时，要特别留心不要读错 0.5 mm（可通过游标卡尺读数验证）。

（6）为了获得正确的测量结果，可在同一位置上再测量一次。

（7）对于超常温的工件，不要进行测量，以免产生读数误差。

（8）用单手使用外径百分尺时，如图 1-27（a）所示。用双手测量时，可按图 1-27（b）所示的方法进行。值得提出的是几种使用外径百分尺的错误方法，如图 1-27（c）所示，为贪图快一点得出读数，握着微分筒来回转，这如同碰撞，会破坏百分尺的内部结构；用百分尺测量旋转运动中的工件，很容易使百分尺磨损，而且测量也不准确。

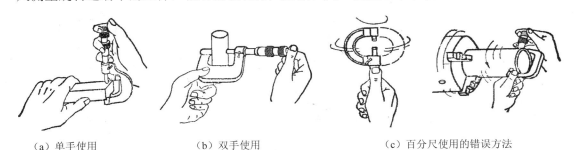

（a）单手使用　　　　　　　（b）双手使用　　　　　　（c）百分尺使用的错误方法

图 1-27　百分尺的使用方法

8. 指示式量具

指示式量具是以指针指示出测量结果的量具。车间常用的指示式量具有：百分表、千分表、杠杆百分表和内径百分表等，主要用于校正零件的安装位置，检验零件的形状精度和相互位置精度，以及测量零件的内径等。

1）百分表

（1）百分表的结构。百分表和千分表，都是用来校正零件或夹具的安装位置，检验零件的形状精度或相互位置精度的。它们的结构原理没有什么大的不同，就是千分表的读数精度比较高，即千分表的读数值为 0.001 mm，而百分表的读数值为 0.01 mm。车间里经常使用的是百分表，因此，本书主要介绍百分表。

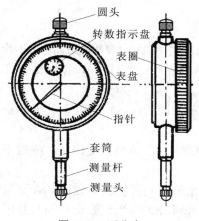

图 1-28　百分表

百分表的外形如图 1-28 所示，表盘上刻有 100 个等分格，其刻度值（即读数值）为 0.01 mm。当指针转一圈时，小指针即转动一小格，转数指示盘的刻度值为 1 mm。用手转动表圈时，表盘也跟着转动，可使指针对准任一刻线。测量头测量工件表面时，测量杆是沿着套筒上下移动的，套筒可作为安装百分表用。圆头用于手提测量杆。

由于百分表的测量杆是作直线移动的，可用来测量长度尺寸，所以它们也是长度测量工具。目前，国产百分表的测量范围（即测量杆的最大移动量）有 0～3 mm、0～5 mm、0～10 mm 三种。读数值为 0.001 mm 的千分表，测量范围为 0～1 mm。

（2）百分表的使用方法。使用百分表和千分表时，必须注意以下几点：

① 使用前，应检查测量杆活动的灵活性。即轻轻推动测量杆时，测量杆在套筒内的移动要灵活，没有任何轧卡现象，且每次放松后，指针能回复到原来的刻度位置。

② 使用百分表或千分表时，必须把它固定在可靠的夹持架上（如固定在万能表架或磁性表座上，见图 1-29），夹持架要安放平稳，以免测量结果不准确或摔坏百分表。用夹持百分表的套筒来固定百分表时，夹紧力不要过大，以免因套筒变形而使测量杆活动不灵活。

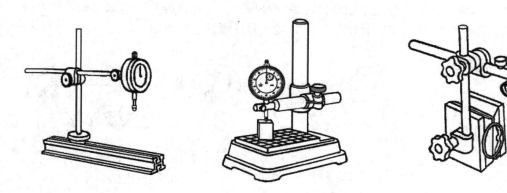

图 1-29　安装在专用夹持架上的百分表

③ 用百分表或千分表测量零件时，测量杆必须垂直于被测量表面。

④ 测量时，不要使测量杆的行程超过它的测量范围；不要使百分表和千分表受到剧

烈的振动或撞击，亦不要把零件强迫推入测量头下，以免损坏百分表和千分表的机件而失去精度。因此，用百分表测量表面粗糙或有显著凹凸不平的零件是错误的。

⑤ 用百分表校正或测量零件时，应当使测量杆有一定的初始测力。即在测量头与零件表面接触时，测量杆应有0.3 ～ 1 mm 的压缩量（千分表可小一点，有0.1 mm 即可），使指针转过半圈左右，然后转动表圈，使表盘的零位刻线对准指针。轻轻地拉动手提测量杆的圆头，拉起和放松几次，检查指针所指的零位有无改变。当指针的零位稳定后，再开始测量或校正零件的工作。

⑥ 在使用百分表和千分表的过程中，要严格防止水、油或灰尘渗入表内，测量杆上也不要加油，以免粘有灰尘的油污进入表内，影响表的灵活性。百分表不使用时，应使测量杆处于自由状态，以免表内的弹簧失效。

2）杠杆百分表

杠杆表主要包括杠杆百分表和杠杆千分表。杠杆百分表又称为杠杆表或靠表，是利用杠杆—齿轮传动机构或者杠杆—螺旋传动机构，将尺寸变化为指针角位移，并指示出长度尺寸数值的计量器具，具有体积小、精度高的特点，适用于一般百分表难以测量的场所。常见的杠杆百分表外形如图1-30所示。

3）内径百分表

用内径百分表测量内径是一种比较量法，测量前应根据被测孔径的大小，在专用的环规或百分尺上调整好尺寸后才能使用，如图1-31所示。

内径百分表的外形结构如图1-32所示。内径百分表主要用以测量或检验零件的内孔、深孔直径及其形状精度。

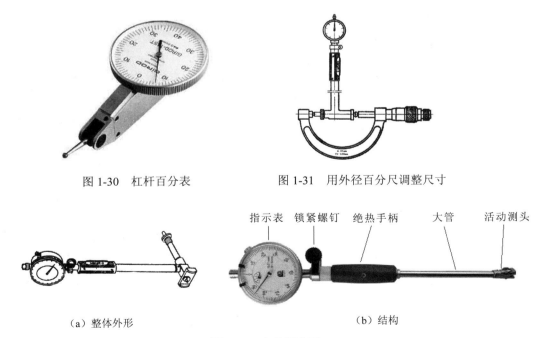

图1-30　杠杆百分表　　　　　　图1-31　用外径百分尺调整尺寸

（a）整体外形　　　　　　　　　　（b）结构

图1-32　内径百分表

内径百分表活动测头的移动量，小尺寸的只有0 ～ 1 mm，大尺寸的可有0 ～ 3 mm，它的测量范围是由更换或调整活动测头的长度来达到的。因此，每个内径百分表都附有成套的活动测头。国产内径百分表的读数值为0.01 mm，测量范围有10 ～ 18 mm、18 ～ 35 mm、35 ～ 50 mm、50 ～ 100 mm、100 ～ 160 mm、160 ～ 250 mm和250 ～ 450 mm。

 复 习 思 考 题

1. 简述工程材料的分类及应用。

2. 简述材料的强度、塑性和硬度的概念。

3. 简述退火、正火、淬火和回火对金属材料的影响。

4. 毛坯的主要成形方法及选用原则、零件的分类及所了解的零件成形方法有哪些？

5. 试述为什么设计机械零件时，首先应考虑所选材料的力学性能？

6. 刀具材料的基本要求是什么？目前常用的刀具材料有哪些？

7. 试述零件加工质量的内涵。

8. 零件加工精度的含义是什么？包括哪些内容？

9. 常用的量具有哪几种？它们的测量原理及使用范围是什么？

第 2 章　铸造、焊接与塑性成形技术

2.1　铸　　造

2.1.1　铸造生产概述

铸造是指熔炼金属、制造铸型，并将熔融的金属浇注、压射或吸入铸型型腔，凝固后获得一定形状与性能铸件的成形方法。采用铸造方法获得的金属制品称为铸件。一般情况下，铸件作为机械零件的毛坯，需要经过切削加工后才能称为零件。目前铸造生产工艺仍然被广泛采用，主要是因为铸造与其他成形方法相比，具有如下优点：

（1）铸件材料不受限制。工业生产中常用的金属材料，如各种铸铁、合金钢、非合金钢等等，都可以通过铸造成形。

（2）铸件的形状可以十分复杂。通过铸造不仅可以获得十分复杂的外形，更为重要的是能获得一般机械加工设备难以加工的复杂内腔。

（3）铸件的尺寸和重量不受限制。铸件尺寸可以大到十几米、重数百吨，小到几毫米、重几克。

（4）铸件的生产批量不受限制。铸件可单件、小批生产，也可大批大量生产。

（5）成本低廉，节约资源。铸件的形状、尺寸与零件相近，节省了大量的金属材料和加工工时。材料的回收利用率高。尤其是精密铸造，可以直接铸造出某些零件，是少或无切屑加工的重要方法。

在铸造生产中，铸铁应用最广，约占铸件总产量的70%。各种铸造方法中砂型铸造应用最广，约占世界铸件总产量的80% ～ 90%。

铸造生产过程一般包括造型、熔化、浇注、清理等工序。铸造工艺主要分为砂型铸造和特种铸造。其中，砂型铸造应用最广。砂型铸造的基本工艺过程如图2-1所示。

2.1.2　造型材料

砂型铸造是用型（芯）砂制作铸型的铸造方法，制造铸型所用的材料称为造型材料，主要是指型砂和芯砂。用于制造砂型的材料称为型砂，用于制造砂芯的材料称为芯砂。

1. 型砂的性能要求

1）足够的强度

型砂和芯砂在外力作用下要不易被破坏。生产上，采用专门强度仪测定其强度，湿压强度应控制在3.9 ～ 7.8 N/cm^2。强度太高，会使铸型太硬，透气性太差。阻碍铸件收缩，从而使铸件形成气孔、过大的内应力和裂纹。

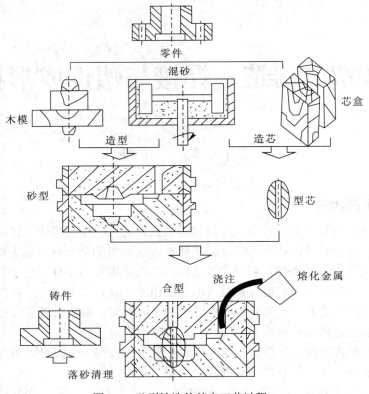

图 2-1 砂型铸造的基本工艺过程

2）透气性

型砂和芯砂紧实后要易于通气。透气性用专门的透气仪测定，数值控制在 30 ~ 80 之间，透气性太高，则砂型疏松，会使铸型易粘砂。

3）耐火性

型砂和芯砂在高温下要不易软化、烧结、粘附。

耐火性主要取决于砂中 SiO_2 含量。SiO_2 的熔点为 1713℃，砂中的 SiO_2 含量越高，型砂的耐火度越好。砂子粒度大，耐火度也高。生产铸件时，砂中的 SiO_2 含量大于 85%，就能满足要求。

4）可塑性

砂在外力作用下变形后，当去除外力时，保持变形的能力称为可塑性。型砂和芯砂在外力作用下要易于成形。起模时，在模型周围刷水，以增加型砂的水分，提高型砂可塑性。

5）退让性

型砂和芯砂在冷却时其体积可以被压缩。因其退让性差，铸件易产生内应力或裂纹，所以要在型砂中加入锯末。

型砂的性能由型砂的组成、原材料的性质和配制工艺操作等因素决定。

2. 型砂的制备

通常型砂是由原砂、粘结剂和水按一定比例混制而成，其中粘结剂约为 9%，水约为

6%，其余为原砂。有时还加入少量如煤粉、植物油、木屑等附加物以提高型砂和芯砂的性能。型砂的结构如图2-2所示。

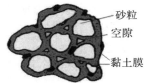

原砂是耐高温材料，是型砂的主体，常用二氧化硅含量较高的硅砂作为原砂。常用的粘结剂为粘土、水玻璃或渣油等。

型砂的制配工艺对型砂的性能有很大的影响。浇注时，型砂表面受高温铁水的作用，砂粒粉碎变细，煤粉燃烧分解，型砂中的灰分增多，透气性降低，部分粘土会丧失粘结力，使型砂的性能变坏。所以落砂后的旧砂一般不直接用于造型，需掺入新材料，经过混制，恢复型砂的良好性能后，才能使用。旧砂混制前需经磁选及过筛，以去除铁块及砂团。

图 2-2　型砂结构示意图

2.1.3　造型与造芯方法

1. 铸型的组成和作用

以最常用的两箱造型为例，铸型主要由上砂型、下砂型、浇注系统、型腔、型芯和通气孔组成。如图2-3所示。

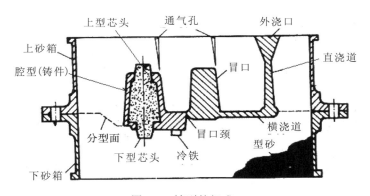

图 2-3　铸型的组成

各部分的作用如下：

（1）砂箱：作为造型时填充型砂的容器，分为上、下两箱，在三箱造型时，加入中箱。

（2）铸型：通过造型获得具有型腔的砂型，分为上、中、下等铸型。

（3）分型面：各铸型间的结合面，其数量比铸型数量少一个。

（4）型腔：铸型中除浇注系统外，可容纳液态合金形成铸件的空腔。

（5）浇注系统：主要作为金属液流入型腔的通道，并有浮去杂质和增强金属液静压力的作用。

（6）冒口：供补缩铸件用的铸型空腔，明冒口还起观察、排气和集渣的作用。

（7）型芯：用芯砂制成安放在铸型内部的砂型，形成铸件内腔或局部外形。

（8）通气孔：在铸型或型砂上，用针或扎气孔板扎出的通气孔，以排除型腔内的气体。

（9）出气口：在铸型或铸芯中，为排除浇注时形成的气体而设置的沟槽或孔道。

（10）冷铁：为加快铸件局部冷却，在铸型、型芯中安放的金属物。

2. 手工造型方法

砂型铸造的造型方法分为手工造型和机器造型两类。

手工造型的方法很多，要根据铸件的形状大小和生产批量的不同进行选择。填砂、紧实、起模等主要由人工完成，操作灵活，生产率低，主要用于单件小批量生产。

手工造型方法如表2-1所示。

表2-1　常用的手工造型方法

造型方法	模样结构、造型特点和应用	造型过程示意图
整模造型	整模造型的模型是一个整体，造型时模型全部放在一个砂箱内，分型面（上型与下型的接触面）是平面。这类零件的最大截面一般是在端部，而且是一个平面。造型方法简便，铸型型腔形状和尺寸精度较好。适用于形状简单、最大截面在一端的铸件，如齿轮坯、带轮、轴承座等	（a）造下砂型　（b）造上砂型　（c）开外浇口，扎通气孔（d）起出模样　（e）合型　（f）带浇口的铸件
分模造型	分模造型的模型是分成两半的，造型时分别在上、下箱内，分型面也是平面。这类零件的最大截面不在端部，如果做成整模，在造型时就很难将模型取出来。分模造型是沿模型截面最大处分为两半，型腔位于上、下两个半型内，造型简单，节省工时。适用于最大截面不在端面，而在中部的铸件，如箱体、立柱、水管、套类、阀体等	（a）零件　（b）分模　（c）用下半模造下砂型（d）用上半模造上砂型　（e）起模、放砂芯、合型　（f）落砂后带浇口的铸件
挖砂造型	当铸件的最大截面不在端部，模样又不便分开时（如模样太薄），仍做成整体模。分型面不是平面，造型时将妨碍起模的型砂挖去。生产率低，对操作人员的技术水平要求较高，只适用于单件小批生产的小型铸件，如手轮、带轮等零件	（a）手轮零件　（b）放置模样，开始造下型　（c）翻转，最大截面处挖出分型面（d）造上型，开箱起模　（e）合箱　（f）落砂后带浇口的铸件
假箱造型	当挖砂造型的铸件所需数量较多时，为简化操作，可采用假箱造型。假箱造型是利用预制的成形底板或假箱来代替挖砂造型中所挖去的型砂	（a）模型放在假箱上　（b）造下型　（c）翻转下型，待造上型

造型方法	模样结构、造型特点和应用	造型过程示意图
活块造型	零件上有一小凸台，造型取模时不能和模型主体同时取出，凸台就要做成活动的，称为活块。起模时，先取出模型主体，再单独取出活块。舂砂时不要使活块移动。活块造型要求工人操作技术水平较高，而且生产率较低，仅适用于单件小批生产	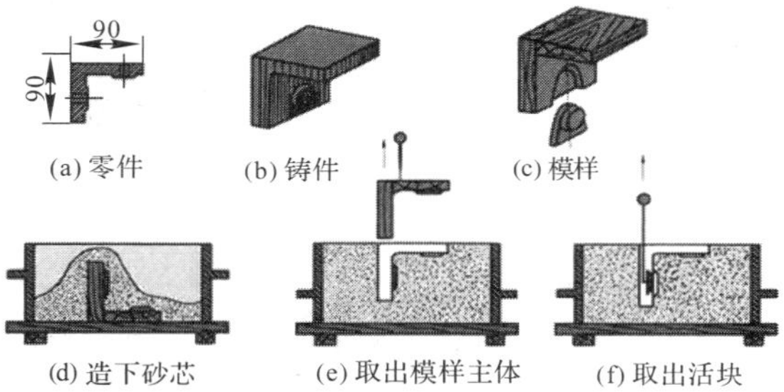 (a) 零件　(b) 铸件　(c) 模样 (d) 造下砂芯　(e) 取出模样主体　(f) 取出活块
刮板造型	有些尺寸大于500 mm的旋转体铸件，如带轮、飞轮、大齿轮等，由于生产批量很少，为节省模型材料及费用，缩短加工时间，可以采用刮板造型。刮板是一块和铸件断面形状相适应的木板。造型时将刮板绕固定轴旋转，在砂型中刮制出所需的型腔	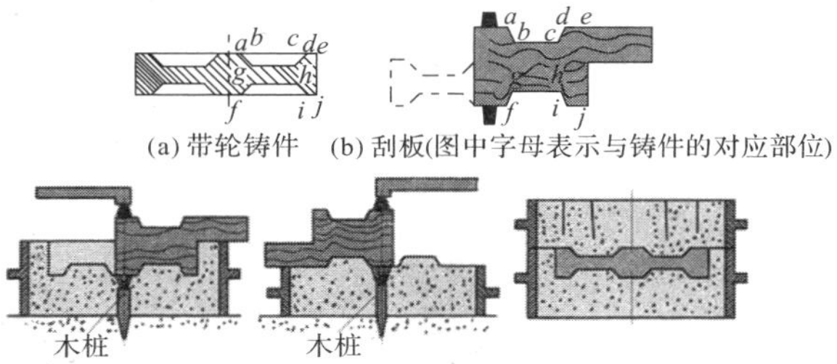 (a) 带轮铸件　(b) 刮板(图中字母表示与铸件的对应部位) (c) 刮制下型　(d) 刮制上型　(e) 合型
三箱造型	有些形状较复杂的铸件，往往具有两头截面大而中间截面小的特点，用一个分型面取不出模型，需要从小截面处分开模型，用二个分型面、三个砂箱造型。三箱造型较为复杂，生产效率较低，不能用于机器造型（无法造中箱），只适用于单件小批生产	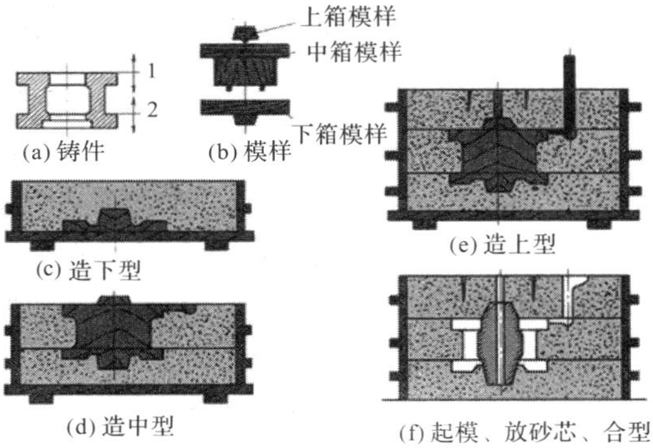 (a) 铸件　(b) 模样 (c) 造下型　(e) 造上型 (d) 造中型　(f) 起模、放砂芯、合型

3. 机器造型

机器造型按紧实的方式不同，分为压实造型、震击造型、抛砂造型和射砂造型四种基本方式。

4. 造芯方法

型芯是砂型的一部分，在制造中空铸件或有妨碍起模的凸台时，往往要采用型芯。常用的型芯有：

（1）自带型芯。以型砂支承的砂垛代替型芯。

（2）水平型芯。型芯水平放置。

（3）垂直型芯(竖芯)。型芯垂直放置。

（4）悬臂型芯。型芯悬臂放置。

（5）悬吊型芯(盖芯)。型芯悬吊放置。

（6）外型芯。在铸件中有妨碍起模的凸出部分时，外型芯有方便起模的作用。

型芯一般是用芯盒制成的，芯盒的空腔形状和铸件的内腔相适应。对于内径大于200 mm的弯管型芯可用刮板制芯。

制芯前，首先应了解对砂芯的工艺要求（如芯头位置和砂芯的固定方法），做好芯骨、吊环等，并确定通气道的形式。

制芯一般过程如图2-4所示，包括填砂、春砂、放芯骨、刮去多余的芯砂、扎通气道、把芯盒放在烘干板上、取下芯盒，烘干砂芯。

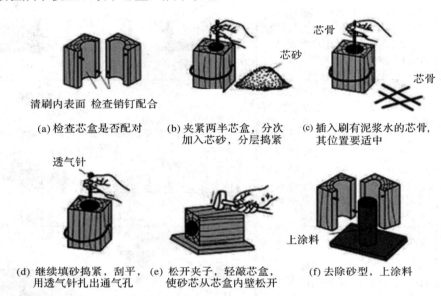

(a) 检查芯盒是否配对
清刷内表面 检查销钉配合

(b) 夹紧两半芯盒，分次加入芯砂，分层捣紧

(c) 插入刷有泥浆水的芯骨，其位置要适中

(d) 继续填砂捣紧，刮平，用透气针扎出通气孔

(e) 松开夹子，轻敲芯盒，使砂芯从芯盒内壁松开

(f) 去除砂型，上涂料

图 2-4　制芯的一般过程

制造型芯的芯砂要求比型砂具有更好的综合性能。其中粘土加入量比型砂多。形状复杂、要求强度较高的型芯要用桐油砂、合脂砂和树脂砂等。为保证足够的耐火度、透气性，型芯中应多加芯砂或全部用芯砂。对于形状复杂的型芯，往往要加入锯末等材料以增加退让性。

5. 模样、型腔、铸件和零件之间的关系

在铸造生产中，用模样制得型腔，将金属液浇入型腔冷却凝固后获得铸件，铸件经切削加工最后得到零件。因此，模样、型腔、铸件和零件四者之间在形状和尺寸上有着必然的联系。模样、型腔、铸件和零件之间的关系见表2-2。

表2-2　模样、型腔、铸件和零件之间的关系

项目名称	模样	型腔	铸件	零件
大小尺寸	比铸件大一个收缩率，铸造空心铸件的模样要有型芯头	与模样基本相同	比零件多一个加工余量	小于铸件
形状	包括型芯头、活块、外型芯等形状	形状与铸件凹凸相反	包括零件中小孔洞等不铸出的加工部分	符合零件尺寸和公差要求
凹凸（与零件相比）	凸	凹	凸	凸
空实（与零件相比）	实心	空心	实心	实心

2.1.4 铸造工艺

造型时，必须考虑的主要工艺问题是分型面和浇注系统，它们直接影响铸件的质量及生产率。

1. 分型面的选择

1）分型面应在最大截面处

分型面一般应选择铸件最大截面处，以保证从铸型中取出模样，而不易损坏铸型，但应注意尽可能消除垂直于分型面方向上的飞边、毛刺及错箱，尤其在使用挖砂造型时更需要注意。如图2-5所示的齿轮坯分型面的位置就应选择在最大截面处。

2）分型面应少而平直

为简化造型工艺，提高铸件尺寸精度和生产率，应尽量减少分型面和活块数量，并尽量做到只有一个分型面。特别是机器造型，流水线生产，通常只允许有一个分型面，而且尽量采用型芯代替活块，可使造型大为简便。如图2-6所示为绳轮铸件分型面的选择。

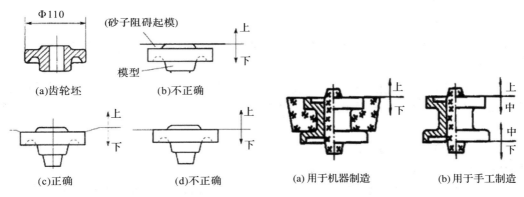

图 2-5 分型面应选在最大截面处　　　　图 2-6 分型面应少而平直

3）应尽量使铸件位于同一铸型内

铸件的加工面和加工基准面应尽量位于同一砂箱，避免合型不准产生错型，从而保证铸件尺寸精度。如图2-7的水管堵头是以顶部方头为基准加工管螺纹的，图（b）分型方案易产生错型，无法保证外螺纹加工精度，故图（a）方案合理。

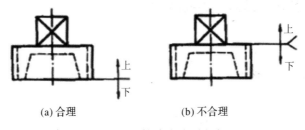

图 2-7 水管堵头分型方案

2. 浇注系统与冒口

浇注系统是砂型中引导金属液流入铸型型腔的通道，通常由浇口杯、直浇道、横浇道和内浇道组成，如图2-8所示。浇注系统应保证金属液均匀、平稳地充满型腔，防止熔渣和气体卷入。铸件浇注系统设计主要是选择浇注系统类型、确定内浇道开设位置、各组元截面积、形状和尺寸等。

按照内浇道在铸件上开设的位置不同，浇注系统类型可分为顶注式、底注式、中间注入式和分段注入式，如图2-9所示。

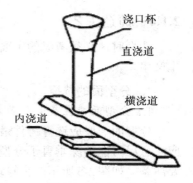

图2-8 浇注系统

(a) 顶注式　　(b) 底注式　　(c) 中间注入式　　(d) 分段注入式

图2-9 浇注系统类型

对有些铸件，其浇注系统还包括冒口。冒口是设置在铸件厚大部位用于储存液体金属的空腔，当液体金属在冷凝过程中发生凝固收缩时，冒口内的金属液可以不断补偿铸件因凝固所缺少的金属液，从而使远离冒口处先凝固，而后铸件凝固至冒口处，使缩孔转移至冒口中，从而防止铸件产生缩孔、缩松等缺陷。冒口还有集渣、排气和观察的作用。

冒口应设在铸件壁厚处、最高处或最后凝固的部位。按照作用不同，冒口分为初期冒口和补缩冒口。按设置部位不同分为顶(明)冒口、侧冒口和特殊冒口。

明冒口应用普遍，便于检查补浇金属液，利于浇注时铸型内气体排出，且易于制造。暗冒口埋在砂型中散热较慢，补缩作用比明冒口好，冒口金属消耗少，外界杂物不易通过冒口落入铸型中，但不适用于大型冒口。

若将冒口与冷铁联合应用，可降低成本和提高铸件质量，尤其对大型铸钢件和球墨铸铁件更应采用。冷铁用铸钢和铜等支承，可激冷并加快厚大部位冷却，调节铸件凝固顺序，扩大冒口有效补缩距离。

2.1.5 铸型浇注、落砂、清理及缺陷分析

1. 铸型浇注

将熔融金属从浇包注入铸型的操作即为浇注。浇注是铸造生产中的重要工序，若操作不当将会造成冷隔、气孔、缩孔、夹渣和浇不足等缺陷。浇注时的注意事项如下：

1）准备工作

（1）准备并烘干端包、抬包等各类浇包。

（2）去掉盖在铸型浇口杯上的护盖并清除周围的散砂，以免落入型腔中。

（3）熟悉待浇铸件的大小、形状和浇注系统类型等。

（4）浇注场地应畅通，如地面潮湿有积水，用干砂覆盖，以免造成金属液飞溅伤人。

2）浇注方法

（1）在浇包的铁水表面撒上草灰用以保温和聚渣。

（2）浇注时应用挡渣钩在浇包口挡渣。用燃烧的木棍在铸型四周将铸型内逸出的气体引燃，以防止铸件产生气孔和污染环境。现在，许多企业流行在浇口处安置陶瓷挡渣网，实践证明挡渣效果很好。

（3）控制浇注温度和浇注速度。对形状复杂的薄壁件浇注温度应高些，反之则应低些。浇注温度一般在1280～1350℃。浇注速度要适宜，浇注开始时液流细且平稳，以免金属液洒落在浇口外伤人和将散砂冲入型腔内；浇注中期要快，以利于充型；浇注后期应慢，以减少金属液的抬箱力，并有利于补缩。浇注中不能断流，以免产生冷隔。

2. 落砂

将铸件从砂型中取出来的操作称为落砂。落砂时应注意铸件的温度。温度过高时落砂，会使铸件急冷而产生白口(硬而脆无法加工)、变形和裂纹。但也不能冷却到常温时才落砂，以免影响生产率。一般应在保证铸件质量的前提下尽早落砂。铸件在砂型中合适的停留时间与铸件的形状、尺寸大小、壁厚等有关。形状简单，小于10 kg的铸件，一般在浇注后0.5～1小时左右就可以落砂。

落砂的方法有手工落砂和机械落砂两种。在大量生产中一般用落砂机进行落砂。

3. 清理

落砂后的铸件必须经过清理工序，才能使铸件外表面达到要求，清理工作主要包括下列内容：

1）切除浇冒口

铸铁件脆性大，可用铁锤敲掉浇冒口。铸钢件要用气割切除。有色金属铸件的浇冒口要用锯子或切割机切除。

2）清除砂芯

铸件内腔的砂芯和芯骨可用手工、震动出芯机或水力清砂装置取出。水力清砂方法适用于大中型铸件砂芯的清理，可保持芯骨的完整，以利于继续使用。

3）清除粘砂

铸件表面往往粘结有一层被烧焦的砂子，需要清除干净。小型铸件广泛采用清理滚筒、喷砂器来清理，中、大型铸件可用抛丸机等机器清理。生产量不大时也可用手工清理。

4. 缺陷分析

由于铸造生产工序繁多，很容易使铸件产生缺陷，而产生缺陷的原因也很复杂。

为了减少铸件缺陷，首先应正确判断缺陷类型，找出产生缺陷的主要原因，以便采取相应的预防措施。表2-3列举了一些常见铸件缺陷的特征及其产生的主要原因。

表2-3 常见铸件缺陷的特征及其产生的主要原因

类别	名称	图例及特征	主要原因
形状类缺陷	错型	铸件在分型面处有错移	（1）形状合型时上、下砂箱未对准。 （2）上、下砂箱未夹紧。 （3）模样上、下半模有错移
	偏型	铸件上孔偏斜或轴心线偏移	（1）型芯放置偏斜或变形。 （2）浇口位置不对，液态金属冲歪了型芯。 （3）合型时碰歪了型芯。 （4）制模样时，型芯头偏心
	变形	铸件向上、向下或向其他方向弯曲或扭曲	（1）铸件结构设计不合理，壁厚不均匀。 （2）铸件冷却不当，冷缩不均匀
	浇不足	液态金属未充满铸型，铸件形状不完整	（1）铸件壁太薄，铸型散热太快。 （2）合金流动性不好或浇注温度太低。 （3）浇口太小，排气不畅。 （4）浇注速度太慢。 （5）浇包内液态金属不够
	冷隔	铸件表面似乎融合，实际未融透，有浇坑或接缝	（1）铸件设计不合理，铸壁较薄。 （2）合金流动性差。 （3）浇注温度太低，浇注速度太慢。 （4）浇口太小或布置不当，浇注曾有中断
孔洞类缺陷	缩孔	铸件的厚大部分有不规则的粗糙孔形	（1）铸件结构设计不合理，壁厚不均匀，局部过厚。 （2）浇、冒口位置不对，冒口尺寸太小。 （3）浇注温度太高
	气孔	析出气孔多而分散，尺寸较小，位于铸件各断面上，侵入气孔数量较少，尺寸较大，存在于局部地方	（1）熔炼工艺不合理、金属液吸收了较多的气体。 （2）铸型中的气体侵入金属液。 （3）起模时刷水过多，型芯未干。 （4）铸型透气性差。 （5）浇注温度偏低。 （6）浇包工具未烘干

类别	名称	图例及特征	主要原因
夹杂类缺陷	砂眼	铸件表面或内部有型砂充填的小凹坑	（1）型砂、芯砂强度不够，紧实较松，合型时松落或被液态金属冲垮。 （2）型腔或浇口内散砂未吹净。 （3）铸件结构不合理，无圆角或圆角太小
夹杂类缺陷	夹渣	铸件表面上有不规则并含有熔渣的孔眼	（1）浇注时挡渣不良。 （2）浇注温度太低，熔渣不易上浮。 （3）浇注时断流或未充满浇口，渣和液态金属一起流入型腔
裂纹缺陷	裂纹	在夹角处或厚薄交接处的表面或内层产生裂纹	（1）铸件厚薄不均，冷缩不一。 （2）浇注温度太高。 （3）型砂、芯砂退让性差。 （4）合金内含硫、磷较高
表面缺陷	粘砂	铸件表面粘砂粒	（1）浇注温度太高。 （2）型砂选用不当，耐火度差。 （3）未刷涂料或涂料太薄

2.1.6　铸造操作主要安全注意事项

（1）铸造时工人应穿戴工作服及其他劳动用品。

（2）砂箱、模样及其他工具必须放置稳固，防止砸伤手脚。

（3）造型造芯时，翻箱操作要小心轻放，不可用嘴吹型（芯）砂。

（4）浇注时，浇包内的金属液不可过满(只能在80%以内)，不操作浇注的人员远离浇包；严格控制浇注温度、速度，注意挡渣和引气，严禁身体对着砂箱进行浇注。

（5）确认铸件完全冷却后才能用手拿取，严防烫伤。

（6）清理铸件时，要注意周围环境，防止伤人。

（7）铸造结束后，清理工作场地和保持清洁卫生，做到安全文明实习。

2.2　焊　　接

2.2.1　概述

焊接是通过加热或加压(或者两者并用)，并且用(或不用)填充材料，使两部分相互分离的材料结合的一种方法。焊接可以是金属材料，也可以是非金属材料，如塑料、玻璃等。

焊接的本质是使焊件达到原子间的结合。焊接连接性好、省工省料、结构重量轻，焊接工艺过程比较简单，焊接接头力学性能好、密封性好；焊接可采用机械化、自动化；焊接可以由小拼大，并能将不同材质连接成整体，制造双金属结构等。

按焊接过程的不同，焊接可以分为熔焊、压力焊和钎焊等三大类。

（1）熔焊。将待焊处的母材金属熔化以形成焊缝的焊接方法称为熔焊。熔焊包括气焊、电弧焊、电渣焊、等离子弧焊、电子束焊、激光焊等。

（2）压力焊。通过加压和加热的综合作用，以实现金属接合的焊接方法称为压力焊（也称为压焊），主要包括电阻焊、摩擦焊、爆炸焊等。

（3）钎焊。以熔点低于被焊金属熔点的焊料填充接头形成焊缝的焊接方法称为钎焊，主要包括火焰钎焊、感应钎焊、电子束钎焊、盐浴钎焊等。钎焊又分为软钎焊和硬钎焊。

焊接方法在工业生产中主要有三方面的应用：

制造金属结构件：焊接方法广泛应用于各种金属结构的制造，如桥梁、船、压力容器、化工设备、机动车辆、矿山机械、发电设备及飞行器等。

制造机器零件和工具：焊接件具有刚性好、改型快、周期短、成本低的优点，适合于单件或小批量生产加工各类机器零件和工具，如机床机架和床身、大型齿轮和飞轮、各种切削工具等。

修复：采用焊接方法修复某些有缺陷、失去精度或有特殊要求的工件，可延长其使用寿命，提高使用性能。

2.2.2 焊条电弧焊

焊条电弧焊是熔化焊中最基本的一种焊接方法。它利用电弧产生的热局部熔化被焊金属，使之形成永久结合。

1. 焊条电弧焊的工作原理

图2-10是焊条电弧焊示意图，图中的电路是以弧焊电源为起点，通过焊接电缆、焊钳、焊条、工件、接地电缆形成回路。在有电弧存在时形成闭合回路，形成焊接过程。焊条和工件在这里既作为焊接材料，也作为导体。焊接开始后，电弧的高热瞬间熔化了焊条端部和电弧下面的工件表面，使之形成熔池，焊条端部的熔化金属以细小的熔滴状熔入到熔池中去，与母材熔化金属混合，凝固后成为焊缝。

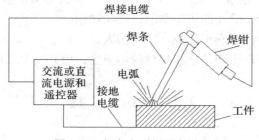

图2-10 焊条电弧焊示意图

2. 焊条电弧焊的特点

1）工艺灵活，适用性强

焊条电弧焊可以对不同焊接位置、不同接头形式的焊缝方便地进行焊接；可以进行平焊、立焊、仰焊等各种位置的焊接；可以进行直缝、环缝和各种曲线焊缝的焊接；尤其适合于不易实现机械化、自动化焊接的场合的焊接。

2）应用范围广

焊条电弧焊能够与多数焊件金属性能相匹配，因而，接头的性能可以达到被焊金属的性能，可以焊接大多数碳钢、合金钢、不锈钢及耐热钢等金属材料。另外，它还可以进行异种钢焊接和各种金属材料的堆焊等。

3）易于分散焊接应力和控制焊接变形

由于焊接是局部的不均匀加热，所以焊件在焊接过程中都存在焊接应力和变形。对结构复杂而焊缝比较集中的焊件、长焊缝和大厚焊件，其应力和变形问题更为突出。采用焊条电弧焊，可以通过改变焊接工艺，如采用跳焊、分段焊、对称焊等工艺措施来减少变形和改善焊接应力的分布。

4）设备简单，成本较低

交流弧焊机或直流弧焊机，结构均比较简单，维修保养方便；设备轻便，易于移动，且焊接中不需要辅助气体保护，并且有较强的抗风能力；投资少，成本低。

但焊条电弧焊对操作者的技能要求高，生产率低，劳动强度大。

3. 焊条电弧焊过程

焊接前，先将工件和焊钳通过导线分别接到电焊机的两极上，并用焊钳夹持焊条。焊接时，先将焊条与工件瞬时接触，造成短路，然后迅速提起焊条，并使焊条与工件保持一定距离，这时，在焊条与工件之间产生了电弧。电弧热将工件接头处和焊条熔化，形成一个熔池，随着焊条沿焊接方向移动，新的熔池不断产生，原先的熔池则不断冷却、凝固，形成焊缝，从而将分离的工件连成整体。焊条电弧焊如图 2-11 所示。

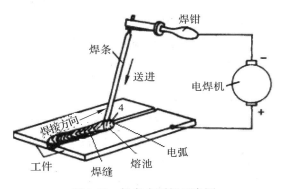

图 2-11　焊条电弧焊示意图

4. 焊接电弧的形成

焊接电弧是指发生在电极与工件之间的强烈、持久的气体放电现象。

1）电弧的引燃

常态下的气体由中性分子或原子组成，不含带电粒子。要使气体导电，首先要有一个使其产生带电粒子的过程。带电粒子的产生一般采用接触引弧。先将电极（焊条或钨棒）和焊件接触形成短路（如图 2-12(a) 所示），此时在某些接触点上产生很大的短路电流，温度迅速升高，为电子的逸出和气体电离提供能量条件，而后将电极提起一定距离（<5mm，见图 2-12(b)）。

在电场力的作用下，被加热的阴极有电子高速逸出，撞击空气中的中性分子和原子，使空气电离成阳离子、阴离子和自由电子。这些带电粒子在外电场作用下定向运动，阳离子奔向阴极，阴离子和自由电子奔向阳极。在它们的运动过程中，不断碰撞和复合，产生大量的光和热，形成电弧（见图 2-12(c)）。电弧的热量与焊接电流和电压的乘积成正比，焊接电流和电压的乘积愈大，电弧产生的总热量就愈大。

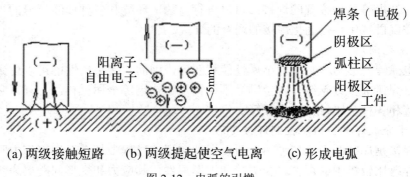

(a) 两级接触短路　　(b) 两级提起使空气电离　　(c) 形成电弧

图 2-12　电弧的引燃

2）电弧的组成

焊接电弧由阴极区、阳极区和弧柱区三部分组成（见图 2-12(c)）。

阴极区因发射大量电子而消耗一定能量，产生的热量较少，约占电弧热的 36%。阳极表面受高速电子的撞击，传入较多的能量，因此阳极区产生的热量较多，占电弧热的43%。其余 21% 左右的热量在弧柱区产生。

电弧中阳极区和阴极区的温度因电极的材料（主要是电极熔点）不同而有所不同。用钢焊条焊接钢材料时，阳极区热力学温度约 2600 K，阴极区热力学温度约 2400 K，弧柱区热力学温度高达 5000 ～ 8000 K。

5. 焊条电弧焊的设备

焊条电弧焊所用的设备称为弧焊机（电焊机）。按所用电源分为交流弧焊机和直流弧焊机两种。

1）交流弧焊机

交流弧焊机又称为弧焊变压器，外形如图 2-13 所示。交流弧焊机具有结构简单、噪声小、成本低等优点，但电弧稳定性较差。它可将工业用的 220 V 或 380 V 电压降到 60 ～ 90 V（焊机的空载电压），以满足引弧的需要。焊接时，随着焊接电流的增加，电压自动下降至电弧正常工作时所需的电压，一般是 20 ～ 40 V。而在短路时，又能使短路电流不致过大而烧毁电路或电压器本身。

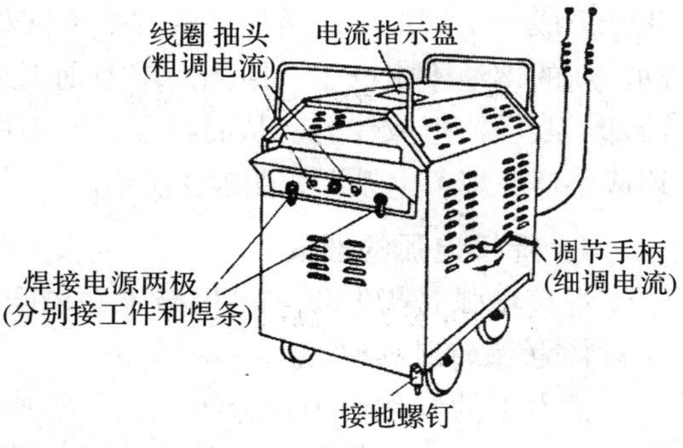

图 2-13　BX1-300 型交流弧焊机

交流弧焊机的电流调节要经过粗调和细调两个步骤。粗调是改变线圈抽头的接法选定电流范围，如图 2-13 所示，按左边电极接法为 50 ～ 150 A，按右边电极接法为 175 ～ 430 A。细调是借助转动调节手柄，并根据电流指示盘将电流调节到所需值。

2）直流弧焊机

直流弧焊机分为旋转式直流弧焊机和整流式直流弧焊机两种。

（1）旋转式直流弧焊机，如图 2-14 所示。它是由一台交流电动机和一台直流发电机组成。直流发电机由同轴的交流电动机带动并供给满足焊接要求的直流电。

　　弧焊机的电流调节也分为粗调和细调。粗调是通过改变电焊机接线板上的接线位置，即改变发电机电刷位置来实现的；细调是利用装在电焊机上端的可调电阻进行的。这种弧焊机引弧容易，电流稳定，焊接质量较好，并能适应各类焊条的焊接，但结构复杂，噪音较大，价格较贵。

　　（2）整流式直流弧焊机，简称弧焊整流器，外形如图2-15所示。它是通过整流器把交流电转变为直流电，具有比旋转式直流弧焊机结构简单、造价低廉、效率高、噪音小、维修方便等优点，弥补了交流弧焊机电弧不稳定的不足。

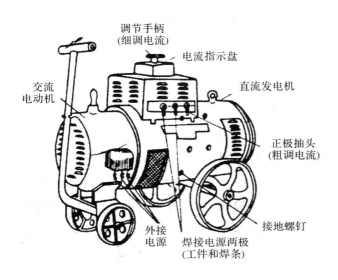

图 2-14　旋转式直流弧焊机

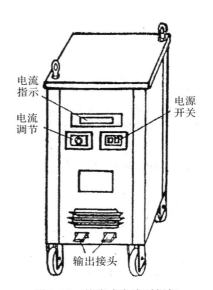

图 2-15　整流式直流弧焊机

　　（3）直流弧焊机的极性和接法。直流弧焊机的输出端有阳（正）、阴（负）极之分。阳极区温度比阴极区高，故采用直流弧焊机焊接时有两种不同的接线方法：① 正接：工件接弧焊机的阳极，焊条接阴极；② 反接，工件接弧焊机的阴极，焊条接阳极。如图2-16所示。

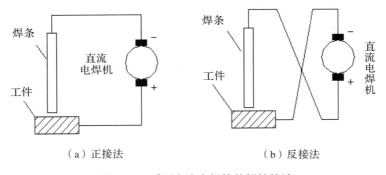

（a）正接法　　　　　　　　　　　　（b）反接法

图 2-16　采用直流电焊接的极性接法

　　正接时，电弧热量主要集中在工件（阳极）上，有利于加快工件熔化，保证足够的熔深，适用于焊接较厚的工件。反接时，焊条接阳极，适用于焊接有色金属及薄钢板，以避免烧穿工件。

3）弧焊机的选用

一般根据焊条和被焊工件的材料选用弧焊机。使用酸性焊条焊接一般低碳钢构件时，应优先考虑选用价格低廉、维修方便的交流弧焊机；使用碱性焊条焊接高压容器、高压管道等重要钢结构，或焊接合金钢、有色金属、铸铁时，则应选用直流弧焊机。焊件材料的类型繁多时，可考虑选用通用性强的交、直流两用弧焊机。当采用某些碱性药皮焊条焊接较薄或低熔点有色金属时，必须选用直流弧焊机，而且要采用反接法。

4）焊接工具

焊接使用的工具有焊钳(见图2-17(a))、焊接面罩(见图2-17(b)、(c))、焊接电缆、焊条保温筒、敲渣锤、钢丝刷和皮革手套等。焊接面罩中的滤光片，又称护目镜，根据滤色深浅不同选择其规格(3～16号)，焊接电流大时，所需护目镜号应愈大，常用的为7～12号。

6. 电焊条

1）电焊条组成和作用

如图2-18所示，焊条由焊芯和药皮两部分组成。焊芯是金属丝，药皮是压涂在焊芯表面的涂料层。

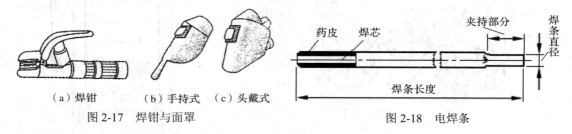

（a）焊钳　（b）手持式　（c）头戴式　　　　　　　　　　　　　药皮　焊芯　　　　　　　　夹持部分　焊条直径

图2-17　焊钳与面罩　　　　　　　　　　　　　　　图2-18　电焊条

（1）焊芯的作用。一是作为电极传导电流，二是熔化后作为填充金属与母材形成焊缝。焊芯的化学成分和杂质含量直接影响焊缝质量。生产中有不同用途的焊丝(焊芯)，如焊条焊芯、埋弧焊焊丝、CO_2焊焊丝、电渣焊焊丝等。

（2）药皮的作用。一是改善焊接工艺性，药皮中含有稳弧剂，使电弧易于引燃和保持燃烧稳定。二是对焊接区起保护作用。药皮中含有造渣剂、造气剂等，造渣后熔渣与药皮中有机物燃烧产生的气体对焊缝金属起双重保护作用。三是起有益的冶金化学作用。药皮中含有脱氧剂、合金剂、稀渣剂等，使熔化金属顺利地进行脱氧、脱硫、去氢等冶金化学反应，并补充被烧损的合金元素。

2）焊条的分类

焊条按用途分为十大类：结构钢焊条，钼和铬钼耐热钢焊条，低温钢焊条，不锈钢焊条，堆焊焊条，铸铁焊条，镍及镍合金焊条，铜及铜合金焊条，铝及铝合金焊条，特殊用途焊条等。其中结构钢焊条分为碳钢焊条和低合金钢焊条两种。

结构钢焊条按药皮性质可分为酸性焊条和碱性焊条两种。酸性焊条的药皮中含有多量酸性氧化物(如SiO_2，MnO_2等)，碱性焊条药皮中含有多量碱性氧化物(如CaO等)和萤石(CaF_2)。由于碱性焊条药皮中不含有机物，药皮产生的保护气体中氢含量极少，所以又称为低氢焊条。

3）焊条的选用原则

（1）等强度原则。焊接低碳钢和低合金钢时，一般应使焊缝金属与母材等强度，即选用与母材同强度等级的焊条。

（2）同成分原则。焊接耐热钢、不锈钢等金属材料时，应使焊缝金属的化学成分与母材的化学成分相同或相近，即按母材化学成分选用相应成分的焊条。

（3）抗裂缝原则。焊接刚度大、形状复杂、承受动载荷的焊接结构时，应选用抗裂性好的碱性焊条，以免在焊接和使用过程中接头产生裂纹。

（4）抗气孔原则。受焊接工艺条件的限制，如对焊件接头部位的油污、铁锈等清理不便，应选用抗气孔能力强的酸性焊条，以免焊接过程中气体滞留于焊缝中，形成气孔。

（5）低成本原则。在满足使用要求的前提下，尽量选用工艺性能好、成本低和效率高的焊条。

此外，应根据工件的厚度、焊缝位置等条件，选用不同直径的焊条。一般工件愈厚，选用焊条的直径就愈大。

7. 焊条电弧焊工艺

1）接头形式和坡口形式

根据焊件厚度和工作条件的不同，需要采用不同的焊接接头形式和坡口形式。如图 2-19 所示，常用的有对接、搭接、角接和 T 字接几种。对接接头受力比较均匀，是用得最多的一种，重要的受力焊缝应尽量选用对接接头。

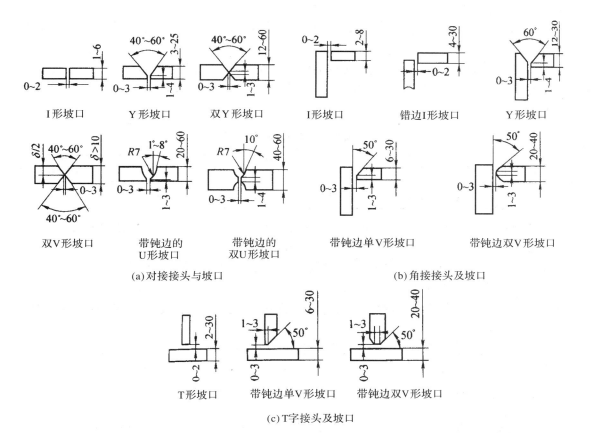

图 2-19 焊条电弧焊接头及坡口

坡口的作用是为了保证电弧深入焊缝根部，使根部能焊透，以便消除熔渣，获得较好的焊缝成形和焊接质量。

选择坡口型式时，主要考虑下列因素：是否能保证焊缝焊透；坡口形式是否容易加工；应尽可能提高劳动生产率、节省焊条；焊后变形尽可能小等。常用的坡口形式如图2-19所示。

2）焊接空间位置

按焊缝在空间的位置不同，可将焊接分为平焊、立焊、横焊和仰焊，如图2-20所示。平焊操作方便，劳动强度小，液体金属不会流散，易于保证质量，是最理想的操作空间位置，应尽可能采用。必须采用立焊、横焊或仰焊位置施焊时，应采用较小的焊接电流和短弧焊接，控制好焊条角度，采取适宜的运条方法，以利于获得较好的焊接质量。

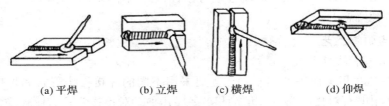

(a) 平焊　　　　　　(b) 立焊　　　(c) 横焊　　　　　　(d) 仰焊

图2-20　焊缝的空间位置

3）工艺参数及其选择

焊接时，为保证焊接质量而选定的焊条直径、焊接电流、焊接速度和弧长等物理量的总称即焊接工艺参数。

焊条直径的粗、细主要取决于工件的厚度。焊件较厚，则应选用较粗的焊条；工件较薄，则应选用较细的焊条。焊条直径的选择参见表2-4。立焊和仰焊时，焊条直径比平焊时细些。

表2-4　焊条直径选择　　　　　　　　　　　　　　（mm）

焊件厚度	2	3	4～7	8～12	>12
焊条直径	1.6, 2.0	2.5, 3.2	3.2, 4.0	4.0, 5.0	4.0～5.8

焊接电流应根据焊条直径选取。平焊低碳钢时，焊接电流I和焊条直径d的关系为

$$I = (30 \sim 60) \cdot d \tag{2-1}$$

上述求得的焊接电流只是一个初步数值，还要根据焊件厚度、接头形式、焊缝位置、焊条种类等因素，通过试焊进行调整。

焊接速度是指单位时间内焊条沿焊接方向移动的速度。焊接速度大小由焊工凭经验来掌握，不做规定。

电弧长度是指焊芯端部与熔池之间的距离。操作时需采用短电弧，一般要求电弧长度不超过焊条直径。

8. 焊条电弧焊的基本操作

1）引弧

使焊条和工件之间产生稳定电弧的过程称为引弧。引弧时，先将焊条引弧端接触工

件，形成短路，然后迅速将焊条向上提起 2 ～ 4 mm，电弧即可引燃。常用的引弧方法有敲击法和划擦法。敲击法是将焊条垂直接触工件表面后立即提起。划擦法则类似划火柴，焊条在工件表面划一下即可。

2）焊条运动

焊接时，焊条应有三个基本运动，如图 2-21 所示。焊条向下送进，送进速度等于焊条的熔化速度，以使弧长维持不变；焊条沿焊接方向运动，其速度也就是焊接速度；横向摆动，焊条以一定的运动规律周期性地向焊缝左右摆动，以获得一定宽度的焊缝。

焊条与焊缝两侧工件平面的夹角应相等，即焊条所在的平面和工件所在的平面是垂直的。而焊条与焊缝末端的夹角为 70°～ 80°。初学者操作时，特别是在焊条从长变短的过程中，焊条的角度易随之改变，必须特别注意，如图 2-22 所示。

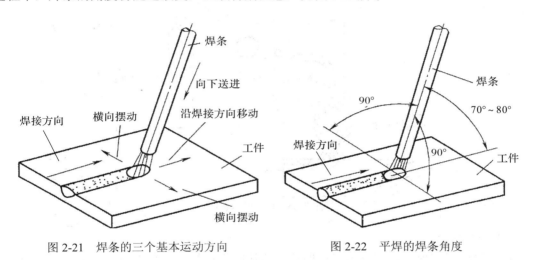

图 2-21　焊条的三个基本运动方向　　　　图 2-22　平焊的焊条角度

3）焊接速度

引弧以后熔池形成，焊条运动均匀而适当，焊接速度太快和太慢都会降低焊缝的内、外部质量。焊接速度适当时，焊道的熔宽约等于焊条直径的两倍，表面平整，波纹细密。焊速太快时，焊道窄而高，波纹粗糙，熔化不良。焊速太慢时，熔宽过大，工件易被烧穿。

4）焊缝的收尾

焊缝收尾时，为了避免出现尾坑，焊条应停止向前移动，而朝一个方向旋转，自下而上地慢慢拉断电弧，以保证结尾处成形良好。

5）焊前的点固及焊后清理

为了固定工件的位置，焊前要进行定位焊，通常称为点固，如工件较长，可每300 mm 左右点固一个焊点。焊后，用钢丝刷等工具把熔渣和飞溅物等清理干净。

2.2.3　气体保护焊

气体保护焊是指用外加气体作为电弧介质并保护电弧和焊接区的电弧焊。气体保护焊是明弧焊接，焊接时便于监视焊接过程，故操作方便，可实现全位置自动焊接，焊后还不用清渣，可节省大量辅助时间，大大提高了生产率。另外，由于保护气流对电弧有冷却压缩作用，电弧热量集中，因而焊接热影响区窄，工件变形小，特别适合于薄板焊接。

1. 二氧化碳气体保护焊

1）二氧化碳气体保护焊的工作原理

二氧化碳气体保护焊是利用廉价的二氧化碳气体作为保护气体的电弧焊，简称 CO_2 焊。CO_2 保护焊的焊接原理如图2-23所示。它是利用焊丝作电极，焊丝由送丝机构通过软管经导电嘴送出，电弧在焊丝与工件之间发生。CO_2 气体从喷嘴中以一定的流量喷出，包围电弧和熔池，从而防止空气对液体金属的有害作用。CO_2 保护焊可分为自动焊和半自动焊。目前应用较多的是半自动焊。

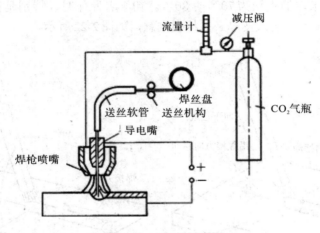

图 2-23　CO_2 焊示意图

2）CO_2 焊的特点

CO_2 气体保护焊除具有前述气体保护焊的那些优点外，还有焊缝含氢量低，抗裂性能好；CO_2 气体价格便宜、来源广泛，生产成本低等优点。

但由于 CO_2 气体是氧化性气体，高温时可分解成 CO 和氧原子，易造成合金元素烧损、焊缝吸氧，导致电弧稳定性差、飞溅较多、弧光强烈、焊缝表面成形不够美观等缺点。若控制或操作不当，还容易产生气孔。

为保证焊缝的合金元素，须采用含锰、硅量较高的焊接钢丝或含有相应合金元素的合金钢焊丝。

常用的 CO_2 焊焊丝含有较强脱氧剂 H08Mn2SiA，焊接过程中对焊接熔池进行脱氧。CO_2 焊适于焊接低碳钢和低合金钢结构钢（$R_m < 600$ MPa）。还可使用 Ar 和 CO_2 气体混合保护，焊接强度级别较高的普通低合金结构钢。

3）CO_2 焊的应用

CO_2 焊只能使用直流电源，实际应用较多的是弧焊整流器，它可以作为单独的电源配用，也可以和 CO_2 焊焊机组成一体使用。为了稳定电弧，减少飞溅，CO_2 焊采用直流反接。CO_2 焊焊枪由焊工直接拿在手中进行焊接，焊枪的作用是导电、导丝（把送丝机构送出的焊丝导向熔池）和导气（将 CO_2 气体引向焊枪的喷嘴射出来）。

送丝机构将焊丝按一定速度连续不断地送出，它由送丝电动机、减速装置、送丝滚轮、压紧机构等组成。送丝速度可在一定范围内进行无级调节。

供气系统由 CO_2 气瓶、预热器、干燥器、减压阀、流量计及气阀等组成。其作用是使 CO_2 气瓶内的液体 CO_2 变为质量满足要求并具有一定流量的气态 CO_2，供焊接使用。操作气阀就可以控制 CO_2 保护气体的通断。

控制系统实现对 CO_2 焊焊接程序的控制。如引弧时提前供气，焊接时控制气流稳定，结束时滞后停气；控制送丝电动机正常送进焊丝与停止动作，焊前可调节焊丝伸出长度等；对焊接电源实现控制，供电可在送丝之前，或与送丝同时接通，停电时送丝先停止而后断电等。

由于 CO_2 保护焊的优点较多，目前它已广泛应用于机械制造业各部门中。

2. 氩弧焊

氩弧焊是以氩(Ar)气作为保护气体的气体保护电弧焊。按使用的电极不同，氩弧焊可分为钨极氩弧焊(TIG 焊)和熔化极氩弧焊(MIG 焊)两种，如图 2-24 所示。

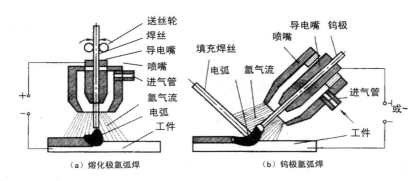

图 2-24　氩弧焊示意图

1）氩弧焊的特点

氩弧焊除具有前述气体保护焊的优点外还具有下列优点：

(1) 由于氩气是惰性气体，在高温下它不与金属和其他任何元素起化学反应，也不熔于金属，因此保护效果良好，能获得高质量的焊接接头。

(2) 氩气的导热系数小，且是氩原子气体，高温时不分解吸热，电弧热量损失小，所以氩弧一旦引燃，电弧就很稳定。

(3) 氩气价格贵，焊接成本高。此外，氩弧焊设备较复杂，维修较为困难。

2）氩弧焊的工作原理与应用

(1) 钨极氩弧焊(TIG 焊)。钨极氩弧焊常采用熔点较高的钍钨棒或铈钨棒作为电极，焊接过程中电极本身不熔化，故属不熔化极电弧焊。钨极氩弧焊又分为手工焊和自动焊两种。焊接时填充焊丝在钨极前方添加，焊丝不作电极，只起填充金属的作用。当焊接薄板时，一般不需开坡口和加填充焊丝。

焊接时，在钨极和工件之间产生电弧，电弧在氩气流保护下将焊丝和工件局部熔化，冷凝后形成焊缝。为减小电极损耗，焊接电流不能太大。

钨极氩弧焊的电流种类与极性的选择原则是：焊接铝、镁及其合金时，采用交流电，利用"阴极破碎"作用以清除氧化物；焊接其他金属(低合金钢、不锈钢、耐热钢、钛及钛合金、铜及铜合金等)采用直流正接，以减少钨极烧损。由于钨极的载流能力有限，其电功率受到限制，所以钨极氩弧焊一般只适于焊接厚度小于6 mm的工件。

（2）熔化极氩弧焊（MIG）。熔化极氩弧焊是以连续送进的焊丝作为电极，电弧产生在焊丝与工件之间，焊丝不断送进，并熔化过渡到焊缝中去，因而焊接电流可大大提高。

熔化极氩弧焊可分为半自动焊和自动焊两种，一般采用直流反接法。

与TIG焊相比，MIG焊可采用高密度电流，母材熔深大，填充金属熔敷速度快，生产率高。

MIG焊和TIG焊一样，几乎可焊接所有的金属，尤其适合于焊接铝及铝合金、铜及铜合金以及不锈钢等材料，主要用于中、厚板的焊接。目前采用熔化极脉冲氩弧焊可以焊接薄板，进行全位置焊接、实现单面焊双面成型以及封底焊。

2.2.4　气焊与气割

1. 气焊

气焊是利用气体火焰作热源的焊接方法。最常用的是氧—乙炔焊，即利用氧—乙炔焰进行焊接。

1）气焊的工作原理

乙炔(C_2H_2)为可燃气体，氧气为助燃气体。乙炔和氧气在焊炬中混合均匀后从焊嘴喷出燃烧，将焊件和焊丝熔化形成熔池，冷却凝固后形成焊缝，如图2-25所示。气焊时气体燃烧，产生大量的CO_2、CO、H_2气体笼罩熔池，从而起到保护作用。气焊使用不带药皮的光焊丝作填充金属。

图 2-25　气焊示意图

2）气焊的特点、应用及设备

气焊设备简单、操作灵活方便、不需电源，但气焊火焰温度较低（最高约3150℃），且热量较分散，生产率低，工件变形大，所以应用不如电弧焊广泛。气焊主要用于焊接厚度在3 mm以下的薄钢板，铜、铝等有色金属及其合金，低熔点材料以及铸铁焊补等。

气焊设备由氧气瓶、乙炔瓶、减压阀、回火防止器及焊炬等组成，如图2-26所示。

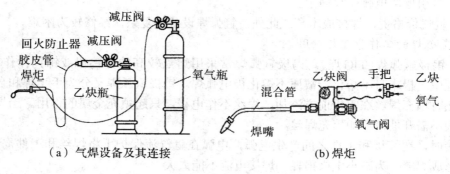

（a）气焊设备及其连接　　　　　　（b）焊炬

图 2-26　气焊设备

3）气焊火焰的种类及应用

气焊时通过调节氧气阀和乙炔阀，可以改变氧气和乙炔的混合比例，从而得到三种不同的气焊火焰：中性焰、碳化焰和氧化焰，如图 2-27 所示。

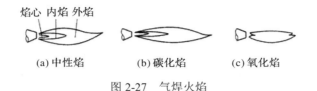

图 2-27　气焊火焰

（1）中性焰（正常焰）。中性焰是指在一次燃烧区内既无过量氧又无游离碳的火焰（最高温度 3100 ～ 3200℃），中性焰中氧和乙炔的比例为 1 ～ 1.2。其火焰由焰心、内焰、外焰三部分组成。焰心呈亮白色清晰明亮的圆锥形，内焰的颜色呈淡桔红色，外焰为橙黄色不甚明亮。由于内焰温度高（约 3150℃），又具有还原性（含有一氧化碳和氧气），故最适宜气焊工作。中性焰使用较多，如焊接低碳钢、中碳钢、低合金钢、紫铜、铝合金等。

（2）碳化焰。当氧气和乙炔的比例小于 1 时，得到的火焰是碳化焰。碳化焰中的氧量不足而乙炔过剩，使火焰焰心拉长，白炽的碳层加厚呈羽翅状延伸入内焰区中。整个火焰燃烧软弱无力，冒有黑烟。用此种火焰焊接金属能使金属增碳，通常用于焊接高碳钢、高速钢、铸铁及硬质合金等。

（3）氧化焰。当氧气和乙炔的比例大于 1.2 时，得到的火焰是氧化焰。火焰中有过量的氧，焰心变短变尖，内焰区消失，整个火焰长度变短，燃烧有力并发出响声。用此种火焰焊接金属能使熔池氧化沸腾，钢性能变脆，故除焊接黄铜之外，一般很少使用。

4）接头形式和焊接准备

气焊可以进行平、立、横、仰等各种空间位置的焊接。其接头型式也有对接、搭接、角接和 T 型接头等。在气焊前，必须彻底清除焊丝和工件接头处表面的油污、油漆、铁锈以及水分等，否则不能进行焊接。

5）焊丝与焊剂

在焊接时，气焊的焊丝作为填充金属，与熔化的母材一起形成焊缝，因此焊丝质量对焊缝性能有很大的影响。焊接时常根据焊件材料选择相应的焊丝。

焊剂的作用是保护熔池金属，去除焊接过程中形成的氧化物，增加液态金属的流动性。焊接低碳钢时，由于中性焰本身具有相当的保护作用，可不用焊剂。

6）气焊的操作

（1）点火、调节火焰与灭火。点火时，先微开氧气阀门，再打开乙炔阀门，随后点燃火焰。这时的火焰是碳化焰。然后，逐渐开大氧气阀门，将碳化焰调整成中性焰。灭火时，应先关乙炔阀门，后关氧气阀门。

（2）堆平焊波。气焊时，一般用左手拿焊丝，右手拿焊炬，两手的动作要协调，沿焊缝向左或向右焊接，如图 2-28 所示。

气焊时，焊嘴轴线的投影应与焊缝重合，同时要注意掌握好焊炬与工件的夹角 α，工件越厚，α 越大。在焊接开始时，为了较快地加热工件和迅速形成熔池，α 应大些。正常焊接时，α 应适当减小，以便更好地填满弧坑和避免焊穿工件。

焊炬向前移动的速度应能保证焊件熔化并保持熔池具有一定的大小。工件熔化形成熔池后，再将焊丝适量地点入熔池内熔化。

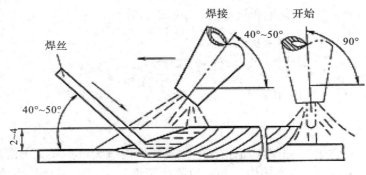

图 2-28 焊炬倾角

2. 氧气—乙炔切割

氧气—乙炔切割是根据某些金属(如钢)在氧气流中能够剧烈氧化(即燃烧)的原理,利用割炬来进行切割的,简称气割。气割使用的气体和供气装置可与气焊通用。

1) 气割的工作原理

气割时,先用氧—乙炔焰将金属加热到燃点,然后打开切割氧阀门,放出一股纯氧气流,使高温金属燃烧。燃烧后生成的液体熔渣,被高压氧流吹走,形成切口,如图 2-29 所示。金属燃烧放出大量的热,又预热了待切割的金属。所以气割过程是"预热→燃烧→吹渣形成切口"不断重复进行的过程。

气割所用的割炬与焊炬有所不同,割炬多了一个切割氧气管和切割氧阀门。

2) 气割的应用

符合下列条件的金属才能进行气割。

(1) 金属的燃点应低于金属本身的熔点,否则变为熔割,使切割质量降低,甚至不能切割。

(2) 金属氧化物的熔点应低于金属本身的熔点,否则高熔点的氧化物会阻碍着下层金属与氧气流接触,使气割无法继续进行。另外,气割时所产生的氧化物应易于流动。

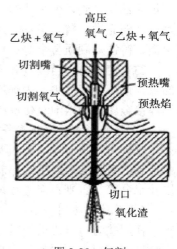

图 2-29 气割

(3) 金属的导热性不能太高,否则使气割处的热量不足,造成气割困难。

(4) 金属在燃烧时所产生的大量热能应能维持气割的进行。

碳素钢和低合金结构钢具有很好的气割性能,因钢中主要成分为铁,其燃烧时生成 FeO、Fe_3O_4 和 Fe_2O_3,放出大量的热。并且碳素钢和低合金结构钢熔点低、流动性好,故切口光洁整齐而质量好。但气割铸铁时,因其燃点高于熔点,且渣中有大量的粘稠的 SiO_2 妨碍切割进行。气割铝和不锈钢时,因存在高熔点 Al_2O_3 和 Cr_2O_3 膜,故不能用一般气割方法切割。

由于气割的断口大、烧损大、断面粗糙,所以在许多企业通常由等离子弧切割所取代。

2.2.5 其他焊接方法

1. 等离子弧焊与等离子弧切割

等离子弧焊的原理如图 2-30 所示。电极与工件之间加一高压,经高频振荡器的激发,使气体电离形成电弧，电弧通过细孔喷嘴时，弧柱截面缩小，产生机械压缩效应；向喷嘴内通入高速保护气流(如氩气、氮气等)，此冷气流均匀地包围着电弧，使弧柱外围受到强烈冷却，于是弧柱截面进一步缩小、产生了热压缩效应。

此外，带电离子在弧柱中的运动可看成是无数根平行的通电"导体"，其自身磁场所产生的电磁力使这些"导体"互相吸引靠拢，电弧受到进一步压缩，这种作用称为电磁压缩效应。这三种压缩效应作用在弧柱上，使弧柱被压缩得很细，电流密度极大提高，能量高度集中，弧柱区内的气体完全电离，从而获得等离子弧。这种等离子弧的温度可高达15000 ～ 16 000 K，可用于焊接和切割。

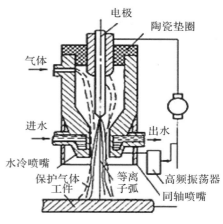

图 2-30　等离子弧焊原理图

1）等离子弧焊

利用等离子弧作为热源的焊接方法称为等离子弧焊。焊接时，在等离子弧周围还要喷射保护气体以保护熔池，一般保护气体和等离子气体相同，通常为氩气。

按焊接电流大小，等离子弧焊分为微束等离子弧焊和大电流等离子弧焊两种。微束等离子弧的电流一般为0.1 ～ 30 A，主要用于厚度为0.025 ～ 2.5 mm箔材和薄板的焊接。大电流等离子弧主要用于焊接厚度大于2.5 mm的焊件。等离子弧焊具有能量集中，穿透能力强，电弧稳定等优点。因此，焊接12 mm厚的工件可不开坡口，能一次单面焊透双面成型；其焊接热影响区小，焊件变形小；而且焊接速度快，生产率高。但等离子弧焊设备复杂，气体消耗大，焊接成本较高，并且只适宜于室内焊接，因此应用范围受到一定限制。

等离子弧焊已广泛应用于化工、原子能、精密仪器仪表及尖端技术领域的不锈钢、耐热钢、铜合金、铝合金、钛合金及钨、钼、钴、铬、镍、钛等金属的焊接。

2）等离子弧切割

等离子弧切割是利用高温高速的等离子弧的热能实现切割的方法。

等离子弧切割与气割有本质的区别。气割是金属的燃烧过程，而等离子弧切割是以高温、高速的等离子弧为热源，将被切割件局部熔化并利用压缩的高速气流的机械冲刷力将已熔化的金属或非金属吹走，形成狭窄的切口。等离子弧切割可以切割任何金属和非金属材料，包括氧—乙炔焰不能切割的材料，而且切口窄而光滑，切割效率比氧—乙炔焰切割提高了1 ～ 3倍。

等离子弧切割具有应用范围广、切割速度快、切割质量好等优点。

等离子弧切割的工作原理与等离子弧焊相似，但电源有150 V以上的空载电压，电弧电压也高达100 V以上。割炬的结构也比焊炬粗大，需要水冷。等离子弧切割一般使用高纯度氮作为等离子气体，但也可以使用氩或氩氮、氩氢等混合气体。等离子弧切割一般不使用保护气体，有时也可使用二氧化碳作保护气体。

等离子弧切割有三类：小电流等离子弧切割，使用70 ～ 100 A的电流，电弧属于非转移弧，用于5 ～ 25 mm薄板的手工切割或铸件刨槽、打孔等；大电流等离子弧切割使用100～200 A或更大的电流，电弧多属于转移弧（见等离子弧焊），用于大厚度（12～130 mm）材料的机械化切割或仿形切割；喷水等离子弧切割，使用大电流，割炬的外套带有环形喷水嘴，喷出的水罩可减轻切割时产生的烟尘和噪声，并能改善切口质量。

等离子弧切割可切割不锈钢、高合金钢、铸铁、铝及其合金等金属材料，还可切割非金属材料，如矿石、水泥板和陶瓷等。等离子弧切割的切口细窄、光洁而平直，质量与精密气割质量相似。同样条件下等离子弧的切割速度大于气割，且切割材料范围也比气割更广。

2. 埋弧自动焊

埋弧自动焊是电弧在焊剂层下燃烧，利用机械自动控制引弧、送进焊丝和移动电弧的一种电弧焊方法。

1）埋弧自动焊的工作原理

如图2-31所示，埋弧自动焊时，焊剂由给送焊剂管流出，均匀地堆敷在装配好的焊件（母材）表面。焊丝由自动送丝机构自动送进，经导电嘴进入电弧区。焊接电源分别接在导电嘴和焊件上，以便产生电弧。给送焊剂管、自动送丝机构及控制盘等通常都装在一台电动小车上。小车可以按调定的速度沿着焊缝自动行走。

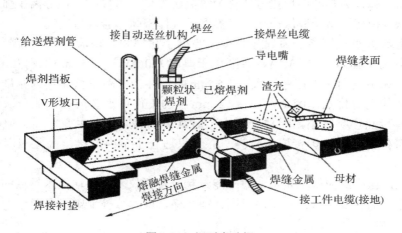

图 2-31 埋弧自动焊

插入颗粒状焊剂层下的焊丝末端与母材之间产生电弧，电弧热使邻近的母材、焊丝和焊剂熔化，并有部分被蒸发。焊剂蒸气将熔化的焊剂（熔渣）排开，形成一个与外部空气隔绝的封闭空间，这个封闭空间不仅很好地隔绝了空气与电弧和熔池的接触，而且可完全阻挡有碍操作的电弧光的辐射。电弧在这个封闭空间中继续燃烧，焊丝便不断地熔化，呈滴状进入熔池与母材熔化的金属和焊剂提供的合金化元素混合。熔化的焊丝不断地被补充，送入到电弧中，同时不断地添加焊剂。随着焊接过程的进行，电弧向前移动，焊接熔池随之冷却而凝固，形成焊缝。密度较小的熔化焊剂浮在焊缝表面形成熔渣层。未熔化的焊剂可回收再用。

2）埋弧自动焊的特点及应用

（1）焊接质量好。焊接过程能够自动控制。各项工艺参数可以调节到最佳数值。焊缝的化学成分比较均匀稳定。焊缝光洁平整，有害气体难以侵入，熔池金属冶金反应充分，焊接缺陷较少。

（2）生产率高。焊丝从导电嘴伸出长度较短，可用较大的焊接电流，而且连续施焊的时间较长，这样能提高焊接速度。同时，焊件厚度在 14 mm 以内的对接焊缝可不开坡口，不留间隙，一次焊成，故其生产率高。

（3）节省焊接材料。焊件可以不开坡口或开小坡口，可减少焊缝中焊丝的填充量，也可减少因加工坡口而消耗掉的焊件材料。同时，焊接时金属飞溅小，又没有焊条头的损失，所以节省焊接材料。

（4）易实现自动化，劳动条件好，劳动强度低，操作简单。

（5）适应性差，通常只适用于水平位置焊接直缝和环缝，不能焊接空间焊缝和不规则焊缝，对坡口的加工、清理和装配质量要求较高。

埋弧自动焊通常用于碳钢、低合金结构钢、不锈钢和耐热钢等中厚板结构的长直缝、直径大于 300 mm 环缝的平焊。此外，它还用于耐磨、耐腐蚀合金的堆焊、大型球墨铸铁曲轴以及镍合金、铜合金等材料的焊接。

3. 电渣焊

电渣焊是利用电流通过液态熔渣时所产生的电阻热熔化母材和填充金属进行焊接的方法。它与电弧焊不同，除引弧外，焊接过程中不产生电弧。

电渣焊一般在立焊位置进行，焊前将边缘经过清理、侧面经过加工的工件装配成相距 20～40 mm 的接头，如图 2-32(a) 所示。焊接过程如图 2-32(b) 所示。

工件与填充焊丝连接电源两极，在接头底部焊有引弧板，顶部装有引出板。在接头两侧还装有强制成形装置即冷却滑块(一般用铜板制成，并通水冷却)，以便熔池冷却结晶。焊接时将焊剂装在引弧板、冷却滑块围成的盒状空间里。送丝机构送入焊丝，同引弧板接触后引燃电弧。电弧高温使焊剂熔化，形成液态熔渣池。当熔渣池液面升高淹没焊丝末端后，电弧自行熄灭，电流通过熔渣，进入电渣焊过程。由于液态熔渣具有较大电阻，电流通过时产生的电阻热使熔渣温度升高达 1700～2000℃，使与之接触的那部分工件边缘及焊丝末端熔化。熔化的金属在下沉过程中，同熔渣进行一系列冶金反应，最后沉集于熔渣池底部、形成金属熔池。以后随着焊丝不断送进与熔化，金属熔池不断升高并将熔渣池上推，冷却滑块也同步上移，熔渣池底部则逐渐冷却凝固成焊缝，将两焊件连接起来。比重轻的熔渣池浮在上面既作为热源，又隔离空气，保护熔池金属不受侵害。

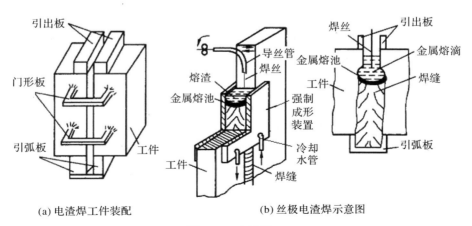

(a) 电渣焊工件装配　　　　　(b) 丝极电渣焊示意图

图 2-32　电渣焊

电渣焊的特点：

（1）对于厚大截面的焊件可一次焊成，生产率高。工件不开坡口，焊接同等厚度的工件时，焊剂消耗量只是埋弧自动焊的 1/50 ～ 1/20。电能消耗量是埋弧焊的 1/3 ～ 1/2、焊条电弧焊的 1/2，因此，电渣焊的经济效果好，成本低。

（2）由于熔渣对熔池保护严密，避免了空气对金属熔池的有害影响，而且熔池金属保持液态时间长，有利于冶金反应充分进行，焊缝化学成分均匀和气体杂质上浮排出。因此焊缝金属比较纯净，质量较好。

（3）焊接速度慢，焊件冷却慢，因此焊接应力小。但焊接热影响区却比其他焊接方法的宽，造成接头晶粒粗大，力学性能下降。所以电渣焊后，焊件要进行正火处理，以细化晶粒。

电渣焊主要用于焊接厚度大于 30 mm 的厚大工件。由于焊接应力小，它不仅适合低碳钢的焊接，还适合于中碳钢和合金结构钢的焊接。目前电渣焊是制造大型铸—焊、锻—焊复合结构，如水压机、水轮机和轧钢机上大型零件的重要工艺方法。

4. 钎焊

1）钎焊的工作原理及应用

钎焊是通过加热，使被焊工件接头处温度升高，但不熔化，同时使熔点较低的钎料熔化并渗入到被焊工件的间隙之中，通过原子扩散相互溶解，冷却凝固后将两工件连接起来的一类焊接方法。

与一般焊接方法相比，钎焊的加热温度较低，焊件的应力和变形较小，对材料的组织和性能影响很小，易于保证焊件尺寸。钎焊还能实现异种金属甚至金属与非金属的连接。因此钎焊在电工、仪表、航空相关机械制造业中得到广泛应用。

2）钎料

按熔点不同，钎料可分为易熔钎料和难熔钎料两大类。

（1）易熔钎料

易熔钎料熔点在 450℃以下，又称软钎料。常用的软钎料有锡基和铅基钎料。这种钎料的焊缝强度较低，用于强度要求低或无强度要求的工件焊接，如电子产品和仪表中线路的焊接。

（2）难熔钎料

难熔钎料熔点高于 450℃，又称硬钎料。常用的硬钎料有银基和铜基钎料。这种钎料的接头强度较高，常用于受力较大或工作温度较高的工件焊接，如车刀上硬质合金刀头与刀杆的焊接。

3）钎焊基本操作方法

（1）工件去膜。大气中的金属表面都覆盖着一层氧化膜。氧化膜的存在会使液态钎料不能浸润工件而难于焊接，因此必须设法清除。常用的去膜法有钎剂去膜法（如锡焊时采用松香、铜焊时采用硼酸或硼砂除去氧化膜）和机械去膜法（如利用器械刮除氧化膜）。

（2）接头形式。钎焊接头的强度往往低于钎焊金属的强度，因此钎焊常采用搭接接头形式。依靠增大搭接面积，可以在接头强度低于钎焊金属强度的条件下，达到接头与工件具有相等承载能力的目的。另外，搭接的装配要求也比较简单。

（3）加热方法。加热方法有：

① 烙铁加热。利用烙铁头积聚的热量来熔化钎料并加热工件钎焊部位。烙铁钎焊只适用于软钎料焊接薄件和小件，多用于电工、仪表等线路连接。烙铁钎焊一般采用钎剂去膜。

② 火焰加热。利用可燃性气体或液体燃料燃烧所形成的火焰来加热焊件和熔化钎料。这种加热方法常用于银基和铜基钎料，钎焊碳钢、低合金钢、不锈钢、铜及铜合金的薄壁和小型焊件。火焰钎焊主要由手工操作，对工人的技术水平要求较高。

③ 电阻加热。依靠电阻热加热焊件和熔化钎料，并在压力作用下完成焊接过程。电阻加热速度快、生产率高，易于实现自动化，但接头尺寸不能太大。目前电阻钎焊主要用于钎焊刀具、带锯、导线端、各种电触点，以及集成电路块和晶体管等元件的焊接。

④ 感应加热。将工件的钎焊部分置于交变磁场中，通过工件在磁场中产生的感应电流的电阻热来实现钎焊焊接。感应加热的速度快，生产率高，便于实现自动化，特别适用于管件套接、管子和法兰、轴和轴套之类接头的焊接。

5. 电阻焊

电阻焊是利用电流通过工件及其接触面产生的电阻热作热源，将焊件局部加热到塑性或熔融状态，然后在压力下形成焊接接头的一种焊接方法。

根据焦耳—楞次定律电阻焊在焊接过程中产生的热量为 $Q = 0.24I^2Rt(\text{J})$

由于电阻 R(包括工件本身电阻和工件间接触电阻)有限，为使工件在极短的时间($t = 0.01$ 秒至几秒)内迅速加热到焊接温度，以减少散热损失，必须采用很大的焊接电流($I = 10^3 \sim 10^4\text{A}$)，因此电阻焊设备的特点就是低电压、大功率。

电阻焊分为点焊、缝焊、对焊三种形式，其示意图如图 2-33 所示。

与其他焊接方法相比，电阻焊具有生产率高、焊件变形小、劳动条件好、不需填充材料和易于实现自动化等特点。但设备较一般熔化焊复杂，耗电量大，适用的接头形式和可焊工件厚度受到一定限制，且焊前清理要求高。

1）点焊

如图 2-33（a）所示，点焊是利用柱状电极在两块搭接工件接触面之间形成焊点而将工件焊在一起的焊接方法。

点焊的焊接过程分预压、通电加热和断电冷却三个阶段。

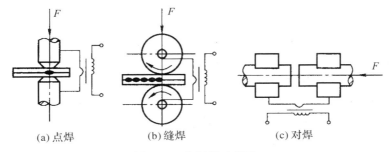

(a) 点焊　　　(b) 缝焊　　　(c) 对焊

图 2-33　电阻焊示意图

（1）预压。将表面已清理好的工件叠合起来，置于两电极之间预压夹紧，使工件欲焊处紧密接触。

（2）通电加热。由于电极内部通水，电极与被焊工件之间所产生的电阻热被冷却水带走，故热量主要集中在两工件接触处，将该处金属迅速加热到熔融状态而形成熔核，熔核周围的金属被加热塑性状态，在压力作用下发生较大塑性变形。

（3）断电冷却。当塑性变形量达到一定程度后，切断电源，并保持压力一段时间，使熔核在压力作用下冷却结晶，形成焊点。

焊完一点后，移动工件焊第二点，这时候有一部分电流流经已焊好的焊点，这种现象称为分流。分流会使第二点处电流减小，影响焊接质量，因而两点间应有一定距离。被焊材料的导电性越好，焊件厚度越大，分流现象越严重，因此两点间的间距就应该越大。

点焊主要用于薄板结构，板厚一般在 4 mm 以下，特殊情况下可达 10 mm。这种焊接方法广泛用来制造汽车车箱、飞机外壳等轻型结构。

2）缝焊

缝焊过程与点焊基本相似。缝焊的焊缝是由许多焊点相互依次重叠而形成的连续焊缝。由于缝焊机的电极是两个可以旋转的盘状电极，所以缝焊又称滚焊。

如图 2-33(b) 所示，当两工件的搭接处被两个圆盘电极以一定的压力夹紧并反向转动时，自动开关按一定的时间间隔断续送电，两工件接触面间就形成许多连续而彼此重叠的焊点，这样就获得了缝焊焊缝，焊点相互重叠率在 50% 以上。

缝焊在焊接过程中分流现象严重。因此缝焊只适于焊接厚度在 3 mm 以下的薄板焊件。

缝焊焊缝表面光滑美观，气密性好。缝焊已广泛应用于家用电器(如电冰箱壳体)、交通运输工具(如汽车、拖拉机油箱)及航空航天设备(如火箭燃料贮箱)等要求密封的焊件的焊接。

3）对焊

如图 2-33(c) 所示，对焊是利用电阻热将两工件端部对接起来的一种压力焊方法。根据焊接过程不同，对焊又可分为电阻对焊和闪光对焊。

（1）电阻对焊。把工件装在对焊机的两个电极夹具上对正、夹紧，并施加预压力，使两工件的端面挤紧，然后通电。由于两工件接触处实际接触面积较小，因而电阻较大，当电流通过时，就会在此处产生大量的电阻热，使接触面附近金属迅速加热到塑性状态，然后增大压力，切断电源，使接触处产生一定的塑性变形而形成接头。

电阻对焊具有接头光滑、毛刺小、焊接过程简单等优点，但接头的机械性能较低。焊前必须对焊件端面进行除锈、修整，否则焊接质量难以保证。电阻对焊主要用于截面尺寸小且截面形状简单(如圆形、方形等)的金属型材的焊接。

（2）闪光对焊。闪光对焊时，将工件在电极夹头上夹紧，先接通电源，然后逐渐靠拢。由于接头端面比较粗糙，开始只有少数几个点接触，当强大的电流通过接触面积很小的几个接触点时，就会产生大量的电阻热，使接触点处的金属迅速熔化甚至气化，熔化金属在电磁力和气体爆炸力作用下连同表面的氧化物一起向四周喷射，产生火花四溅的闪光现象。继续推进工件，闪光现象便在新的接触点处产生，待两工件的整个接触端面有一薄层金属熔化时，迅速加压并断电，两工件便在压力作用下冷却凝固而焊接在一起。

闪光对焊对工件端面的平整度要求不高，接头质量也比电阻对焊的好，但操作比较复杂，对环境也会造成一定污染。

6. 摩擦焊

摩擦焊是利用两工件焊接端面之间相互摩擦而产生的热量将工件接合端加热到塑性状

态后，在压力作用下使它们连接起来的一种压力焊方法。

1）摩擦焊工作原理

如图 2-34 所示，将工件 1、2 分别夹持在焊机的旋转夹头和移动夹头上，加上预压力使两工件紧密接触。然后使工件 1 高速旋转，工件 2 在一定的轴向压力作用下不断向工件 1 方向缓缓移动。于是两工件接触端面强烈摩擦而发出大量的热并将工件接合端加热到塑性状态，同时在轴向压力作用下逐步发

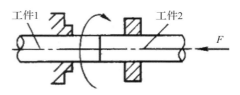

图 2-34　摩擦焊工作原理

生塑性变形。变形的结果使覆盖在端面上的氧化物和杂质迅速破碎并被挤出焊接区，露出纯净的金属表面。

随着焊接区金属塑性变形的增加，工件接触端部很快被加热到焊接温度。这时立即刹车，停止工件 1 的旋转。并加大轴向压力，使两工件在高温高压下焊接起来。

2）摩擦焊特点

（1）焊接接头质量高且稳定。由于工件接触表面强烈摩擦，使工件接触表面的氧化膜和杂质挤出焊缝之外，因而接头质量好，工件尺寸精度高。

（2）不仅可以实现同种金属的焊接，还可实现异种金属的焊接，如高速钢与 45 钢焊接，铜合金与铝合金焊接等。

（3）生产率高。焊好一个接头所需时间一般不超过 1 min，与闪光焊相比，生产率可提高几倍甚至几十倍。

（4）摩擦焊操作技术简单，容易实现自动控制，且没有火花和弧光，劳动条件好。

（5）焊机所需功率小，省电。与闪光焊相比，可节约电能 5～10 倍以上。

3）摩擦焊的接头形式

摩擦焊接头一般是等截面的，也可以是不等截面的。

摩擦焊作为一门新技术，在国内外已得到很大发展，各国投入使用的摩擦焊机逐年增多。我国目前已能焊接直径达 168 mm 的大型石油钻杆，并对摩擦焊机实现了微机控制，改善了接头质量，提高了产品合格率。随着研究的深入和生产的发展，摩擦焊将会得到更广泛的应用。

2.2.6　焊接操作主要安全注意事项

1. 焊条电弧焊操作中的安全注意事项

（1）焊接设备的安装、调整和修理应由专业人员进行。

（2）弧焊设备的外壳必须接零或接地，而且接线应牢靠，以免漏电而造成触电事故，接地线不得裸露，接地极埋深应达到 2 m，接地系统的电阻不得大于 4 Ω。

（3）工作前要认真检查焊接电缆是否完好，有无破损、裸露，无问题才能使用，不可将电缆放置在焊接电弧附近或炽热的金属上，避免高温而烧坏绝缘层，同时，也应避免碰撞磨损电缆。

（4）必须穿戴好工作服，戴手套和面罩，系好套袜等防护用具，防止弧光辐射和烫伤，尤其严防烫伤和灼伤眼睛。

（5）焊钳应有可靠的绝缘，中断工作时，焊钳要放在安全的地方，防止焊钳与焊件之

间产生短路而烧坏弧焊机，炙热的焊条不能与焊接电缆接触，防止烧坏电缆绝缘层。

（6）推拉电源闸刀时，应戴好干燥的手套，脸部不要面对闸刀，以免推拉时，可能产生电弧花而灼伤脸部。

（7）更换焊条时，不仅应戴好手套，而且应避免身体与工件接触。

（8）工件焊接后，只许用火钳夹持，不得直接用手拿取。

（9）焊接操作的周围环境应保持干燥，阴雨天切不可在室外操作。

（10）焊接区 10 m 内不得堆放易燃、易爆物，注意红热焊条头的堆放。

2. 气焊、气割操作中的安全注意事项

除了有关安全注意事项与焊条电弧焊相同之外，还应注意以下几点：

（1）氧气瓶不得撞击和高温暴晒，不得沾上油脂或其他易燃物品。

（2）焊前检查焊炬、割炬的射吸能力，是否漏气，焊嘴、割嘴是否有堵塞，胶管是否漏气等。

（3）焊、割过程中如遇回火，应迅速关闭氧气阀，然后关闭乙炔气阀，等待处理。

（4）焊、割中断时，不得将炙热的焊炬、割炬接触氧气或乙炔气胶管。

2.3 塑性成形技术

2.3.1 概述

塑性成形就是利用材料的塑性，在工具及模具的外力作用下少切削或无切削加工制件的工艺方法。由于工艺本身的特点，它虽然有很长的发展历史却又在不断的研究和创新之中，新工艺、新方法层出不穷。这些研究和创新的基本目的不外乎增加材料塑性、提高成形零件的精度及性能、降低变形力、增加模具使用寿命和节约能源等。

1. 塑性变形工艺的分类

1）按工艺温度分类

按工艺温度可将塑性变形分为冷加工，热加工和介于冷热加工的温热加工。大部分体积成形都为热加工，而冷冲压、冷轧、冷挤压等都是冷加工，温挤压、温锻都为温热加工。

2）按成型分类

体积成型：锻造、轧制、挤压、拉拔。

板料成型：冲压、冲轧。

2. 金属固态塑性变形的特点

1）优点

组织细化致密、力学性能提高；体积不变，材料转移成形，材料利用率高；生产率高，易机械化、自动化；可获得精度较高的零件或毛坯，可实现无切屑加工。

2）缺点

不能加工脆性材料，难以加工形状特别复杂(特别是内腔)、体积特别大的制品；设备、模具投资费用大。

3. 冷变形和热变形

按金属固态成形时的温度可将塑性变形分为两大类：冷变形和热变形。

冷变形是指金属在进行塑性变形时的温度低于该金属的再结晶温度。

冷变形过程的特征：变形后具有加工硬化现象，金属的强度、硬度升高，塑性和韧度下降。

热变形过程是指金属材料在其再结晶温度以上进行的塑性变形。

塑性成形技术对国民经济的发展有重要作用，有资料显示，全世界钢材的 75% 要进行塑性加工。锻造、冲压、零件轧制成形的年产量超过 2000 万吨。

2.3.2　锻造的生产过程

锻造是一种利用锻压机械对金属坯料施加压力，使其产生塑性变形以获得具有一定机械性能、一定形状和尺寸锻件的加工方法，是锻压（锻造与冲压）的两大组成部分之一。

通过锻造能消除金属在冶炼过程中产生的铸态疏松等缺陷，优化微观组织结构，同时由于保存了完整的金属流线，锻件的机械性能一般优于同样材料的铸件。

相关机械中负载高、工作条件严峻的重要零件，除形状较简单的可用轧制的板材、型材或焊接件外，多采用锻件。

锻造的生产过程包括成形前的锻坯下料、锻坯加热和预处理，成形后工件的热处理、清理、校正和检验。

各种锻造的工艺过程都包括备料、加热、锻造成形、冷却和锻后处理等工艺环节。

1. 锻坯备料

用于锻造的金属材料必须具有良好的塑性，以便锻造时容易产生塑性变形而不被破坏。低碳钢、中碳钢、合金钢以及铜、铝等非铁合金均具有较好的塑性，是生产中常用的锻造材料。受力大的或要求有特殊物理、化学性能的重要零件需用合金钢锻件。脆性材料均不能锻造。例如，铸铁属于脆性材料，塑性很差，不能锻造。

2. 加热

在锻造前需要对金属锻坯进行加热。

1）加热目的

加热可以提高金属的塑性，降低金属变形抗力，使之易于成形，并获得良好的锻后组织和力学性能。

2）加热规范

锻件加热规范是指锻件在加热过程中各阶段的炉温和时间关系。加热规范具体包括：

（1）始锻温度。开始锻造时金属表面的温度叫做始锻温度。主要受过烧温度的限制始锻温度不能太高，坯料加热温度若超过始锻温度会造成加热缺陷甚至使坯料报废。始锻温度一般应低于金属熔点 $150 \sim 250$℃。

（2）终锻温度。停止锻造时金属表面的温度叫做终锻温度。如果在终锻温度下继续锻造，不仅变形困难，而且可能造成坯料开裂或模具、设备损坏。终锻温度过高会使金属组织粗大。

（3）锻造温度范围。始锻温度和终锻温度之间的温度区间叫做锻造温度范围。在此温度范围内，金属有良好的可锻性即足够的塑性，低的变形抗力和合适的金相组织。为了减少加热火次，一般都力求扩大锻造温度范围。常用的金属材料的锻造温度范围如表 2-5 所示。

表2-5 常用金属材料的锻造温度范围

材料种类	牌号举例	始锻温度/℃	终锻温度/℃
碳素结构钢	Q195、Q215、Q235	1200～1250	800
优质碳素结构钢	40、45、60	1150～1200	800～850
碳素工具钢	T8、T9、T10、T10A	1050～1150	750～800
合金结构钢	30CrMnSi、20CrMn、18CrNi4WA	1150～1200	800～850
弹簧钢	60Si2Mn、50CrVA	1100～1150	800～850
轴承钢	GCr9、GCr15	1080	800
合金工具钢	Cr12MoV、5CrNiMo、5CrMnMo、6Cr4W3Mo2VNi	1050～1150	800～900
高速钢	W18Cr4V、W6Mo5Cr4V2、W12Cr4V4Mo	1100～1150	900～950
不锈钢	12Cr13、20Cr13、06Cr19Ni10	1150	850
铜和铜合金	T1、T2、H62	800～900	650～700
铝合金	LC4、LC9、LD5、LF21	450～500	350～380

实际生产中坯料的温度可通过仪表来测定，仪表都由锻工用观察金属坯料火色的方法来确定，即火色鉴别法。碳钢火色与加热温度的对应关系见表2-6。

表2-6 碳钢火色与加热温度的对应关系

温度/℃	1300	1200	1100	1000	900	800	700	600以下
火色	黄白色	淡黄	深黄	橘黄	淡红	樱红	暗红	暗褐

3）加热缺陷及其预防

加热缺陷及其预防措施见表2-7。

表2-7 加热缺陷及其预防措施

缺陷名称	缺陷现象	缺陷产生原因	危害	预防缺陷的方法
氧化	坯料表层生成FeO、Fe_3O_4、Fe_2O_3等氧化物	坯料表层的铁和炉气中的氧化性气体发生化学反应	烧损材料，降低锻件精度和表面质量，减少零件寿命	（1）控制好加热温度，缩短加热时间；（2）在中性或还原性炉气中加热，或在真空中加热
脱碳	坯料表层含碳量减少	坯料表层的碳和氧化性气体发生化学反应	降低锻件表面硬度，表层易产生龟裂	
过热	坯料的晶粒组织粗大	坯料加热温度过高或在高温下停留时间过长	锻件力学性能降低，需再经过锻造或热处理才能改善	（1）控制加热温度和加热的时间，避免过热；（2）多次锻造或锻后采用热处理（正火、调质），使过热的钢材晶粒细化
过烧	金属坯料失去可锻性	坯料加热到接近熔点，晶粒间的低熔点物质开始部分熔化，炉气中的氧化性气体，渗入到晶粒边界；在晶界上形成氧化层，破坏晶粒之间的联系	坯料一锻即碎，报废	（1）严格控制加热温度和加热时间，控制炉气成分；（2）钢料加热温度至少应低于熔点100℃

缺陷名称	缺陷现象	缺陷产生原因	危害	预防缺陷的方法
裂纹	金属坯料内部产生裂纹	金属坯料加热速度过快，装炉温度过高，坯料内外温差很大，产生的热应力大于坯料本身的强度极限	坯料产生内部裂纹，报废	严格遵守加热规范

　　4）加热方法

　　金属坯料的加热，按所采用的热源不同，可分为火焰加热和电加热两类。

　　5）加热设备

　　常用的加热设备有：手锻炉、室式炉、反射炉和电阻炉等。

3. 锻造成形

　　金属加热后，就可锻造成形。按照锻造时所用的设备、工模具及成形方式的不同，锻造可分为自由锻和模锻。

4. 冷却

　　锻件冷却时，表面降温快，内部降温慢，表里收缩不同，会产生温度应力；若金属有同素异构转变，则冷却时有相变发生，相变前后组织的比容会发生变化，而锻件表里相变时间不同，会产生组织应力。在这两种应力以及锻件在锻压成形过程保留下来的残余应力的应力叠加作用下，如果超过材料的屈服强度，便会导致锻件产生变形；如果超过材料的抗拉强度，便会导致锻件产生裂纹。

　　为保证锻件质量，应采用正确的锻后冷却方法进行冷却。锻件的冷却方法有：

　　(1) 风冷。将锻件放在通风的地方，用风机吹风冷却，冷却速度最快。

　　(2) 空冷。将锻件放在地面上，自然冷却，冷却速度快。

　　(3) 坑冷。将锻件放在地坑或铁箱中冷却，冷却速度较慢。

　　(4) 灰砂冷。把锻件用有一定厚度(大于 80 mm)的干燥的砂或灰埋起来冷却，所用的砂或灰最好事先也要加热到一定温度(约 500 ~ 700℃)，缓慢冷却到 100 ~ 150℃之后再出灰空冷，冷却速度慢。

　　(5) 炉冷。将锻件装入炉温为 600℃左右的加热炉中，随炉缓慢冷却到 100 ~ 150℃后再出炉空冷，冷却速度最慢。

　　(6) 消除白点的等温退火。停锻后直接将锻件装入加热炉，按热处理工艺升温、保温、降温，进行退火，以消除白点，也称扩氢处理。

　　锻件从终锻温度冷却到室温的过程中，其组织和性能要发生一系列变化。例如某些合金钢在冶炼时会产生氢，若在锻后冷却过程中又有很大的组织转变能力，锻件内部就会出现许多不连续的白色点状小裂纹，叫做白点。奥氏体不锈钢若在 800 ~ 850℃范围内缓冷，会有大量含铬的碳化物沿晶界析出，使晶界产生贫铬现象，降低钢的抗晶间腐蚀能力。

5. 热处理

　　锻造是机械零件生产中的头道工序。为了给后续的机加工、热处理等工序做好准备，应消除锻件内的应力，并使其具有合适的硬度和稳定细小的组织。

　　锻件热处理的目的：调整锻件硬度，以利于对锻件进行切削加工；消除锻件内应力，以免在后续加工时变形；改善锻件内部组织，细化晶粒，为最终热处理做好组织准备；对于不再进行最终热处理的锻件，应保证其达到所要求的组织和力学性能。

结构钢锻件采用退火或正火处理，工具钢锻件采用正火＋球化退火处理，对于不再进行最终热处理的中碳钢或合金结构钢锻件可进行调质处理。

2.3.3 锻造的成形方法

锻造的成形方法主要有自由锻、胎模锻和模锻等。

1. 自由锻

自由锻是将加热好的金属坯料置于铁砧上或锻压机器的上、下抵铁之间，施加冲击力或压力，使之产生塑性变形，从而获得所需锻件的一种加工方法。坯料在锻造过程中，除与上、下砧铁或其他辅助工具接触的部分表面外，其他表面都是自由表面，变形不受限制，故称自由锻。自由锻是目前在工厂中生产大型、超大型锻件的唯一方法。

自由锻通常可分为手工自由锻和机器自由锻。手工自由锻主要是依靠人力利用简单工具对坯料进行锻打，从而改变坯料的形状和尺寸获得所需锻件。手工锻造生产率低，劳动强度大，锤击力小，在现代工业生产中已被机器锻造所代替。机器自由锻主要依靠专用的自由锻设备和专用工具对坯料进行锻打，改变坯料的形状和尺寸，从而获得所需锻件。

自由锻的优点是：所用工具简单、通用性强、灵活性大，适合单件和小批锻件，特别是特大型锻件的生产，自由锻是唯一的生产方法。自由锻的缺点是：锻件精度低、加工余量大、生产效率低、劳动强度大等。

1）常用自由锻工具

常用的自由锻工具按功能分为支撑工具、打击工具和辅助工具等，如图2-35所示。

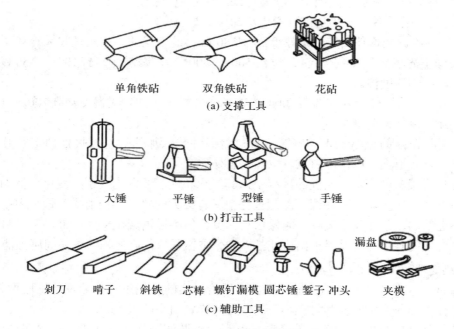

单角铁砧　　　双角铁砧　　　花砧

(a) 支撑工具

大锤　　　平锤　　　型锤　　　手锤

(b) 打击工具

剁刀　　啃子　　斜铁　　芯棒　螺钉漏模　圆芯锤　錾子　冲头　　漏盘　夹模

(c) 辅助工具

图 2-35　自由锻常用工具

2）自由锻设备

根据锻造设备的不同，自由锻又分为锤锻自由锻和水压机自由锻两种。前者用于锻造中、小自由锻件，后者主要用于锻造大型自由锻件。

自由锻的通用设备是空气锤和蒸汽—空气自由锻锤。空气锤由自身携带的电动机直接驱动，落下部分重量在 40 ～ 1000 kg 之间，锤击能量较小，只能锻造 100 kg 以下的小型锻件。蒸汽—空气锤利用压力为 0.6 ～ 0.9 MPa 的蒸汽或压缩空气作为动力，蒸汽或压缩空气由单独的锅炉或空气压缩机供应，投资比较大，一般用于锻造较大质量的锻件。自由锻水压机是锻造大型锻件的主要设备。大型锻造水压机的制造和拥有量是一个国家工业水平的重要标志。我国已经能自行设计制造 125 000 kN 以下的各种规格的自由锻水压机。水压机是根据液体的静压力传递原理（即帕斯卡原理）设计制造的。在水压机上锻造时，以压力代替锤锻时的冲击力，大型水压机能够产生数万 kN 甚至更大的锻造压力，坯料变形的压下量大，锻透深度大，从而可改善锻件内部的质量，这对于大型锻件是很必要的。

3）自由锻工序

根据作用与变形要求不同，自由锻的工序分为基本工序、辅助工序和修整工序三类。

（1）基本工序。基本工序指改变坯料的形状和尺寸以达到锻件基本成形的工序，包括镦粗、拔长、冲孔、弯曲、切割、扭转、错移等工步。

（2）辅助工序。辅助工序是为了方便基本工序的操作，而使坯料预先产生某些局部变形的工序。如倒棱、压肩等工步。

（3）修整工序。修整锻件的最后尺寸和形状，提高锻件表面质量，使锻件达到图纸要求的工序叫修整工序。如修整鼓形、平整端面、校直弯曲等工步。

任何一个自由锻件的成形过程中，上述三类工序中的各工步可以按需要单独使用或进行组合。自由锻各工序和所包含的工步简图见表 2-8。

表 2-8　自由锻工步简图

基本工序	镦粗	拔长	冲孔
	芯轴扩孔	芯轴拔长	弯曲
	切割	扭转	错移

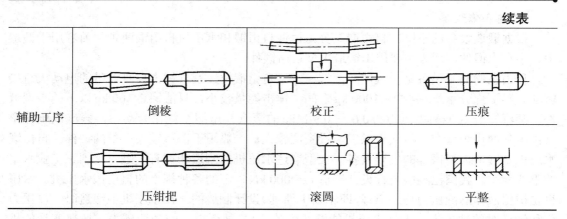

辅助工序	倒棱	校正	压痕
	压钳把	滚圆	平整

4）自由锻件的分类

按自由锻件的外形及其成形方法，可将自由锻件分为六类：饼块类、空心类、轴杆类、曲轴类、弯曲类和复杂形状类锻件。自由锻件分类见表2-9。

表2-9　自由锻件分类表

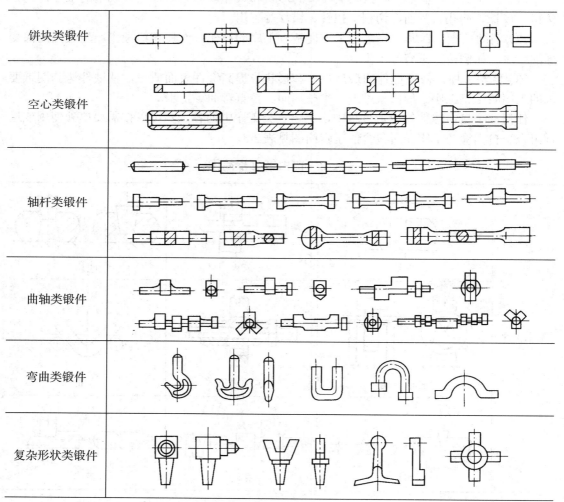

饼块类锻件	
空心类锻件	
轴杆类锻件	
曲轴类锻件	
弯曲类锻件	
复杂形状类锻件	

5）自由锻主要工序的操作过程

自由锻不使用特殊的工具，所以加热的坯料在上下抵铁之间受到锻打时，金属向四周自由变形。自由锻有时也采用简单的通用工具，辅助或限制金属向某些方向变形，使锻件成形。自由锻的基本工序中镦粗、拔长和冲孔应用最多。

（1）镦粗的操作。镦粗是使坯料横截面增大、高度减小的锻造工序，主要用于制造圆盘、叶轮、齿轮、链轮、模块等零件的毛坯，其一般操作规则、操作方法及注意事项如下：

① 坯料尺寸。坯料的原始高度 H_0 与直径 D_0 之比应小于 $2.5 \sim 3$，否则会镦弯（见图 2-36(a)）。镦弯后应将工件放平，轻轻锤击矫正（见图 2-36(b)）。

② 局部镦粗。如图 2-37 所示，如果将坯料的一部分放在漏盘内，限制其变形，仅使不受限制的部分镦粗，即为局部镦粗。漏盘的孔壁有 $5° \sim 7°$ 的斜度，以便于去除锻件。漏盘口上还应做成圆角。局部镦粗时，镦粗部分坯料的高度与直径之比也应小于 $2.5 \sim 3$。

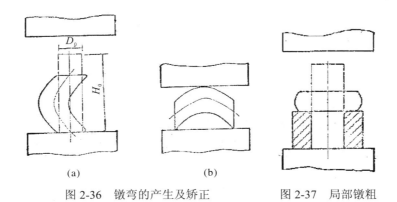

图 2-36 镦弯的产生及矫正   图 2-37 局部镦粗

③ 镦歪的防止及矫正。坯料的端面应平整并和轴心线垂直，加热后各部分的温度要均匀，坯料在下抵铁上要放平，如果上、下抵铁的表面不平行，锻打时要不断地将坯料旋转，否则可能产生镦歪现象，如图 2-38(a) 所示。矫正镦歪的方法是将坯料斜立，轻打镦歪的斜角，如图 2-38(b) 所示，然后放正，继续锻打。

矫正镦歪的锻件时应在较高的温度下进行，并要特别注意夹牢锻件，防止锻件飞出伤人。

④ 防止折叠。如果坯料的高度和直径比较大，或锤击力量不足，就可能产生双鼓形现象，如图 2-39(a) 所示。如不及时纠正，继续锻打可能形成折叠，使锻件报废，如图 2-39(b) 所示。

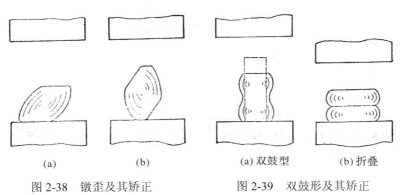

(a)   (b)   (a) 双鼓型   (b) 折叠

图 2-38 镦歪及其矫正   图 2-39 双鼓形及其矫正

（2）拔长的操作。拔长是使坯料长度增加、横截面减小的锻造工序，又称为延伸或引伸。拔长主要用于制造轴类、杆类零件的毛坯，其一般操作规则、操作方法及注意事项如下：

① 送进。锻打时，工件应沿抵铁的宽度方向送进，每次的送进量 L 应为抵铁宽度 B 的 $0.3 \sim 0.7$ 倍（见图2-40(a)）。送进量过大，锻件主要向宽度方向流动，反而降低延伸效率（见图2-40(b)）；送进量过小，又容易产生夹层（见图2-40(c)）。

锻打时，每次的压下量也不宜过大，否则也会产生夹层。

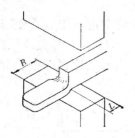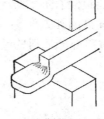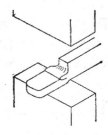

(a) 送进量合适　　　　　(b) 送进量过大，延伸效率低　　(c) 送进量较小，生产夹层

图2-40　拔长时的送进方向与送进量

② 锻打。将圆截面的坯料拔长成直径较小的圆截面锻件时，必须先把坯料锻成方形截面，在拔长到边长接近锻件的直径时，锻成八角形，然后滚打成圆形（见图2-41(c)）。

③ 翻转。拔长过程中应不断翻转锻件，使其截面经常保持近于方形。翻转的方法如图2-41(b)、(c)所示。翻转时，应注意工件的宽度与厚度之比不要超过2.5，否则再次翻转后继续拔长将容易形成折叠。

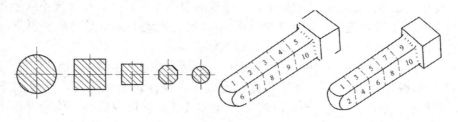

(a) 圆形坯料拔长方法　　　(b) 打完以后翻转90°　(c) 来回翻转90°锻打

图2-41　拔长时锻件的翻转方法

④ 锻台阶。锻制台阶轴或方形、矩形截面的锻件时，要先在截面分界处压出凹槽，称为压肩。方形截面锻件与圆形截面锻件的压肩方法及其所用的工具不同，如图2-42所示。圆料也可用压肩摔子压肩。压肩后对一端局部拔长，即可将台阶锻出。

⑤ 修整。锻件拔长后须进行修整，以使其尺寸准确，表面光洁。方形或矩形截面的锻件修整时，将工件沿下抵铁长度方向送进，如图2-43(a)所示，以增加锻件与抵铁间的接触长度。修整时应轻轻锤击，可用钢板尺的侧面检查锻件的平直度及表面是否平整。圆形截面的锻件使用摔子修整，如图2-43(b)所示。

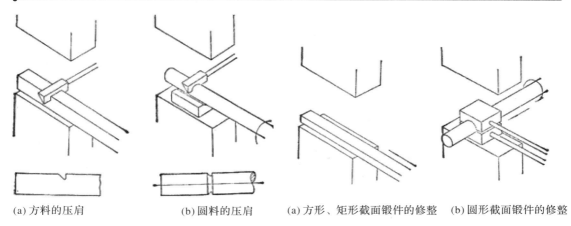

(a) 方料的压肩　　　　(b) 圆料的压肩

图 2-42　压肩工序图

(a) 方形、矩形截面锻件的修整　(b) 圆形截面锻件的修整

图 2-43　拔长后的修整工序

（3）冲孔操作。冲孔是在锻件上锻出通孔或不通孔的工序，其一般操作规则、操作方法及注意事项如下：

① 准备。冲孔前坯料须先镦粗，以尽量减少冲孔深度并使端面平整。由于冲孔时锻件的局部变形量很大，为了提高塑性，防止冲裂，应将锻件加热到始锻温度。

② 试冲。为了保证孔位正确，应先试冲。即先用冲子轻轻冲出孔位的凹痕，并检查孔位是否正确。如有偏差，可将冲子放在正确位置上再试冲一次，加以纠正。

③ 冲深。孔位检查或修整无误后，向凹痕内撒放少许煤粉(其作用是便于拔出冲子)，再继续冲深。此时应注意保持冲子与砧面垂直，防止冲歪，如图 2-44(a) 所示。

④ 冲透。一般锻件采用双面冲孔法。将孔冲到锻件厚度的 2/3 ～ 3/4 深度时，取出冲子，翻转锻件，然后从反面将孔冲透，如图 2-44(b) 所示。

⑤ 单面冲孔。较薄的锻件可采用单面冲孔，如图 2-45 所示。单面冲孔时应将冲子大头朝下，漏盘孔径不宜过大，且须仔细对正。

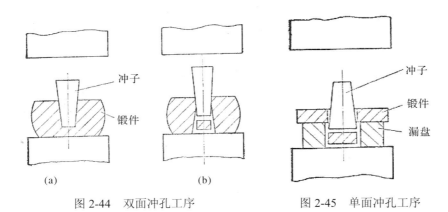

图 2-44　双面冲孔工序　　　　图 2-45　单面冲孔工序

（4）弯曲操作。弯曲是使锻件弯成一定角度或形状的工序，如图 2-46 所示。

（5）扭转。扭转是将锻件的一部分相对于另一部分旋转一定角度的工序，如图 2-47 所示。

扭转时，应将锻件加热到始锻温度，受扭曲变形的部分必须表面光滑，面与面的相交处过渡均匀，以防扭裂。

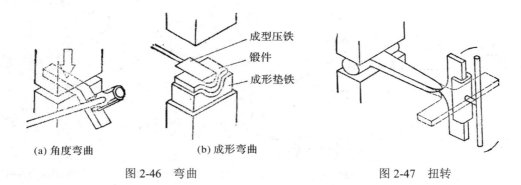

(a) 角度弯曲   (b) 成形弯曲

图 2-46　弯曲   图 2-47　扭转

（6）错移。错移是将锻件的一部分相对于另一部分平移错开的工序，如图 2-48 所示，先在坯料错移部位压肩，然后加垫板及支撑，锻打错开，最后修整。

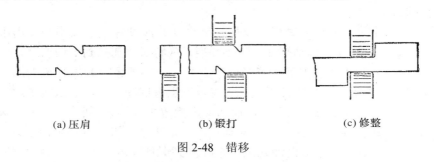

(a) 压肩   (b) 锻打   (c) 修整

图 2-48　错移

（7）切割。切割是分割坯料或切除锻件余量的工序，如图 2-49 所示。

方形截面锻件的切割如图 2-49(a) 所示，先将剁刀垂直切入锻件，至快断开时，将锻件翻转，再用剁刀或克棍截断。

切割圆形截面锻件时，要将锻件放在带有圆凹槽的剁垫中，边切割边旋转锻件，操作方法如图 2-49(b) 所示。

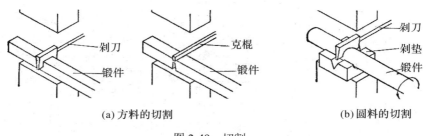

(a) 方料的切割   (b) 圆料的切割

图 2-49　切割

2．胎模锻

胎模锻是介于自由锻和模锻之间的一种锻造方法，它也是在自由锻锤上用简单的模具生产锻件的一种常用的锻造方法。对于形状较复杂的锻件，通常是先采用自由锻使坯料初步变形，然后在模具（称为胎模）中终锻成形。锻件的主要尺寸和形状靠胎模的型腔来保证。胎模锻时胎模不固定在锤头或砧座上，根据加工过程的需要，可以随时放在下抵铁上进行锻造。

1）胎模锻的特点

胎模锻与自由锻相比，可获得形状较为复杂、尺寸较为精确的锻件，节约金属，提高生产效率，但需准备专用工具——胎模；与模锻相比，胎模锻可利用自由锻设备生产各类锻件，无需昂贵的设备，胎模制造简单，使用方便，成本较低，但劳动强度大，辅助操作多，在锻件质量、生产效率、模具寿命等方面均低于模锻。胎模锻适用于小件且批量不大的生产中。

2）胎模的结构和用途

常用胎模可分为摔子、扣模、弯模、套模和合模等，其种类、结构和应用范围见表2-10。

表2-10　常用胎模的种类、结构和应用范围

序号	名称	简图	应用范围	序号	名称	简图	应用范围
1	摔子		轴类锻件的成形或精整，或为合模锻造制坯	4	套模		回转体类锻件的成形
2	弯模		弯曲类锻件的成形，或为合模锻造制坯				
3	扣模		非回转体锻件的局部或整体成形，或为合模锻造制坯	5	合模		形状较复杂的非回转体类锻件的终锻成形

3）胎模锻的基本操作

图2-50所示为法兰盘的锻件图，其胎模锻造过程如图2-51所示。坯料加热后，先用自由锻镦粗，然后在胎模中终锻成形。所用胎模为闭式胎模，由模筒、模垫和冲头（也称凸模）三部分组成。锻造时，将模垫和模筒放在锻锤下砧铁上，再将镦粗后的坯料放在模筒内，并放上冲头，经锤击后终锻成形，最后将连皮切除。

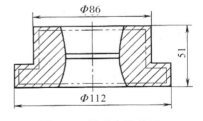

图 2-50　法兰盘锻件图

3. 模锻

模锻是将加热后的坯料放在锻模模镗内，在锻压力的作用下使坯料变形而获得锻件的一种加工方法。坯料变形时，金属的流动受到模膛的限制和引导，从而获得与模膛形状一致的锻件。与自由锻相比，模锻的优点是：

（1）由于有模膛引导金属的流动，锻件的形状可以比较复杂。

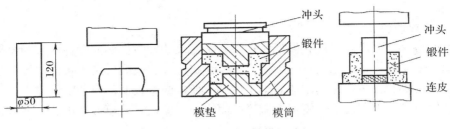

图 2-51　法兰盘毛坯的胎模锻过程

（2）锻件内部的锻造流线按锻件轮廓分布，从而提高了零件的机械性能和使用寿命。

（3）锻件表面光洁、尺寸精度高、节约材料和切削加工工时。

（4）生产率较高。

（5）操作简单，易于实现机械化。

但是，由于模锻是整体成形，并且金属流动时，与模腔之间产生很大的摩擦阻力，因此所需设备吨位大，设备费用高；锻模加工工艺复杂、制造周期长、费用高，所以模锻只适用于中、小型锻件的成批或大量生产。不过随着计算机辅助设计—制造（CAD/CAM）技术的飞速进步，锻模的制造周期将大大缩短。

按使用的设备类型不同，模锻又分为锤上模锻、曲柄压力机上模锻、摩擦压力机上模锻、平锻机上模锻、液压机上模锻等。

1）锤上模锻

锤上模锻是在自由锻基础上最早发展起来的一种模锻生产方法，即在模锻锤上的模锻。它是将上、下模块分别固紧在锤头与砧座上，将加热透的金属坯料放入下模型腔中，借助于上模向下的冲击作用，迫使金属在锻模型槽中塑性流动和填充，从而获得与型腔形状一致的锻件。

锤上模锻能完成镦粗、拔长、滚挤、弯曲、成形、预锻和终锻等变形工步的操作，锤击力的大小和锤击频率可以在操作中自由控制和变换，可完成各种长轴类锻件和短轴类锻件的模锻，在各种模锻方法中具有较好的适应性；设备费用也比其他模锻设备较低，是我国目前模锻生产中应用最多的一种锻造方法，该设备结构简单、造价低、操作简单、使用灵活，目前广泛应用于汽车、船用及航空锻件的生产。其缺点是工作时振动和噪音大，劳动条件较差；难以实现较高程度的操作机械化；完成一个变形工步要经过多次锤击，生产率不太高。因而，在大批生产中有逐渐被压力机上模锻取代的趋势。

2）曲柄压力机上模锻

曲柄压力机上模锻是一种比较先进的模锻方法。与锤上模锻相比，曲柄压力机模锻具有一系列优点：

（1）作用于坯料上的锻造力是压力，不是冲击力，工作时振动和噪音小，劳动条件得到改善。

（2）坯料的变形速度较低。这有利于低塑性材料的锻造，某些不适于在锤上锻造的材料，如耐热合金、镁合金等，可在压力机上锻造。

（3）锻造时滑块的行程不变，每个变形工步在滑块的一次行程中即可完成，并且便于实现机械化和自动化，具有很高的生产率。

（4）滑块运动精度高，并有锻件顶出装置，使锻件的模锻斜度、加工余量和锻造公差大大减小，因而锻件精度比锤上模锻件高。

这种模锻方法的主要缺点是设备费用高，模具结构也比一般锤上模锻复杂，仅适用于大批量生产；对坯料的加热质量要求高，不允许有过多的氧化皮；由于滑块的行程和压力不能在锻造过程中调节，因而，不能进行拔长、滚挤等工步的操作。

3）平锻机上模锻

平锻机是曲柄压力机的一种，又称卧式锻造机，它沿水平方向对坯料施加锻造压力。平锻机按照分模面的位置可分为垂直分模平锻机和水平分模平锻机。

平锻机上模锻在工艺上有如下特点：

（1）锻造过程中坯料水平放置，坯料都是棒料或管材，并且只进行局部（一端）加热和局部变形加工。因此，可以完成在立式锻压设备上不能锻造的某些长杆类锻件，也可用长棒料连续锻造多个锻件。

（2）锻模有两个分模面，锻件出模方便，可以锻出在其他设备上难以完成的在不同方向上有凸台或凹槽的锻件。

（3）需配备对棒料局部加热的专用加热炉。与曲柄压力机上模锻类似，平锻机上模锻也是一种高效率、高质量、容易实现机械化的锻造方法，劳动条件也较好，但平锻机是模锻设备中结构较复杂的一种，价格贵、投资大，仅适用于锻件的大批量生产。目前平锻机已广泛用于大批量生产汽门、汽车半轴、环类锻件等。

4）摩擦压力机上模锻

摩擦压力机靠飞轮旋转所积蓄的能量转化成金属的变形能进行锻造。它属于锻锤锻压设备，其行程速度介于模锻锤和曲柄压力机之间，有一定的冲击作用；滑块行程和冲击能量都可自由调节；坯料在一个模膛内可以多次锻击，因而工艺性能广泛，既可完成镦粗、成形、弯曲、预锻、终锻等成形工序，也可进行校正、精整、切边、冲孔等后续工序的操作，必要时，还可作为板料冲压的设备使用。摩擦压力机的飞轮惯性大，单位时间内的行程次数比其他模锻设备低得多，这有利于再结晶速度较低的塑性材料的锻造，但因此生产率较低。由于采用摩擦传动，摩擦压力机的传动效率低，因而，设备吨位的发展受到限制，通常不超过 10 000 kN。

摩擦压力机上模锻适用于小型锻件的批量生产。摩擦压力机结构简单、应用广泛、使用维护方便，是中、小型工厂普遍采用的锻造设备。近年来，许多工厂还把摩擦压力机与自由锻锤、辊锻机、电镦机等配成机组或组成流水线，承担模锻锤、平锻机的部分模锻工作，有效地扩大了它的使用范围。

5）其他模锻设备

（1）螺旋压力机。螺旋压力机一般适用于中、小批量生产的各种形状的模锻件，尤其是适用于锻造轴对称的锻件。近年来还出现了气液螺旋压力机和离合器式高能螺旋压力机。它们共同的特点是飞轮在外力驱动下储足够的能量，再通过螺杆将能量传递给滑块来打击毛坯做功。螺旋压力机同时具有锤和曲柄压力机的特点，可进行模锻、冲压、镦锻、挤压、精压、切边、弯曲和校正等工作。而且该设备结构简单、振动小、操作简单，可大大减少设备和厂房的投资。

（2）液压机。液压机是一种利用液体压力来传递能量的锻压设备，它包含以油做工作介质的油压机和以水为工作介质的水压机。锻造液压机有自由锻液压机、模锻液压机和切边液压机三类。锻造生产常用的模锻液压机又有通用模锻液压机和专用模锻液压机两类。液压机的特点是：行程和锻造能力较大，工作台面大，工作液体的压力高，在整个工作过程中压力和速度变化不大，在静压条件下金属变形均匀，锻件组织均匀，应用范围广，对于铝镁合金、钛合金或高温合金锻件更为适用。

2.3.4 板料冲压

1. 概述

板料冲压是利用装在冲床上的冲压模具对金属板料加压，使之产生变形或分离，从而获得毛坯或直接获得零件的加工方法。板料冲压的坯料通常都是较薄（厚度一般小于 2 mm）的金属板料，而且，冲压时不需加热，故又称为薄板冲压或冷冲压，简称冷冲或冲压。

1）板料冲压的特点和应用

与锻造和其他加工方法相比，板料冲压具有下列特点：

（1）它是在常温下通过塑性变形对金属板料进行加工的，因而原材料必须具有足够的塑性，并应有较低的变形抗力。

（2）金属板料经过冷变形强化作用，并获得一定的几何形状后，结构轻巧、强度和刚度较高。

（3）冲压件尺寸精度高、质量稳定、互换性好，一般不再进行切削加工，即可作为零件使用。

（4）冲压生产操作简单，生产率高，便于实现机械化和自动化。

（5）冲压模具结构复杂、精度要求高、制造费用高，只有在大批量生产的条件下，采用冲压加工方法在经济上才是合理的。

板料冲压是机械制造中的重要加工方法之一，它在现代工业的许多部门都得到广泛的应用，特别是在汽车、飞机、拖拉机、电机、电器、仪器仪表、兵器及日用品生产等工业部门中占有重要的地位。

2）冲压设备

板料冲压设备主要是剪床和冲床。

（1）剪床。剪床又称为剪板机，它主要用于把大块的板料切成所需宽度的条料，以供冲压工序使用。

（2）冲床。冲床的种类很多，主要有单柱冲床、双柱冲床、双动冲床等。电动机带动飞轮通过离合器与单拐曲轴相接，飞轮可在曲轴上自由转动。曲轴的另一端则通过连杆与滑块连接。工作时，踩下踏板，离合器将使飞轮带动曲轴转动，滑块做上下运动；放松踏板，离合器脱开，制动闸立即合上，使曲轴停止转动，滑块停留在待工作位置。

2. 板料冲压的基本工序

板料冲压的基本工序有冲裁、弯曲、拉深、成形等。

1）冲裁

（1）冲孔和落料。冲裁是使板料沿封闭的轮廓线分离的工序，包括冲孔和落料。这两个工序的坯料变形过程和模具结构都是一样的，二者的区别在于它们的作用不同。冲孔是在板料上冲出所需要的孔洞，冲孔后带孔的板料本身是成品，而被分离的部分为废料；落料是板料被分离的部分是成品，板料本身则为废料。

（2）冲裁时板料的变形和分离过程。冲裁时板料的变形和分离过程如图 2-52 所示。当凸模向下运动压住板料时，板料受到挤压，产生弹性变形并进而产生塑性变形，当上、下刃口附近材料内的应力超过一定限度后，即开始出现裂纹。随着冲头（凸模）继续下压，上、下裂纹逐渐向板料内部扩展直至汇合，板料即被切离。

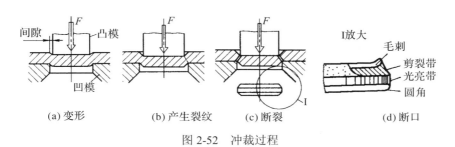

图 2-52　冲裁过程

（3）冲裁模具。冲裁所用的模具叫做冲裁模，简单的冲裁模具如图 2-53 所示。它的组成及各部分的作用如下：

① 模架。包括上、下模座和导柱、导套。上模座通过模柄安装在冲床滑块的下端，下模座用螺钉固定在冲床的工作台上。导柱和导套的作用是保证上、下模具对准。

② 凸模和凹模。凸模和凹模是冲压模具的核心部分，凸模又称为冲头。冲裁模的凸模和凹模的边缘都磨成锋利的刃口，以便进行剪切使板料分离。

③ 导料板和定位销。它们的作用是控制条料的送进方向和送进量，如图 2-54 所示。

④ 卸料板。它的作用是使凸模在冲裁以后从板料中脱出。

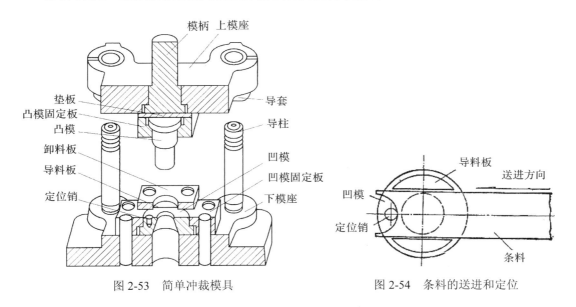

图 2-53　简单冲裁模具　　　　　图 2-54　条料的送进和定位

（4）冲裁件的质量及其影响因素。冲裁后得到的冲裁件的断面可明显地分为光亮带、剪裂带、圆角和毛刺四部分。其中光亮带具有最好的尺寸精度和光洁的表面，其他三个区域，尤其是毛刺则降低冲裁件的质量。这四个部分的尺寸比例与材料的性质、板料厚度、模具结构和尺寸、刃口锋利程度等冲裁条件有关（见图2-53(d)）。为了提高冲裁质量，简化模具制造，延长模具使用寿命及节省材料，设计冲裁件及冲裁模具时应考虑：

① 冲裁件的尺寸和形状。在满足使用要求的前提下，应尽量简化冲裁件形状，多采用圆形、矩形等规则形状，以便于使用通用机床加工模具，并减少钳工修配的工作量。线段相交处必须圆弧过渡。冲圆孔时，孔径不得小于板料厚度 δ；冲方孔时，孔的边长不得小于 0.9δ；孔与孔之间或孔与板料边缘的距离不得小于 δ。

② 模具尺寸。冲裁件的尺寸精度依靠模具精度来保证。凸凹模间隙对冲裁件断面质量具有重要影响，合理的间隙值可按表2-11选择。在设计冲孔模具时，应使凸模刃口尺寸等于所要求孔的尺寸，凹模刃口尺寸则是孔尺寸加上两倍的间隙值。设计落料模具时，则应使凹模刃口尺寸为成品尺寸，凸模尺寸则是成品尺寸减去两倍的间隙值。

③ 冲压件的修整。修整工序是利用修整模沿冲裁件的外缘或内孔，切去一薄层金属，以除去塌角、剪裂带和毛刺等，从而提高冲裁件的尺寸精度和降低表面粗糙度。只有当对冲裁件的质量要求较高时，才需要增加修整工序。修整在专用的修整模上进行，模具间隙约为 0.006 ～ 0.01 mm。修整时单边切除量约为 0.05 ～ 0.2 mm，修整后的切面粗糙度 Ra 值可达 1.25 ～ 0.63μm，尺寸精度可达 IT6 ～ IT7。

表2-11 冲裁模的合理间隙值

材料种类	材料厚度 δ/mm				
	0.1～0.4	0.4～1.2	1.2～2.5	2.5～4.0	4.0～6.0
黄铜、低碳钢	0.01～0.02	(7～10)%δ	(9～12)%δ	(12～14)%δ	(15～18)%δ
中、高碳钢	0.01～0.05	(10～17)%δ	(18～25)%δ	(25～27)%δ	(27～29)%δ
磷青铜	0.01～0.04	(8～12)%δ	(11～14)%δ	(14～17)%δ	(18～20)%δ
铝及铝合金（软）	0.01～0.03	(8～12)%δ	(11～12)%δ	(11～12)%δ	(11～12)%δ
铝及铝合金（硬）	0.01～0.03	(10～14)%δ	(13～14)%δ	(13～14)%δ	(13～14)%δ

2）弯曲

弯曲是将平直板料弯成一定角度和圆弧的工序，如图2-55所示。弯曲时，坯料外侧的金属受拉应力作用，产生伸长变形。坯料内侧金属受压应力作用，产生压缩变形。

与冲裁模不同，弯曲模冲头的端部与凹模的边缘，必须加工出一定的圆角，以防止工件弯裂。

如图2-56所示，该图是将一块板料经过多次弯曲后，制成具有圆截面的筒状零件的弯曲过程。

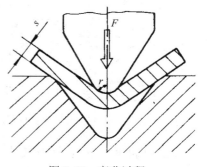

图 2-55 弯曲过程

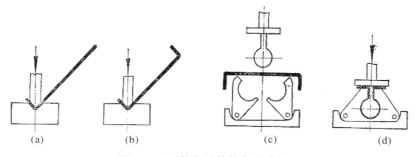

图 2-56　圆筒状零件的弯曲过程

3）拉深

拉深是利用拉深模具使平面板料变为开口空心件的冲压工序，又称拉延。拉深可以制成筒形、阶梯形、球形及其他复杂形状的薄壁零件，如图 2-57 所示。原始直径为 D 的板料，经拉深后变成内径为 d 的杯形零件。凸模的压入过程，伴随着坯料的变形和厚度的变化。拉深件的底部一般不变形，厚度基本不变。其余环形部分坯料经拉深成为空心件的侧壁，厚度有所减小。侧壁与底之间的过渡圆角部位被拉薄最严重。拉深件的法兰部分厚度有所增加。拉深件的成形是金属材料产生塑性流动的结果，坯料直径越大，空心件直径越小，变形程度越大。

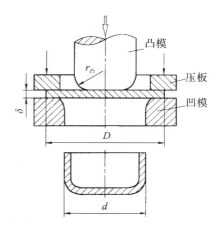

图 2-57　拉深过程

拉深件最容易产生的缺陷是拉裂和起皱。拉裂产生的最多的部位是侧壁与底的过渡圆角处。为使拉深过程正常进行，必须把底部和侧壁的拉应力限制在不使材料发生塑性变形的范围内，而环形区内的径向拉应力，则应达到或超过材料的屈服极限，并且，任何部位的应力总和都必须小于材料的强度极限，否则，就会造成如图 2-58(a) 所示的拉穿缺陷。起皱是拉深时坯料的法兰部分受到切向压应力的作用，使整个法兰产生波浪形的连续弯曲现象。环形变形区内的切向压

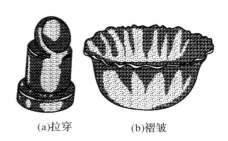

(a)拉穿　　　　(b)褶皱

图 2-58　拉深废品

应力很大，很容易使板料产生如图 2-58(b) 所示的皱褶现象，从而造成废品。为防止此类现象，必须采取以下措施：

（1）拉深模具的工作部分，必须加工成圆角。圆角半径 $r_凹 = 10\delta$，$r_凸 = (0.6 \sim 1)r_凹$。

（2）控制凸模和凹模之间的间隙 $Z = (1.1 \sim 1.5)\delta$。间隙过小，容易擦伤工件表面，降低模具寿命。

（3）正确选择拉深系数。板料拉深时的变形程度通常以拉深系数 m 表示：

$$m = \frac{d}{D} \tag{2-2}$$

式中，d——拉深后的工件直径；

D——坯料直径。

拉深系数越小，拉深件直径越小，变形程度越大，越容易产生拉裂废品。拉深系数一般不小于0.5～0.8，塑性好的材料可取下限值。

（4）为了减少由于摩擦引起的拉深件内应力的增加及减少模具的磨损，拉深前要在工件上涂润滑剂。

（5）为防止产生皱褶现象，通常都用压边圈将工件压住。压边圈上的压力不宜过大，能压住工件不致起皱即可。

4）成形

成形是使板料或半成品改变局部形状的工序，包括压肋、压坑、胀形、翻边等。

（1）压肋和压坑（包括压字和压花）。压肋和压坑是压制出各种形状的凸起和凹陷的工序。采用的模具有刚模和软模两种。如图2-59所示是用刚模压坑。与拉深不同，此时只有冲头下的这一小部分金属在拉应力作用下产生塑性变形，其余部分的金属并不发生变形。

如图2-60所示为用软模压肋，软模是用橡胶等柔性物体代替一半模具。这样可以简化模具制造，冲制形状复杂的零件。但软模块使用寿命短，需经常更换。此外，也可采用气压或液压成形。

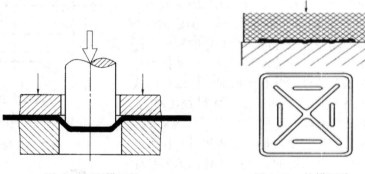

图 2-59　刚模压坑　　　　　　　　图 2-60　软模压肋

（2）胀形。胀形是将拉深件轴线方向上局部区段的直径胀大，可采用刚模也可采用软模。图2-61所示为刚模胀形，图2-62所示为软模胀形。刚模胀形时，由于芯子的锥面作用，分瓣凸模在压下的同时沿径向扩张，使工件胀形。顶杆将分瓣凸模顶回到起始位置后，即可将工件取出。显然，刚模的结构和冲压工艺都比较复杂，采用软模则简便得多。因此，软模胀形得到广泛应用。

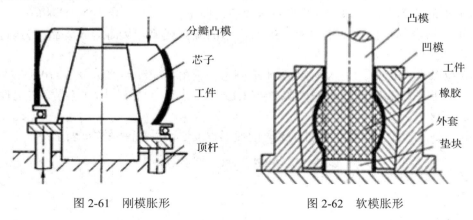

图 2-61　刚模胀形　　　　　　　　图 2-62　软模胀形

（3）翻边。翻边是在板料或半成品上沿一定的曲线翻起竖立边缘的冲压工序。按变形的性质，翻边可分为伸长翻边和压缩翻边。当翻边在平面上进行时，称平面翻边；当翻边在曲面上进行时，又称曲面翻边，如图 2-63 所示。孔的翻边是伸长类平面翻边的一种特定形式，又称翻孔。翻孔过程如图 2-64 所示。

成形工序使冲压件具有更好的刚度和更加合理的空间形状。

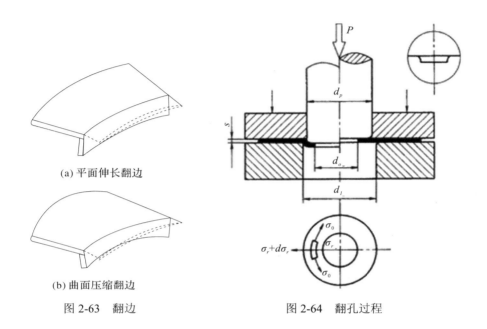

(a) 平面伸长翻边

(b) 曲面压缩翻边

图 2-63　翻边

图 2-64　翻孔过程

2.3.5　先进塑性成形技术简介

近几十年来，材料的塑性成形技术得到了迅速发展，其发展方向是精密化、轻量化、复杂化、高品质、高附加值、低成本化、低能耗、低污染等。

1. 精密成形

精密成形包括精密锻压(冷湿精密成形、精密冲裁)、精密热塑性成形、精密焊接与切割。这些技术广泛地应用于汽车、洗衣机、家电、电器等产品关键部件的生产，如进(排)气管、转向节、精密连杆及复杂轮廓件(如汽车车身)的制造。

目前，精密和超精密制造技术已经跨越了微米级技术，进入了亚纳米和纳米技术领域。精密化已成为材料成形加工技术发展的重要特征，其表现为零件成形的尺寸精度正在从近净成形向净成形，即近无余量成形方向发展。

2. 超塑性成形

超塑性成形是利用金属在特定条件(一定的变形温度、一定的变形速率和一定的组织条件)下所具有的超塑性(超高的塑性和超低的变形抗力)来进行塑性加工的方法。

其工艺特点是：超塑性成形塑性高，变形抗力极低，复杂件易一次成形；零件表面粗糙度很低，尺寸稳定，加工精度高；工艺条件要求严格，成本高，生产率低，故应用受到限制。超塑性成形在板料深冲压、气压成形等方面得到了广泛应用，特别适用于塑性差、用其他成形方法难以成形的金属材料，如钛合金、镁合金、高温合金等。

3. 高能高速成形

高能高速成形是一种在极短时间内释放高能量而使金属变形的成形技术。高能高速成形包括爆炸成形，电磁成形，电液成形和高速锻造。

（1）爆炸成形。爆炸成形是利用爆炸物质间释放出巨大的高能冲击波对金属坯料进行加工的高能高速成形技术，主要用于板料的拉深、胀形、校形。

（2）电磁成形。电磁成形是指利用脉冲磁场对金属坯料进行压力加工的高能高速成形技术。

（3）电液成形。电液成形是指利用在液体介质中高压放电时所产生的高能冲击波，使坯料产生塑性变形的高能高速成形技术。电液成形的原理与爆炸成形相似。电液成形是利用放电回路中产生的强大的冲击电流，使电极附近的水汽化膨胀，从而产生很强的冲击压力，使金属坯料成形。

（4）高速锻造。高速锻造是指利用高压空气或氮气发出的高速气体，使滑块带着模具进行锻造或挤压的加工方法。

4. 液态模锻

液态模锻又称为熔融锻造，是将定量的熔融金属注入金属模腔内，在金属即将凝固或半凝固状态时，用冲头施以机械静压力，使其充满型腔，并产生少量塑性变形，从而获得组织致密、性能良好、尺寸精确的锻件的工艺方法。

5. 粉末锻造

粉末锻造是粉末冶金成形和锻造成形相结合的一种金属成形技术。普通的粉末冶金件的尺寸精度高，但塑性和冲击韧度差；锻件的力学性能好，但尺寸精度低。二者取长补短，就形成了粉末锻造成形技术。首先将粉末预热成形，然后在充满保护气体的炉子中烧结制坯，将坯料加热至锻造温度后再进行模锻。

2.3.6 塑性成形操作主要安全注意事项

（1）锻造操作前必须检查所要使用的设备和工具是否安全可靠，设备的润滑情况是否良好，传动系统是否正常。

（2）严禁身体的任何部位进入设备落下部分的下方，以防发生人身事故。

（3）操作时，锻钳或其他工具的柄部应置于身体的旁侧，不可正对人体。

（4）多人操作同一台设备时，必须相互配合，并听从掌钳人的统一指挥。

（5）严格做到"三不打"，严禁用锤头空击下砧块，不准锻打过烧或过冷的工件，工具和工件未放稳不打。

（6）踩踏杆时脚不许悬空，以保证操作的稳定和准确。

（7）不要站立在容易飞出火星和料边的位置，也不能用手触摸或脚踏未冷透的工件。

（8）在冲床上安装模具时，应将滑块降至下极点，仔细调节闭合高度及模具间隙，模具紧固后要进行点冲或试冲。

（9）严禁连冲，不许把脚一直放在控制离合器的踏板上，而是应该踏一次，脚立即离开踏板以避免连冲而酿成事故。

（10）在冲模工作中放置、取出工件时，应使用夹具。

（11）操作结束，应使锤头或滑块处于下极点位置（模具处于闭合状态），同时切断电源，然后进行必要的清理。

复 习 思 考 题

1. 铸造生产在工业生产上得到广泛应用的原因是什么？

2. 形状复杂的零件为什么多采用铸造成形？

3. 型砂应具备哪些主要性能？为何要具备这些性能？

4. 铸件与零件、铸件与模样在形状和尺寸上有何区别？

5. 浇注时应注意哪些事项，为何要采用"高温出炉，低温浇注"？

6. 试述铸件缺陷的特征、产生原因及防止措施。

7. 铸造工艺参数主要包括哪些内容？

8. 简述浇注位置和分型面的确定原则。

9. 分模造型、挖砂造型、活块造型、三箱造型各适用哪种场合？

10. 列举两个在实习过程中或日常生活中使用焊接的例子。

11. 熔焊、压焊和钎焊是如何区分的？

12. 何谓焊接电弧？焊接电弧不易引燃的原因是什么？如何解决？

13. 常用的焊条电弧焊弧焊机有哪几种？

14. 在进行焊条电弧焊时，应如何确定焊接电流？

15. 什么是直流正接？什么是直流反接？各用于何种焊接场合？

16. 焊条电弧焊引弧的方法有哪些，具体如何操作？收弧时又应如何操作？

17. 在空间，焊缝可以有哪几种施焊位置？哪种施焊位置最佳？

18. 金属材料要具备哪些条件才能满足氧—乙炔切割？

19. 何谓气体保护焊？有哪些具体方法？有何异同？

20. 为什么钢制机械零件需要锻造而不宜直接选用型材进行加工？

21. 说明"趁热打铁"的道理。"趁热打铁"指的是打生铁吗？

22. 合理控制锻造温度范围对锻造过程有何影响？

23. 锻件镦粗时，镦歪及夹层是怎样产生的？应如何防止与纠正？

24. 自由锻件与模锻件在结构上各有何要求？为什么？

25. 自由锻有哪些主要工序？并叙述其应用范围。

26. 生活用品中有哪些产品是板料冲压制成的？举例说明其冲压工序。

27. 冲裁工艺中如何区分落料和冲孔？

第3章 车削加工

3.1 车削概述

在车床上用车刀对零件进行切削加工称为车削加工。车削加工是切削加工中最基本、最常用的加工方法，其以工件的旋转为主运动，刀具的移动为进给运动，来完成车削加工。

车削加工特别适于加工各种零件的回转表面（如图3-1所示），在机械加工中具有重要的地位和作用。车床的加工范围较广，如：内外圆柱面、内外圆锥面、端面、内外沟槽、内外螺纹、内外成形表面、丝杆、钻孔、扩孔、铰孔、镗孔、攻丝、套丝、滚花等。在车床上所使用的刀具根据加工表面的不同主要有各种车刀、钻头、铰刀、丝锥和滚花刀等。

车削加工的尺寸精度可达IT7，精车甚至可达IT6 ~ IT5；表面粗糙度 R_a 可达 1.6 μm。

3.1.1 车削运动

车削时，其运动形式包括：

（1）主运动：车削时的主运动只有一个，为工件的旋转运动。

（2）进给运动：车削时，刀具的纵向、横向和斜向运动统称为进给运动。

在车削运动作用下，工件上的切削层不断地被刀具切削并转变为切屑，从而加工出所需要的工件新表面。因此，工件在切削过程中形成了三个不断变化着的表面：待加工表面、加工表面和已加工表面，如图3-1所示。

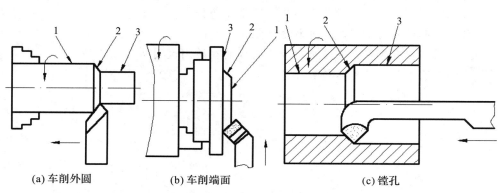

| (a) 车削外圆 | (b) 车削端面 | (c) 镗孔 |

图 3-1　车削时形成的表面
1—待加工表面；2—加工表面；3—已加工表面

（1）待加工表面：工件上即将被切去切屑的表面。

（2）已加工表面：工件上已被切去切屑的表面。

（3）加工表面：工件上正被刀刃切削的表面。

3.1.2　切削用量

切削用量包括切削速度、进给量和背吃刀量（切削深度），俗称切削三要素。它们是表示主运动和进给运动最基本的物理量，是切削加工前调整机床运动的依据，并对加工质量、生产率及加工成本都有很大影响。

1. 切削速度 v_c

切削速度是指在单位时间内，工件与刀具沿主运动方向的最大线速度。

车削时的切削速度由下式计算：

$$v_c = \frac{\pi d n}{1000} \tag{3-1}$$

式中，v_c——切削速度（m/min）；

　　　d——工件待加工表面的最大直径（mm）；

　　　n——工件（主轴）每分钟的转数（r/min）。

1）选择切削速度应考虑的因素

（1）刀具。刀具材质不同，允许的最大切削速度也不同。高速钢刀具不耐高温，切削速度不到 50 m/min，碳化钨刀具耐高温，切削速度可达 100 m/min，陶瓷刀具耐高温，切削速度可达 1000 m/min。刀具的使用寿命长，则应该使用较低的切削速度，刀具的使用寿命短，则应该使用较高的切削速度。

刀尖的几何形状，角度大小，刃口的锋利程度都直接影响切削速度的选择。

（2）工件材料。工件材料的硬度高低也会影响切削速度的选择。同一刀具加工硬材料时切削速度需降低，而加工软材料时切削速度可以提高。加工细长件，薄壁件的时候，应选用较低的切削速度，防止工件变形。

（3）切削液。高速加工时，工件和刀具产生较多的切削热，切削液的使用将大大降低加工产生的温升，从而可以提高切削速度，保证加工零件的尺寸和形状精度。

（4）机床性能。机床刚性好，精度高，可选择较高的切削速度；反之，则应该降低切削速度。

2）切削速度选用原则

粗车时，为提高生产率，在保证取大的切削深度和进给量的情况下，一般选用中等或中等偏低的切削速度，如取 50～70 m/min（切削钢），或 40～60 m/min（切削铸铁）；精车时，为避免刀刃上出现积屑瘤而破坏已加工表面质量，切削速度取较高（100 m/min 以上）或较低（6 m/min 以下），但采用低速切削生产率低，只有在精车小直径的工件时采用，一般用硬质合金车刀高速精车时，切削速度取 100～200 m/min（切钢）或 60～100 m/min（切铸铁）。

车削时通常是根据切削速度用下式换算，根据结果选择接近的主轴转速。

$$n = \frac{100 v_c}{\pi d} \tag{3-2}$$

对车床的操作不熟练或者初学时，为保证安全不宜采用高速切削。

2. 进给量（进给速度）f

进给量是指在主运动一个循环（或单位时间）内，车刀与工件之间沿进给运动方向上的相对位移量，又称走刀量，其单位为 mm/r，即工件旋转一圈，车刀所移动的直线距离。

1）选择进给量应考虑的因素

（1）精度。进给速度和零件的尺寸加工精度、表面粗糙度有直接联系，当加工精度、表面粗糙度要求较高时，应选择较小的进给速度。

（2）刀具。刀具硬度越高，耐磨性以及韧性越强，刀具的进给速度可以更高一些，其次刀尖的几何形状也会直接影响进给速度的选取。刀尖圆弧半径越小，刀具就越锋利，配合高速低进给就可以获得较低的表面粗糙度。

2）进给量选用原则

粗加工时可选取适当大的进给量，一般取 0.15 ～ 0.4 mm/r；精加工时，采用较小的进给量可使已加工表面的残留面积减少，有利于提高表面质量，一般取 0.05 ～ 0.2 mm/r。

3. 切削深度（背吃刀量）a_p

车削时，切削深度是指待加工表面与已加工表面之间的垂直距离，又称吃刀量，单位为 mm，其计算式为：

$$a_p = \frac{d_w - d_m}{2} \tag{3-3}$$

式中，d_w——工件待加工表面的直径（mm）；

d_m——工件已加工表面的直径（mm）。

1）选择切削深度应考虑的因素

（1）刀具。切削深度过深以后刀具受到的阻力就大，容易造成刀具的急剧磨损；吃刀过深还可能引起刀具的断裂，造成刀具的报废，特别是小的立铣刀和球头铣刀还可能造成安全问题。

（2）机床刚性。在机床工艺系统刚度不满足的条件下吃刀过深容易造成机床的颤抖，影响零件的加工质量，如果后果严重将直接影响我们机床自身的装配精度，造成机床精度不达标甚至报废的后果。

2）切削深度选用原则

切削深度选用原则：粗加工时，一般在机床工艺系统刚度和功率允许的条件下，尽可能选取较大的切削深度，以减少走刀次数，应该一次或者尽量少的切削次数来切除待加工面余量，以提高生产效率，一般可取 2 ～ 4 mm，甚至可取到 6 ～ 10 mm；精加工时，选择较小的切削深度对提高表面质量有利，但切削深度过小会使工件上原来凸凹不平的表面可能没有被完全切除而达不到满意的效果，因此一般取 0.3 ～ 0.5 mm（高速精车）或 0.05 ～ 0.10 mm（低速精车）。

综上所述，一般情况下，粗加工时，采用较低的切削速度、大的进给量、较大的切削深度；精加工时，采用较高的切削速度，小的进给量、较小切削深度。

3.2　普 通 车 床

3.2.1　车床型号

以常用的车床型号C6132为例，其字母与数字的含义如下：

C——机床型别代号（普通车床型），为"车"字的汉语拼音的第一个字母，直接读音为"车"。

6——机床组别代号（普通车床组）。

1——机床类别代号（车床类）。

32——主参数代号（最大车削直径的1/10，即320 mm）。

3.2.2　普通车床结构

以普通车床C6132为例，如图3-2所示，其主要结构如下：

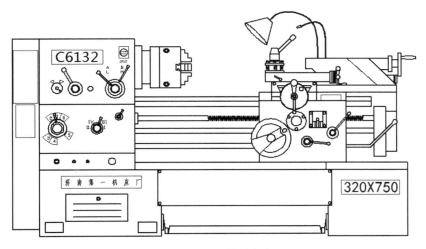

图 3-2　C6132普通车床

1. **床头部分**

1）主轴箱

主轴箱内装有主轴和变速机构。变速是通过改变设在主轴箱外面的手柄位置，使主轴获得12级不同的转速。主轴是空心结构，供穿过细长棒料及加工通孔时排屑。主轴的右端有外螺纹，用以连接卡盘、拨盘等附件。主轴右端的内表面是莫氏6号的锥孔，可插入锥套和顶尖，当采用顶尖并与尾架中的顶尖同时使用安装轴类工件时，其两顶尖之间的最大距离为750 mm。

2）卡盘

卡盘用以装卡工件，并带动工件按调整的转速旋转。

2. **进给部分**

1）进给箱

进给箱是进给运动的变速机构。变换进给箱外面的手柄位置，可将主轴箱内主轴传递下来的运动，转为进给箱输出的光杆或丝杆的运动并获得不同的转速，以改变进给量的大小或车削不同螺距的螺纹。

2）光杠和丝杠

通过进给箱和必要手柄的调整，转动的光杠可以带动刀具做横向和纵向的自动进给。丝杠用来车削螺纹，通过调整可以使车刀按照要求的传动比精确地直线运动，以加工出所需螺距的螺纹。

3. 溜板箱部分

1）溜板箱

溜板箱又称拖板箱，溜板箱是进给运动的操纵机构。当接通光杠时，可使大滑板带动中滑板（托板）、小滑板（托板）及刀架沿床身导轨作纵向移动；中滑板（托板）可带动小滑板（托板）及刀架沿床鞍上的导轨作横向移动。当接通丝杠并闭合开合螺母时可车削螺纹。溜板箱内设有互锁机构，使光杠、丝杠两者不能同时使用。

2）滑板（托板）

溜板箱上有三层滑板（托板），分别称为大托板、中托板、小托板。大托板用于带动刀具纵向（自动）进给，中托板带动刀具横向（自动）进给，小托板用于微量纵向进给或者车削圆锥时车刀斜向进给。

3）刀架

小托板的上方有方刀架，用于安装刀具使用。

4. 尾座部分

尾座部分用于安装后顶尖，以支承较长工件进行加工，或安装钻头、铰刀等刀具进行孔加工。偏移尾架可以车削长工件的锥体。

5. 床身部分

床身是车床的基础件，用来连接各主要部件并保证各部件在运动时有正确的相对位置。在床身上有供溜板箱和尾架移动用的导轨。

前床脚和后床脚用于支承和连接车床各零部件的基础构件，床脚用地脚螺栓紧固在地基上。

在车床的最下方，有用以紧急停车使用的脚踏刹车板。

3.2.3 刻度盘及刻度盘手柄的使用

车削时，为了正确和迅速掌握车刀的移动量，必须熟练地使用大托板、中托板和小托板上的刻度盘。

1. 中托板上的刻度盘

C6132中托板刻度盘上每小格为0.025 mm，实际是工件的半径尺寸。在车削时注意与工件直径尺寸的统一，实际上每进刀一小格工件直径尺寸变化0.05 mm。

必须注意：进刀时，如果刻度值超过了所需刻度值，或试切后发现尺寸不对而需将车刀微量退回时，由于丝杆与螺母之间存在间隙，会产生空行程（即刻度盘转动，而刀架并未移动），绝不能将刻度盘直接退回到所需的刻度，应反转约半周后再进刀至所需刻度。

如图 3-3 所示，要求手柄转至 30，但误转至 40（图(a)），错误做法是直接退至 30（图(b)），正确做法是先反转约半周后，然后再转至所需位置 30（图(c)）。

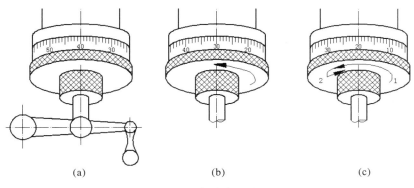

图 3-3　刻度盘的使用

2. 小托板刻度盘

C6132 车床小托板刻度盘每转动一格，则带动小托板移动的距离为 0.05 mm。

3. 大托板刻度盘

C6132 大托板刻度盘上的每一小格标示 0.1 mm，每一个数值之间有 10 小格为 1 mm。

3.3　车　　刀

3.3.1　车刀的材料

刀具的材料应具备的基本性能：高硬度、足够的强度和韧性，耐磨性、耐热性、导热性好，工艺性、经济性好。

目前，车刀广泛应用硬质合金刀具材料，在某些特殊情况下也应用高速钢刀具材料。

1. 高速钢

高速钢是一种高合金钢，其化学分子式为 W18Cr4V，含 W、Cr、V、Mo 等元素，俗称白钢、锋钢、风钢等。其强度、冲击韧度、工艺性很好，是制造复杂形状刀具的主要材料，如：成形车刀、麻花钻头、铣刀、齿轮刀具等。高速钢的耐热性不高，约在 640℃左右其硬度下降，不能进行高速切削。

应用：一般速度下的精车刀、螺纹车刀、梯形螺纹车刀。

2. 硬质合金

硬质合金由硬度、熔点高的碳化钨（WC）、碳化钛（TiC）和胶结金属钴用粉末冶金方法制成。硬质合金的耐磨性和硬度比高速钢高得多，但塑性和冲击韧度不及高速钢，有 K 类（YG）、P 类（YT）、M 类（YW）之分。

YT 类：常用型号 YT15。其硬度、红硬性、耐磨性好，但工艺性差，是应用最广泛的车刀材料，适合车钢件，尤其适合高速切削。

YG 类：常用型号 YG8。其韧性、工艺性好，耐磨性差，适合切削铸件，不适宜车钢件。

YW类：常用型号YW2。各项性能较好，价格较高，属于通用合金，可用于加工各类材料。

3.3.2 车刀的组成

车刀由刀头和刀杆组成。刀头用于切削，称为切削部分；刀杆用于将车刀装夹在刀架上，称为夹持部分。以90°车刀为例，具体组成部分如图3-4所示，车刀的切削部分一般由三面、两刃、一尖组成。

1. 三面

前刀面：切屑流出的表面。

主后刀面：与加工表面相对的面。

副后刀面：与已加工表面相对的面。

2. 两刃

主切削刃：前面与主后刀面的交线。它担负主要的切削任务。

副切削刃：前面与副后刀面的交线。它担负少量的切削工作，主要对工件已加工表面起修光作用。

3. 一尖

刀尖：主切削刃与副切削刃的交点。如图3-5所示，刀尖通常为一小段倒角或圆弧，但个别车刀有两个刀尖，如切槽刀。

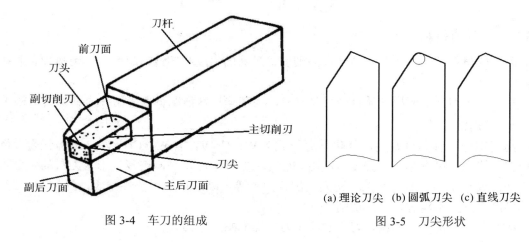

图3-4　车刀的组成

(a) 理论刀尖　(b) 圆弧刀尖　(c) 直线刀尖

图3-5　刀尖形状

3.3.3 车刀的种类和结构形式

1. 车刀种类

车削加工内容不同，必须采用不同种类的车刀，如图3-6所示。常用车刀的名称及用途如下：

（1）90°车刀：用于车削工件的外圆、阶台和端面，有左偏和右偏之分。

（2）45°外圆车刀：用于车削工件的外圆、端面和倒角。

（3）切断(切槽)刀：用于切断工件或在工件上车出沟槽。

（4）镗孔刀：用于镗削工件的内孔。

（5）成形车刀：用于车削工件的圆角、圆槽或特殊表面形状的工件。

（6）螺纹车刀：用于车削螺纹。

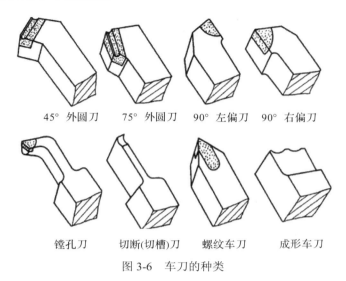

45° 外圆刀　　75° 外圆刀　　90° 左偏刀　　90° 右偏刀

镗孔刀　　切断(切槽)刀　　螺纹车刀　　成形车刀

图 3-6　车刀的种类

2. 结构形式

如图 3-7 所示，按结构形式的不同，可将刀具分为以下 3 类：

（1）焊接式车刀：将硬质合金刀片焊在刀柄上，根据加工的需要，可采用不同形状的刀片，常用于高速车削。

（2）整体式车刀：高速钢车刀多采用整体式，一般用于低速精车。

（3）机夹可转位式车刀：其多边形刀片用机械的方法夹固在刀柄上，一个切削刃磨钝后，可将刀片转位使用下一个切削刃，调整迅速方便。

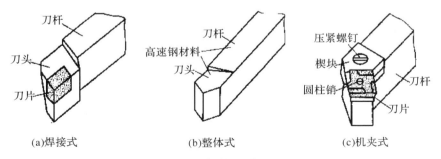

(a)焊接式　　　　(b)整体式　　　　(c)机夹式

图 3-7　车刀的结构形式

3.3.4　车刀的角度

刀具切削部分的几何角度如图 3-8 所示。

刀具要完成切削任务，其切削部分必须具备合理的几何形状。刀具几何角度就是确定其切削部分几何形状和反映刀具切削性能的参数。

刀具角度名称和定义如下：

（1）前角 γ_0。前角是前刀面与基面（刀具的安装平面，即水平面）之间的夹角。前角影响刀具的锋利程度。

（2）后角 α_0。后角是后刀面与切削平面（通过刀具的切削刃某一选定点，与工件加工表面相切的平面）之间的夹角。后角影响摩擦力和刀具强度。

（3）主偏角 κ_r。主偏角是主切削刃与进给运动方向在基面上投影之间的夹角。主偏角影响刀具强度和切削力，还会对粗糙度有一定影响。

（4）副偏角 κ_r'。副偏角是副切削刃与反进给运动方向在基面上投影之间的夹角。副偏角影响表面粗糙度、刀具强度以及摩擦力，如图3-9所示。

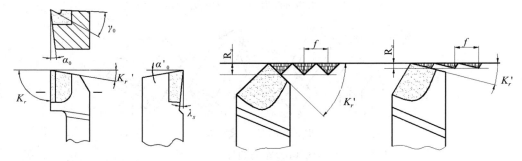

图 3-8 90°车刀的几何角度　　　　图 3-9 副偏角对表面粗糙度的影响

（5）刃倾角 λ_s。刃倾角是主切削刃与基面之间的夹角。刃倾角影响切屑的流向。

（6）副后角 α_0'。副后角是副后刀面与切削平面之间的夹角。副后角影响刀具强度和摩擦力。

车刀的安装：车刀需要牢固可靠的安装在刀架上，刀杆尽量与机床轴线垂直或平行。另外还必须注意"三个度"：高度、长度、角度。

（1）高度。车刀安装在方刀架上，刀尖应与工件轴线等高，一般用安装在车床尾座上的顶尖来校对车刀刀尖的高低，也可以采用试切的方式进行车刀高度的校准。如果车刀略低，可以在车刀下面放置垫片进行调整。

（2）长度。车刀在方刀架上伸出的长度要合适，通常不超过刀体高度的2倍，否则加工时刀具刚性差，容易产生振动，造成加工表面质量较差，也不可伸出过短，否则容易造成安全事故。

（3）角度。车刀安装在刀架上时要使加工时刀具角度合适，特别是加工时的主偏角和副偏角。当然也可以通过调整刀具的偏角获得更好的加工情况和表面质量。

3.4 车削加工时工件的装夹

工件安装时，应使加工表面的回转轴线和车床主轴的轴线重合，还需把工件夹紧，以承受切削力、重力等。在车床上常用的附件有：三爪自动定心卡盘（图3-10（a））、四爪卡盘（图3-10（b））、顶尖、中心架、跟刀架、心轴、花盘及压板等。

用三爪卡盘装夹工件时，工件必须放正。先轻轻夹紧工件，用手扳动卡盘，检查刀架与卡盘有无碰撞，然后低速开车，观察工件歪斜偏摆的方向，也可用百分表找正，并作好记号，停车后轻敲工件校正，确认无偏摆后，夹紧工件，取下扳手，开车切削。

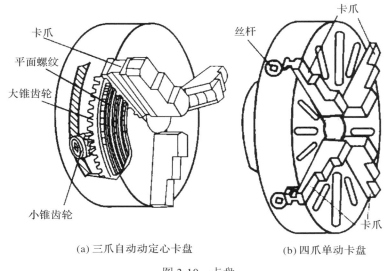

(a) 三爪自动定心卡盘　　　　　　　　　(b) 四爪单动卡盘

图 3-10　卡盘

工件的夹持长度一般不小于 10 mm，但也不宜过长，否则会引起切削振动、顶弯工件或"打刀"现象。

轴类工件的伸出长度≈零件实际长度＋（10～20）mm。

细长轴采用两顶尖装夹或者一夹一顶（即一端用三爪或四爪卡盘装夹，另一端用顶尖装夹），如图 3-11 所示。

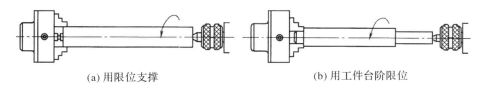

(a) 用限位支撑　　　　　　　　　　　　(b) 用工件台阶限位

图 3-11　一夹一顶安装工件

采用两顶尖装夹工件方便，不需校正且安装精度高，但必须先在工件两端钻出中心孔。用两顶尖顶住工件后，需要用弯尾或直尾鸡心夹头装夹工件后通过拨盘带动工件旋转，如图 3-12 所示。

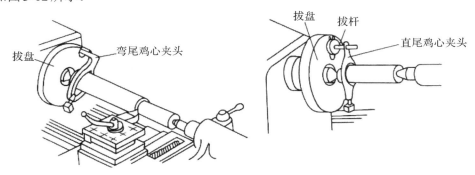

图 3-12　两顶尖安装工件

加工细长杆时，需要采用中心架或跟刀架改善工件刚度，以防止在径向力的作用下工件产生弯曲变形，如图3-13和3-14所示。

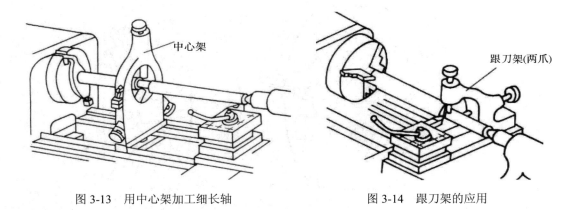

图 3-13 用中心架加工细长轴   图 3-14 跟刀架的应用

3.5 基本车削操作

为了提高生产效率，保证加工质量，生产中把车削加工分为粗车和精车。

粗车的目的是尽快地从工件上切去大部分加工余量，使工件接近最后的形状和尺寸。加大切深使生产率提高，对车刀的耐用度影响不大。因此，粗车时要优先选用较大的切深，通常可为 2 ～ 6 mm，其次根据可能适当加大进给量，最后选用中等偏低的切削速度。

粗车给精车留的加工余量一般为 0.3 ～ 0.5 mm。精车的目的是要保证零件的尺寸精度和表面粗糙度等技术要求。尺寸精度主要是依靠准确地度量、准确地进刻度并加以试切来保证的。

3.5.1 车外圆

在车削加工中，外圆车削是基础。车外圆时常用的车刀有下列几种（见图3-15）：

（1）用75°直头车刀车外圆：这种车刀强度较好，常用于粗车外圆。

（2）用45°弯头车刀车外圆：适于车削不带台阶的光滑轴。

（3）用主偏角为90°的偏刀车外圆：适于加工细长工件的外圆。

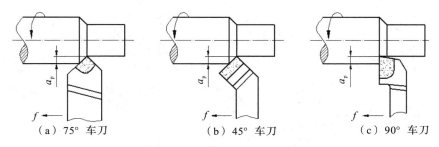

（a）75°车刀   （b）45°车刀   （c）90°车刀

图 3-15 不同的刀具车削外圆

1. **粗车**

工件在车床上安装以后，要根据工件的加工余量决定走刀次数和每次走刀的切深。刻度盘和丝杆都有误差，往往不能满足精车的要求，这就需要在粗车过程中采用试切的方法进行加工，如图 3-16 所示。

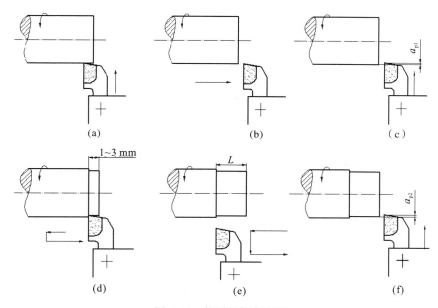

图 3-16 外圆的粗车步骤

粗车方法与步骤如下：

（a）开车对刀，使车刀与工件表面轻微接触；

（b）向右退出车刀；

（c）横向进刀 a_{p1}；

（d）纵向试切长度 $1 \sim 3$ mm；

（e）退出车刀，进行测量；

（f）如果尺寸达不到，再进刀 a_{p2}。

以上是粗车的一个循环，如果尺寸仍然达不到进行精车的尺寸，则继续（f）和（e），直到尺寸达到大于直径尺寸 $0.3 \sim 0.5$ mm 时，粗车结束。

2. **精车**

当零件尺寸达到略大于直径尺寸 $0.3 \sim 0.5$ mm 时，进入精车环节。精车不仅要将零件尺寸加工到图纸所要求的公差范围之内，还要求零件已加工表面具有合格的表面粗糙度要求。精车之前需要对加工的表面进行一次精确的测量（实际尺寸与工件要求尺寸的差值称之为余量），然后按图 3-17 所示步骤加工外圆。

精车方法与步骤如下：

（a）精车刀轻触工件表面；

（b）纵向退刀；

（c）横向进给余量的三分之二；

（d）试切长度约 1 mm（如果不熟练，也可 3 mm 左右；尽量不超过倒角的长度），退刀，

精确测量;

（e）横向进刀剩余的余量;

（f）车削保证长度，退刀。

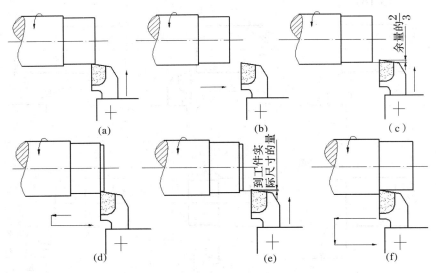

图 3-17 外圆的精车步骤

3.5.2 车端面

圆柱体两端的平面叫做端面。车削端面的方法与车削外圆类似，其步骤如图3-18所示。需要注意刀具主偏角的大小。

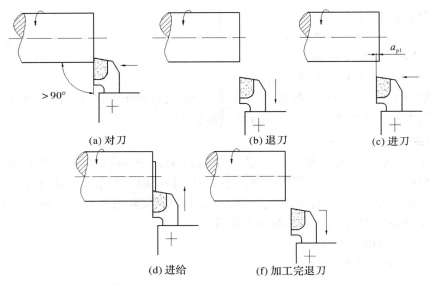

图 3-18 用90°右偏刀车削端面步骤

车端面常用的刀具有偏刀和弯头车刀两种：

（1）用右偏刀车端面时，如果是由外向里进刀，则是利用副刀刃进行切削。此时，应使主偏角略大于90°。

（2）用弯头刀车端面以主切削刃进行切削则很顺利，即使再提高转速也可车出粗糙度较细的表面。弯头车刀的刀尖角等于90°，刀尖强度要比偏刀大，不仅用于车端面，还可车外圆和倒角等工件，如图3-19所示。

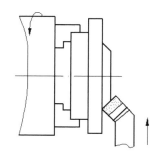

图 3-19　用45°弯头刀车削端面

3.5.3　车台阶轴

由直径不同的两个圆柱体相连接的部分叫做台阶。

（1）低台阶车削方法。较低的台阶面可用偏刀在车外圆时一次走刀车出，车刀的主切削刃要垂直于工件的轴线，如图3-20（a）所示。

（2）高台阶车削方法。车削台阶高于5 mm的工件，因肩部过宽，车削时会引起振动。因此高台阶工件可先用外圆车刀把台阶车出大致形状，然后将偏刀的主切削刃装得与工件端面有5°左右的间隙，分层进行切削（图3-20（b）），但最后一刀必须采用横向走刀完成长度尺寸加工，否则会使车出的台阶肩面与轴线不垂直。

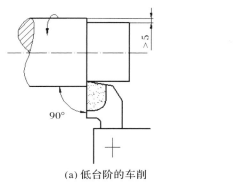
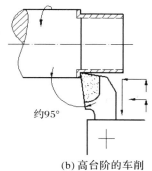

(a) 低台阶的车削　　　　　　　(b) 高台阶的车削

图 3-20　车台阶

3.5.4　切断和车外沟槽

在车削加工中，经常需要把较长的原材料切成一段一段的毛坯，然后再进行加工，也有一些工件在车好以后，再从原材料上切下来，这种加工方法叫切断。

有时为了车螺纹或磨削时退刀的需要，在靠近台阶处车出各种不同的沟槽，称为切槽。

1. 切断（切槽）刀的安装

（1）切刀要求两侧对称，切削刃平直；

（2）刀尖必须与工件轴线等高，否则不仅不能把工件切下来，而且很容易使切断刀折断，如图3-21（a）、（b）所示。

（3）切断刀和切槽刀必须与工件轴线垂直，否则车刀的副切削刃与工件两侧面产生磨擦，如图3-21（c）所示。

（4）切断刀的底平面必须平直，否则可能会造成车刀侧倾，从而导致工作时两侧受力不均衡，而引起加工误差。

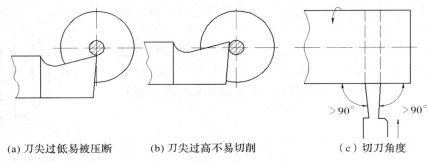

(a) 刀尖过低易被压断　　　(b) 刀尖过高不易切削　　　(c) 切刀角度

图 3-21　切刀的正确安装

2. 切断的方法

（1）切断直径小于主轴孔的棒料时，可把棒料插在主轴孔中，并用卡盘夹住，切断刀离卡盘的距离应小于工件的直径，否则容易引起振动或将工件抬起来而损坏车刀，如图3-22所示。

（2）切断用两顶尖夹持或一端用卡盘夹住，另一端用顶尖顶住的工件时，不可将工件完全切断。

3. 切断时应注意的事项

（1）切断刀本身的强度很差，很容易折断，所以操作时要特别小心。

（2）应采用较低的切削速度，较小的进给量。

（3）调整好车床主轴和刀架滑动部分的间隙。

（4）切断时应充分使用冷却液，使排屑顺利。

（5）快切断时必须放慢进给速度。

4. 车外沟槽的方法

（1）车削宽度不大的沟槽时，可用刀头宽度等于槽宽的切槽刀一刀车出，如图3-23（a）所示。

（2）车削较宽的沟槽时，应先用外圆车刀的刀尖在工件上刻两条线，把沟槽的宽度和位置确定下来，然后用切槽刀在两条线之间进行粗车，但这时必须在槽的两侧面和槽的底部留下精车余量，最后根据槽宽和槽底进行精车，如图3-23（b）所示。

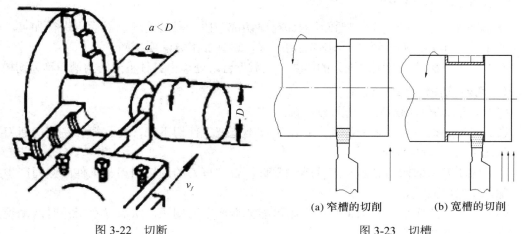

图 3-22　切断　　　　　　　(a) 窄槽的切削　　　(b) 宽槽的切削

图 3-23　切槽

3.5.5　钻孔和镗孔

在车床上加工圆柱孔时，可以用钻头和镗刀进行钻孔和镗孔工作。

1. 钻孔

在车床上钻孔，把工件装夹在卡盘上，钻头安装在尾架套筒锥孔内，钻孔前先车平端面，并用中心钻钻出定位小孔，调整好尾架位置并紧固于床身上，然后开动车床，摇动尾架手柄使钻头慢慢进给，注意应经常退出钻头，排出切屑。钻钢料时要不断注入冷却液。钻孔进给不能过猛，以免折断钻头，一般钻头越小，进给量也越小，但切削速度可加大。钻大孔时，进给量可大些，但切削速度应放慢。当孔将钻穿时，因横刃不参加切削，应减小进给量，否则容易损坏钻头。孔钻通后应把钻头退出后再停车。钻孔的精度较低、表面精度较差。钻小孔时，主轴转速应选择高些，钻头的直径越大，转速应相应低些。

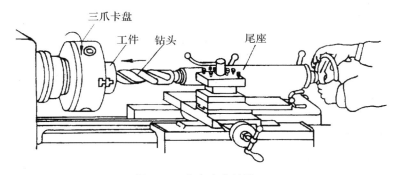

图 3-24　在车床上钻孔

2. 镗孔

镗孔是对钻出、铸出或锻出的孔的进一步加工，以达到图纸上精度等技术要求，如图 3-25 所示。在车床上镗孔要比车外圆困难，因镗杆直径比外圆车刀细得多，而且伸出很长，因此往往因刀杆刚性不足而引起振动，所以切深和进给量都要比车外圆时小些，切削速度也要比车外圆时小 10% ～ 20%。镗盲孔时，由于排屑困难，进给量应更小些。

镗孔的方法与车外圆相似，也要进行试切削，只是中拖板的进刀和退刀方向与加工外圆相反。加工孔时，由于不便于观察，所以要全神贯注地操作，并且要通过听加工时发出的声音来判断加工是否正常。

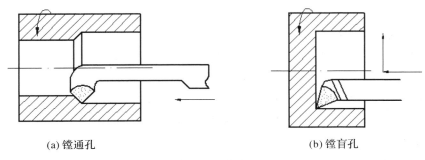

(a) 镗通孔　　　　　　　　　　　　　　(b) 镗盲孔

图 3-25　镗孔

镗刀尽可能选择粗壮的刀杆，刀杆装在刀架上时伸出的长度只要略等于孔的深度即可，这样可减少因刀杆太细而引起的振动。装刀时，刀杆中心线必须与进给方向平行，刀尖应对准工件回转中心。

注意通孔镗刀的主偏角为45°～75°，盲孔车刀主偏角大于90°。

3.5.6　车圆锥面

圆锥分为外圆锥（圆锥体）和内圆锥（圆锥孔）两种。加工锥度时通常需要计算出圆锥半角。

圆锥面的车削方法有很多种，如转动小刀架车圆锥法、偏移尾座法、利用靠模法和宽刀法等。

1. 转动小刀架车圆锥

车削长度较短和锥度较大的圆锥体和圆锥孔时常采用转动小刀架的方法，如图3-26所示。这种方法操作简单，能保证一定的加工精度，所以应用广泛。车床上小刀架转动的角度就是圆锥半角。将小拖板转盘上的螺母松开，与基准零线对齐，然后固定转盘上的螺母，摇动小刀架手柄开始车削，使车刀沿着锥面母线移动，即可车出所需的圆锥面。这种方法的优点是能车出整锥体和圆锥孔，能车角度很大的工件，但只能手动进刀，劳动强度较大，表面粗糙度也难以控制，且由于受小刀架行程限制，只能加工锥面不长的工件。

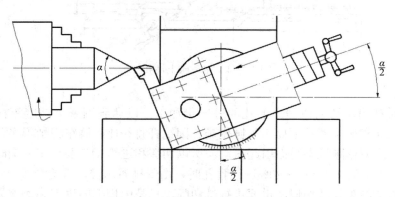

图 3-26　转动小刀架法车锥面

转动小刀架车削圆锥时，小刀架转过的角度一般是有误差的，所以应先进行试车削，然后根据车出的圆锥进行测量和修正旋转角度。注意，修正角度时尽量向一个方向慢慢旋转或采用木棒轻敲小刀架进行补证。不可一次修正过多，否则需反向修正。

2. 偏移尾座法车圆锥

当车削锥度小，锥面部分较长的圆锥面时，可以用偏移尾座的方法，如图3-27所示。此方法可以自动走刀，缺点是不能车削整圆锥和圆锥孔，以及锥度较大的工件。将尾座上滑板横向偏移一个距离s，使偏位后两顶尖连线与原来两顶尖中心线相交一个圆锥半角，尾座的偏向取决于工件大小头在两顶尖间的加工位置。

3. 仿形法车圆锥

仿形法又叫靠模法，靠模装置是车床加工圆锥面的附件，如图3-28所示。对于较长的外圆锥和内圆锥，当其精度要求较高而批量又较大时常采用这种方法。

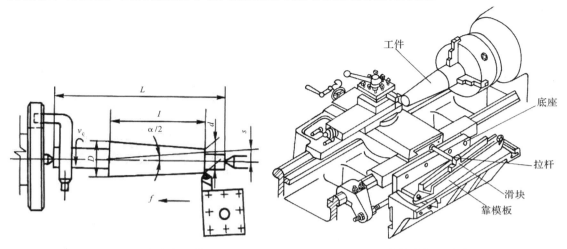

图 3-27 偏移尾座法车圆锥　　　　　图 3-28 靠模法加工锥度图

4. 宽刀法车圆锥

车削较短的圆锥时，可以用宽刃刀直接车出，如图 3-29 所示。其工作原理实质上是属于成型法，所以要求切削刃必须平直，切削刃与主轴轴线的夹角应等于工件圆锥半角 α/2。同时要求车床有较好的刚性，否则易引起振动。当工件的圆锥斜面长度大于切削刃长度时，可以用多次接刀方法加工，但接刀处必须平整。

检验锥角时可以采用万能角度尺检验或者涂色法检验。

3.5.7 车特形面

有些机器零件，如手柄、手轮、圆球、凸轮等，母线是曲线，这样的零件表面叫做特形面。在车床上加工特形面的方法有双手控制法、用样板刀法和用靠模板法等。

所谓双手控制法，就是左手摇动中刀架手柄，右手摇动小刀架手柄，两手配合，使刀尖所走过的轨迹与所需的特形面的曲线相同。在操作时，左右摇动手柄要熟练，配合要协调，最好先做个样板，对照它来进行车削，如图 3-30 所示。当车好以后，如果表面粗糙度达不到要求，可用砂布或锉刀进行抛光。双手控制法的优点是不需要其他附加设备，缺点是不容易将工件车得很光整，需要较高的操作技术，生产率很低。

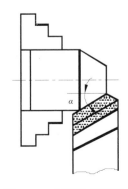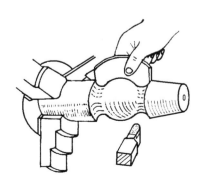

图 3-29 宽刀法车圆锥　　　　图 3-30 用圆头刀车削特形面

3.5.8 车三角螺纹

1. 螺纹车刀的角度和安装

三角螺纹车刀的刀尖角为60°，磨刀时使用角度样板进行比较。螺纹车刀的前角对牙形角影响较大，如图3-31所示。车刀的前角大于或小于零度时，车出的螺纹牙形角会大于车刀的刀尖角，前角越大，牙形角的误差也就越大。车削精度要求较高的螺纹或者精车螺纹时，常取前角为零度。粗车螺纹时为改善切削条件，可取正前角的螺纹车刀。

安装螺纹车刀时，应使刀尖与工件轴线等高，否则会影响螺纹的截面形状，并且刀尖的平分线要与工件轴线垂直。如果车刀装得左右歪斜，车出来的牙形就会偏左或偏右。为了使车刀安装正确，可采用样板对刀，如图3-32所示。

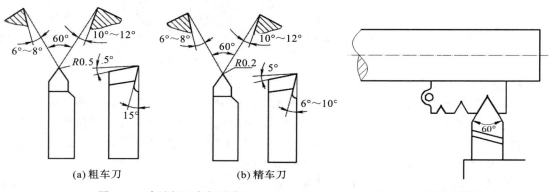

图 3-31　高速钢三角螺纹车刀　　　　图 3-32　用对刀样板对刀

2. 螺纹的车削步骤

首先把工件的螺纹外圆直径按要求车好(比规定要求应小0.2～0.3 mm)，然后在螺纹的长度上车一条标记，作为退刀标记(如果有退刀槽则不需要标记)，最后将端面处倒角，并装夹好螺纹车刀；其次调整好车床，为了在车床上车出螺纹，必须使车刀在主轴每转一周时得到一个等于螺距大小的纵向移动量，因此刀架是用开合螺母通过丝杆来带动的，只要选用不同的配换齿轮或改变进给箱手柄位置，即可改变丝杆的转速，从而车出不同螺距的螺纹。车削标准螺纹时，从车床的螺距指示牌中，找出进给箱各操纵手柄应放的位置进行调整。车床调整好后，选择较低的主轴转速，开动车床，合上开合螺母，开正反车数次后，检查丝杆与开合螺母的工作状态是否正常，为使刀具移动较平稳，需消除车床各拖板间隙及丝杆螺母的间隙。车削外螺纹操作步骤如图3-33所示。

(1)开车，使车刀与工件轻微接触，记下刻度盘读数，向右退出车刀(图3-33(a))。

(2)合上开合螺母，在工件表面车出一条螺旋线，横向退出车刀，停车(图3-33(b))。

(3)开反车使车刀退到工件右端，停车，用钢直尺检查螺距是否正确(图3-33(c))。

(4)利用刻度盘调整切削深度，开车切削(图3-33(d))。

(5)车刀将至行程终点时，应做好退刀停车准备，先快速退出车刀，后开反车退回刀架(图3-33(e))。

(6)再次横向切入，继续切削，其切削过程的路线如图3-33(f)所示，直至完成螺纹深度。

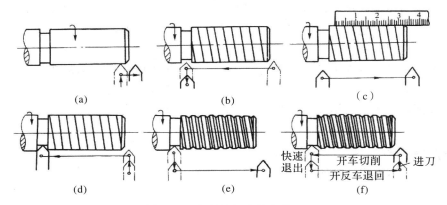

图 3-33　车削外螺纹的步骤

车削螺纹时，有时因为螺纹螺距与丝杠螺距不能整除而出现乱扣。因此在加工前应首先确定加工螺纹的螺距是否会导致乱扣，如果不会出现乱扣就可以采用提闸（提开合螺母）的加工方法，即在第一条螺纹槽车好以后，退刀提闸，然后用手将大拖板摇回螺纹头部，再合上开合螺母车第二刀，直至螺纹车好为止。若经计算会产生乱扣，为避免乱扣，在车削过程中和退刀时，应始终保持主轴至刀架的传动系统不变，如中途需拆下刀具刃磨，磨好后应重新对刀。

注意：螺纹车削的特点是刀架纵向移动比较快，因此操作时既要胆大心细，又要集中精力，动作迅速协调。

3. 车削螺纹的方法

车削螺纹的方法有直进切削法、斜进切削法和左右切削法三种，如图3-34所示。

直进切削法是车削螺纹时车刀的左右两侧都参加切削，每次加深吃刀时，只由中刀架作横向进给，直至把螺纹工件车好为止。这种方法操作简单，能保证牙形清晰，且车刀两侧刃所受的轴向切削分力有所抵消。但用这种方法车削时，排出的切屑会绕在一起，造成排屑困难。如果进给量过大，还会产生"扎刀"现象，把车刀敲坏，把牙形表面去掉一块。采用直进切削法时，由于车刀的受热和受力情况严重，刀尖容易磨损，螺纹表面粗糙度不易保证。直进切削法一般用来车削螺距较小和脆性材料的工件。

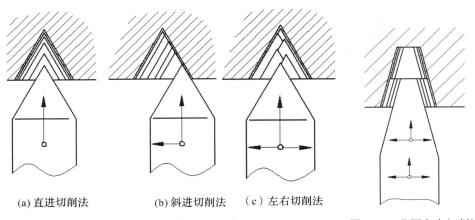

(a) 直进切削法　　　(b) 斜进切削法　　（c）左右切削法

图 3-34　螺纹加工的方法　　　　　图 3-35　分层左右切削法

当加工螺距较大螺纹时，可以采用斜进法或左右车削法。即第一次进刀车削完毕，进行后续进刀时，每次进刀之前车刀沿轴线方向向左或者左、右微量移动，以便车刀的每次车削都只有单侧刀刃受力。

其中直进法是螺纹加工最基本的方法。且不论是采用硬质合金车刀高速车削螺纹还是高速钢车刀低速车削螺纹都适用。但是斜进法与左右切削法一般不适用于高速车削螺纹。

对于螺距较大的梯形螺纹或者蜗杆等，还可以采用分层左右切削法进行螺纹加工，如图3-35所示。

4. 螺纹的检测方法

螺距一般用钢直尺或螺距规进行测量，如图3-36所示。

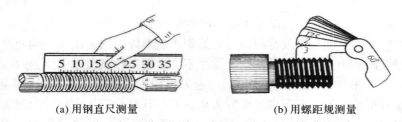

(a) 用钢直尺测量　　　　　　　　　　(b) 用螺距规测量

图 3-36　螺距的测量

螺纹大径可使用游标卡尺或外径千分尺测量。

三角螺纹的中径可用螺纹千分尺测量，如图3-37所示。测量时，螺纹千分尺应放平，使测头轴线与螺纹轴线相垂直，然后将V形测头与被测螺纹的牙顶部分相接触，锥形测头则与直径方向上的相邻槽底部分相接触。从图3-37中可知，ABCD是一个平行四边形，因此，螺纹千分尺测得的读数值为尺寸AD，就是中径的实际尺寸。

螺纹的综合测量可使用螺纹量规。用螺纹塞规检验工件内螺纹；用螺纹环规检验工件外螺纹，如图3-38所示。

用螺纹环规的通端检验工件时，螺纹环规应能顺利旋入并通过工件的全部外螺纹，而用止端检验工件时，螺纹环规不能通过工件的外螺纹，说明该螺纹合格。

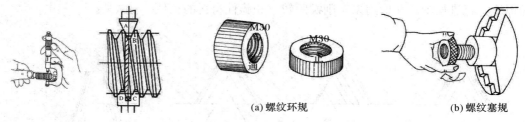

(a) 螺纹环规　　　　　　　　　　(b) 螺纹塞规

图 3-37　三角形螺纹中径的测量　　　　图 3-38　使用螺纹量规检验螺纹

3.5.9　滚花加工

一般是在车床上用滚花刀滚压出花纹，即利用滚花刀的滚轮来挤压工件的金属层，使其产生一定的塑性变形从而形成花纹，从而起到增大摩擦力或者使零件表面美观的效果。如图3-39所示，花纹有直纹和网纹两种，相应的滚花刀有直纹滚花刀和网纹滚花刀两种。

如图 3-40 所示，滚花时，先将工件直径车到比需要的尺寸略小 0.5 mm 左右，此时工件的表面粗糙度较高。车床进给速度要低一些，一般为 10 ～ 15 m/min，以外径 20 mm 的工件为例，转速可选择 200 r/min 左右。滚花刀安装仍然要像车刀一样对准工件回转中心，且与工件要呈一个小小的夹角，大约 8°，就像车刀的副偏角一样，这样使滚花刀容易切入工件。然后将滚花刀滚轮前进方向的一侧表面与工件表面接触，滚花刀对着工件轴线开动车床，使工件转动。

这样来回滚压几次，直到花纹滚凸出为止。在滚花过程中，应经常清除滚花刀上的铁屑，以保证滚花表面的质量。

中拖板进刀将滚花刀压在工件上，力度不能太小，否则容易产生乱纹，但也不能过度，否则工件会变形；由于滚花时径向压力大，所以工件和滚花刀必须装夹牢固，工件不可以伸出太长，否则须用后顶尖顶紧；并且滚花过程中要用乳化液进行冷却润滑。

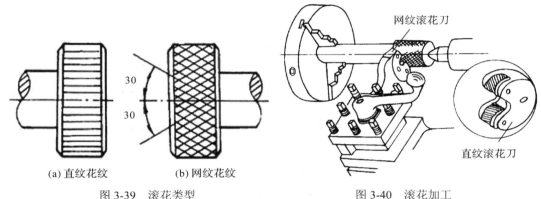

(a) 直纹花纹	(b) 网纹花纹	

图 3-39　滚花类型　　　　　　　图 3-40　滚花加工

3.5.10　车削端面槽

车削端面槽即在工件的端面车削加工出环形槽。如图 3-41 所示，切槽时，由于主切削刃上工件的线速度不相同，且受环形槽的半径限制，所以加工时切削速度不可太高，切削深度需适当地减小，进给也需略低些。

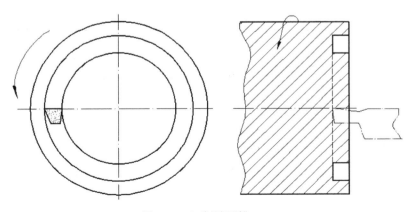

图 3-41　切削端面槽

3.6 车工综合工艺举例

以图3-42所示台阶轴为例，讨论其单件小批量生产时的操作步骤，见表3-1。

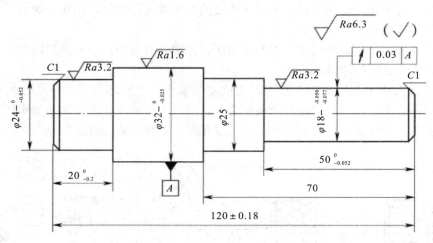

图3-42 台阶轴

表3-1 台阶轴操作步骤 mm

序号	工序名	制作工艺及要求	使用的刀具
1	车削右端面	三爪卡盘装夹毛坯的左边，车削右端面	90° 偏刀
2	钻中心孔	在第一步装夹不变的情况下，在右端面钻中心孔	中心钻
3	台阶轴的粗加工	采用一夹一顶的装夹方式，分别粗车$\varphi32$、$\varphi25$和$\varphi18$的外圆，单边留有0.15 mm的余量	90° 偏刀
4	台阶轴的精加工	装夹方式不变，分别精车$\varphi32$、$\varphi25$和$\varphi18$的外圆	90° 偏刀
5	倒角	对$\varphi18$外圆端面倒角	45° 偏刀
6	外圆粗加工	调头，三爪卡盘装夹$\varphi32$外圆处，粗车$\varphi24$外圆	90° 偏刀
7	外圆精加工	精车$\varphi24$外圆	90° 偏刀
8	倒角	对$\varphi24$外圆端面倒角	45° 偏刀

3.7 车削操作安全注意事项

车削时应注意的事项有：

（1）开车前，认真检查车床各部位有无异常，各手柄是否处在正常位置，以防开车时突然撞击而损坏车床。启动后，应低速运行几分钟，使各部位的润滑正常。

（2）操作人员应穿工作服，防止飘逸的衣物意外卷入旋转的机器。如长发应塞入帽内，袖口应扣紧，不允许戴围巾、手套等。

（3）不允许在床面上放置物件。不允许在卡盘上、导轨上敲击或校直工件。爱护工具量具。

（4）加工前，工件和刀具应装夹可靠，既要防止夹紧力过小松脱伤人，又要防止夹紧力过大损坏机件。装夹工件后，卡盘扳手应随手拿下，严禁扳手未拿下而开车。

（5）车床开动后，严禁触摸任何旋转部位，不允许测量或擦拭旋转的工件，不允许离开机床。

（6）变速时，必须先停车，后换档。停车时不允许用手刹住旋转的卡盘，应使其正常停止。

（7）操作时，不允许将头与工件靠得太近，以防切屑飞入眼中。清除切屑时，严禁用手直接清除或用嘴吹除，必须使用专用的铁钩和毛刷。

（8）工作结束时，应关闭电源，将车床擦拭干净，在导轨上加注防锈油，将各操作手柄置于空档，将大拖板、尾座摇至床尾。

（9）工作结束后，清理所用的全部工具、量具、刀具、夹具等，并整齐有序地放入工具柜中。

（10）最后清扫场地。

（11）工作时，机床发出不正常声音或发生故障时，应立即停车，关闭电源。如发生紧急情况如撞刀等，请踩下急停刹车板使机床停止工作。

 复 习 思 考 题

一、分析

1. 卧式车床由哪几部分组成？各部分的主要功能是什么？

2. 车削可以加工的表面种类有哪些？

3. 精车和粗车有什么区别？描述精车的操作步骤。

4. 车削端面时，主轴转速为 450 r/min，切削速度有变化么？

5. 在车床上加工锥度的方法有哪些？

6. 为什么在工作结束时要将溜板箱摇至床尾处？

7. 高速钢车刀和硬质合金车刀各有哪些优点和缺点？

二、判断

1. 使用转动小刀架法车削锥度时，小刀架转过的角度应等于圆锥角。　　　（　　）

2. 为避免硬质合金刀片因骤冷、骤热而产生崩裂一般不使用切削液。　　　（　　）

3. 车床的主运动为主轴的旋转运动，而车刀的移动为进给运动。　　　（　　）

4. 为防止工件在切削时松动，其卡紧力越大越好。　　　（　　）

5. 精车时，进给量选得较大，会使工件的表面粗糙度增大。　　　（　　）

三、试述下图所示零件的工艺路线。

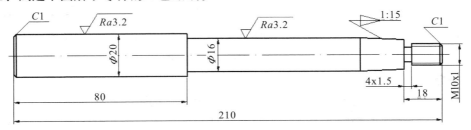

第4章 铣削、刨削与磨削加工

4.1 铣 削

4.1.1 铣削概述

铣削加工是机械加工中重要的加工方法之一，它是指在铣床上利用铣刀的旋转(主运动)和零件的移动(进给运动)对零件进行切削加工的工艺过程。铣削加工是一种生产率较高的平面、沟槽和成形面的加工方法。

铣削加工的工艺范围非常广泛，可加工各种平面、沟槽和成形面，还可进行切断、分度、钻孔、铰孔、镗孔等工作，如图4-1所示。在切削加工中，铣床的工作量仅次于车床。在大批量生产中，除加工狭长的平面外，铣削几乎代替刨削。

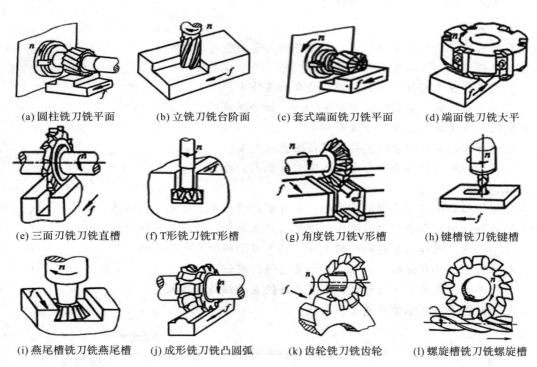

(a) 圆柱铣刀铣平面　　(b) 立铣刀铣台阶面　　(c) 套式端面铣刀铣平面　　(d) 端面铣刀铣大平

(e) 三面刃铣刀铣直槽　　(f) T形铣刀铣T形槽　　(g) 角度铣刀铣V形槽　　(h) 键槽铣刀铣键槽

(i) 燕尾槽铣刀铣燕尾槽　　(j) 成形铣刀铣凸圆弧　　(k) 齿轮铣刀铣齿轮　　(l) 螺旋槽铣刀铣螺旋槽

图 4-1　铣削加工工艺范围

1. 铣床

铣削加工的设备是铣床。铣床可分为卧式铣床、立式铣床和龙门铣床三大类。每一大类铣床还可以细分为不同的专用变型铣床，如圆弧铣床、端面铣床、工具铣床、仿形铣床等。

　　1）卧式铣床

　　图4-2所示的X6132万能卧式铣床，简称万能铣床，是铣床中应用最多的一种，其主要特征是主轴轴线与工作台台面平行，即主轴轴线处于横卧位置，因此称卧式铣床。在型号中，X为机床类别代号，表示铣床，读作"铣"；6为机床组别代号，表示卧式升降台铣床；1为机床系列代号，表示万能升降台铣床；32为主参数工作台面宽度的1/10，即工作台面宽度为320 mm。

　　卧式万能升降台铣床的主要组成部分如下：

　　（1）床身。床身用来固定和支撑铣床上所有部件。内部装有电动机、主轴变速机构和主轴等。

　　（2）横梁。横梁用于安装吊架，以便支撑刀杆外端，增强刀杆的刚性。横梁可沿床身的水平导轨移动，以适应不同长度的刀轴。

　　（3）主轴。主轴是空心轴，前端有锥度为7：24 的精密锥孔与刀杆的锥柄相配合，其作用是安装铣刀刀杆并带动铣刀旋转。拉杆可穿过主轴孔把刀杆拉紧。主轴的转动是由电动机经主轴变速箱驱动的。改变手柄的位置，可使主轴获得不同的转速。

　　（4）工作台。工作台用于装夹夹具和零件，可在转台的导轨上由丝杠带动工作台作纵向移动，以带动台面上的零件作纵向进给。

　　（5）横向工作台。横向工作台位于升降台上面的水平导轨上，可带动纵向工作台一起作横向进给。

　　（6）转台。转台位于纵、横工作台之间，它的作用是将纵向工作台在水平面内扳转一个角度（正、反均为 0°～45°），以便铣削螺旋槽等。具有转台的卧式铣床称为卧式万能铣床。

　　（7）升降台。升降台可使整个工作台沿床身的垂直导轨上下移动，以调整工作台面到铣刀的距离，并作垂直进给。升降台内部装有供进给运动用的电动机及变速机构。

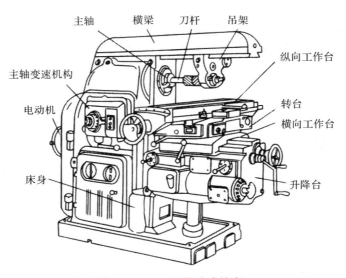

图 4-2　X6132万能卧式铣床

2）立式铣床

图4-3所示的是X5032立式升降台铣床，简称立式铣床。立式铣床与卧式铣床的主要区别是立式铣床主轴与工作台面垂直，此外，它没有横梁、吊架和转台。有时根据加工的需要，可以将主轴（立铣头）左、右倾斜一定的角度。铣削时铣刀安装在主轴上，由主轴带动作旋转运动，工作台带动零件作纵向、横向、垂直方向移动。

3）龙门铣床

龙门铣床如图4-4所示，它是一种大型机床，一般用来加工卧式、立式铣床所不能加工的大型或较重的零件。落地龙门铣床有单轴、双轴、四轴等多种形式，可以同时用几个铣头对零件的几个表面进行加工，故生产率高，适合大批量生产。

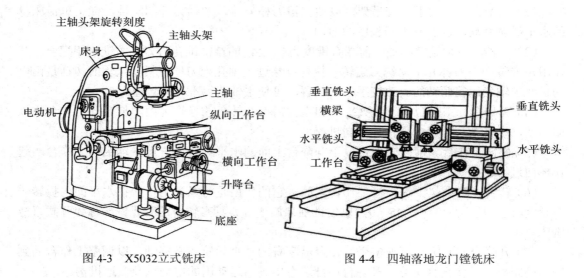

图 4-3　X5032立式铣床　　　　　图 4-4　四轴落地龙门镗铣床

2. 铣削运动及切削用量

铣削加工可分为圆周铣削（周铣）和端面铣削（面铣）两种形式。周铣是用铣刀圆周上的刀齿进行切削，面铣是用铣刀圆周面和端面上的刀齿进行切削的，如图4-5所示。

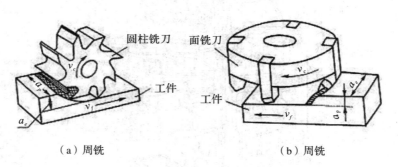

（a）周铣　　　　　　　　（b）周铣

图 4-5　周铣和面铣

铣削的切削用量有四个参数，如图4-5所示，其具体意义如下：

（1）切削速度 v_c。切削速度是指铣刀最大直径处的线速度。可由下式计算：

$$v_c = \frac{\pi d_0 n_0}{1000 \times 60} \tag{4-1}$$

式中，d_0、n_0 分别为铣刀直径（mm）和转速（r/min）。

（2）进给量 f 进给量用铣刀每齿进给量 f_z。（mm/Z）、每转进给量 f（mm/r）或每秒进给量 v_f（mm/s）表示，一般铣床标盘上所指出的进给量为每分钟进给量。三者关系如下：

$$v_f = fn = f_z Zn \tag{4-2}$$

式中，Z——铣刀齿数；

n——铣刀转速，r/s。

（3）铣削深度 a_p。铣削深度是指铣削过程中待加工表面与已加工表面之间的垂直距离，单位为 mm。

（4）铣削宽度 a_e。铣削宽度是指一次进给测得的已加工表面宽度，单位为 mm。

3．铣削加工的特点

（1）生产率高。铣刀是典型的多齿刀具，铣削时刀具同时参加工作的切削刃较多。铣削可采用硬质合金镶片刀具和较大的切削用量，且切削运动是连续的，因此，与刨削相比，铣削生产效率较高。

（2）刀齿散热条件较好。铣削时，每个刀齿是间歇地进行切削，切削刃的散热条件好，但切入切出时热的变化及力的冲击，将加速刀具的磨损，甚至可能引起硬质合金刀片的碎裂。

（3）容易产生振动。铣刀刀齿不断切入切出，使铣削力不断变化，因而容易产生振动，这将限制铣削生产率和加工质量的进一步提高。

（4）加工成本较高。由于铣床结构较复杂，铣刀的制造和刃磨比较困难，使得加工成本较高。

铣削加工的尺寸精度为 IT8 ～ IT7，表面粗糙度 Ra 值为 1.6 ～ 3.2 μm。若以高的切削速度、小的铣削深度对非铁金属进行精铣，则表面粗糙度 Ra 值可达 0.4 μm。

4.1.2　铣床常用刀具及铣床的主要附件

1．铣刀

铣刀实质上是一种多刃刀具，其刀齿分布在圆柱铣刀的外圆柱表面或端铣刀的端面上。铣刀的种类很多，按其安装方法可分为带孔铣刀和带柄铣刀两大类。

1）带孔铣刀

常用的带孔铣刀有圆柱铣刀、圆盘铣刀、角度铣刀、成形铣刀等。带孔铣刀多用于卧式铣床上。带孔铣刀的刀齿形状和尺寸可以适应所加工的零件形状和尺寸。

（1）圆柱铣刀。其刀齿分布在圆柱表面上，通常分为直齿和斜齿两种，如图 4-1（a）所示。主要用圆周刃铣削中小型平面。

（2）圆盘铣刀。圆盘铣刀包括三面刃铣刀和锯片铣刀等。图 4-1（e）所示为三面刃铣刀，主要用于加工不同宽度的沟槽及小平面、小台阶面等；锯片铣刀用于铣窄槽或切断材料。

（3）角度铣刀。如图 4-1（g）所示，角度铣刀的刀齿具有各种不同的角度，用于加工各种角度槽及斜面等。

（4）成形铣刀。如图4-1（j）所示，成形铣刀的切削刃呈凸圆弧、凹圆弧、齿槽形等形状，主要用于加工与切削刃形状相对应的成形面。

2）带柄铣刀

常用的带柄铣刀有立铣刀、键槽铣刀、T形槽铣刀和镶齿端铣刀等，其共同特点是都有供夹持用的刀柄。带柄铣刀多用于立式铣床上。

（1）立铣刀。立铣刀多用于加工沟槽、小平面、台阶面等，如4-1（b）所示。立铣刀有直柄和锥柄两种，直柄立铣刀的直径较小，一般小于20 mm。立铣刀直径较大的为锥柄，大直径的锥柄铣刀多为镶齿式。

（2）键槽铣刀。如图4-1（h）所示，键槽铣刀用于加工封闭式键槽。

（3）T形槽铣刀。如图4-1（f）所示，T形槽用于加工T形槽。

（4）镶齿端铣刀。镶齿端铣刀用于加工较大的平面，如图4-1（d）所示。其刀齿主要分布在刀体端面上，还有部分分布在刀体周边，一般是刀齿上装有硬质合金刀片，可以进行高速铣削，以提高生产效率。

2. 铣床的主要附件

铣床的主要附件有机床用平口虎钳、回转工作台、分度头和万能铣头等。其中前3种附件用于安装零件，万能铣头用于安装刀具。当零件较大或形状特殊时，可以用压板、螺栓、垫铁和挡铁把零件直接固定在工作台上进行铣削。当生产批量较大时，可采用专用夹具或组合夹具安装零件，这样既能提高生产效率，又能保证零件的加工质量。

1）机床用平口虎钳

机床用平口虎钳是一种通用夹具，也是铣床常用的附件之一，它安装使用方便，应用广泛。机床用平口虎钳用于安装尺寸较小和形状简单的支架、盘套、板块、轴类零件等。它有固定钳口和活动钳口，通过丝杠、螺母传动调整钳口间距离，以安装不同宽度的零件。铣削时，将平口虎钳固定在工作台上，再把零件安装在平口虎钳上，应使铣削力方向趋向固定钳口方向，如图4-6所示。

2）回转工作台

如图4-7所示，回转工作台又称转盘或圆工作台，一般用于较大零件的分度工作和非整圆弧面的加工。分度时，在回转工作台上配上三爪自定心卡盘，可以铣削四方、六方的零件。回转工作台分为手动和机动两种，其内部有蜗杆蜗轮机构。摇动手轮，通过蜗杆轴直接带动与转台相连接的蜗轮转动。转台周围有360°刻度，在手轮上也装一个刻度环，可用来观察和确定转台位置。拧紧螺钉，转台即被固定。转台中央的孔可以装夹心轴，用以找正和确定零件的回转中心，当转台底座上的槽和铣床工作台上的T形槽对齐后，即可用螺栓把回转工作台固定在铣床工作台上。在回转工作台上铣圆弧槽时，首先应校正零件圆弧中心与转台的中心重合，然后将零件安装

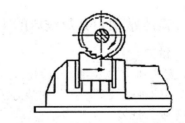

图4-6 机床用平口虎钳安装零件

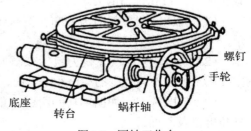

螺钉
手轮
底座
转台
蜗杆轴

图4-7 回转工作台

在回转工作台上，铣刀旋转后，用手均匀缓慢地转动手轮，即可铣出圆弧槽。

　　3）万能分度头

　　分度头主要用来安装需要进行分度的零件，利用分度头可铣削多边形、齿轮、花键、刻线、螺旋面及球面等。分度头的种类很多，有简单分度头、万能分度头、光学分度头、自动分度头等，其中用得最多的是万能分度头。加工时，既可以用分度头卡盘（或顶尖）与尾座顶尖一起安装轴类零件，如图 4-8（a）、（b）、（c）所示；也可将零件套装在心轴上，心轴装夹在分度头的主轴锥孔内，并按需要使分度头主轴倾斜一定的角度，如图 4-8（d）所示；也可只用分度头卡盘安装零件，如图 4-8（e）所示。

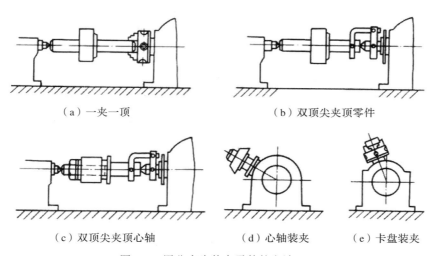

（a）一夹一顶　　　　　　　　　　　　　　（b）双顶尖夹顶零件

（c）双顶尖夹顶心轴　　　　　（d）心轴装夹　　　　（e）卡盘装夹

图 4-8　用分度头装夹零件的方法

　　（1）万能分度头的结构。如图 4-9 所示，万能分度头的基座上装有回转体，分度头主轴可随回转体在垂直平面内转动 -6°～90°，主轴前端锥孔用于装顶尖，外部定位锥体用于装三爪自定心卡盘。分度时可转动分度手柄，通过蜗杆和蜗轮带动分度头主轴旋转进行分度，图 4-10 所示为其传动示意图。

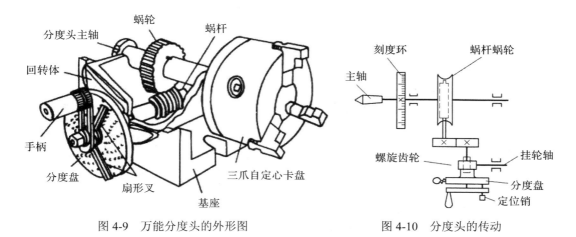

图 4-9　万能分度头的外形图　　　　图 4-10　分度头的传动

分度头中蜗杆和蜗轮的传动比为：i＝蜗杆的头数/蜗轮的齿数＝1/40。

即当手柄通过一对直齿轮(传动比为 1∶1)带动蜗杆转动一周时，蜗轮只能带动主轴转过 1/40 周。若零件在整个圆周上的分度数目 z 为已知时，则每分一个等分就要求分度头主轴转过 1/z 圈。当分度手柄所需转数为 n 圈时，有如下关系：

$$1∶40 = \frac{1}{z}∶n \qquad (4\text{-}3)$$

式中，n——分度手柄转数；

40——分度头定数；

z——零件等分数。

即简单分度公式为

$$n = \frac{40}{z} \qquad (4\text{-}4)$$

（2）分度方法。分度头分度的方法有直接分度法、简单分度法、角度分度法和差动分度法等。这里仅介绍最常用的简单分度法。

分度头一般备有两块分度盘。分度盘的两面各钻有许多圈孔，各圈的孔数均不相同，但同一圈上各孔的孔距是相等的。第一块分度盘正面各圈的孔数依次为 24、25、28、30、34、37；反面各圈的孔数依次为 38、39、41、42、43。第二块分度盘正面各圈的孔数依次为 46、47、49、51、53、54；反面各圈的孔数依次为 57、58、59、62、66。

例如：欲铣削一齿数为 6 的外花键，用分度头分度，问每铣完一个齿后，分度手柄应转多少转？求解步骤如下：

外花键需 6 等分，代入简单分度公式为

$$n = \frac{40}{z} = \frac{40}{6} = 6\frac{2}{3}(\text{转})$$

可选用分度盘上 24 的孔圈(或孔数是分母 3 的整数倍的孔圈)，则 $n = 6(2/3) = 6(16/24)$，即先将定位销调整至孔数为 24 的孔圈上，转过 6 转后，再转过 16 个孔距。为了避免手柄转动时发生差错并节省时间，可调整分度盘上的两个扇形叉间的夹角(如图 4-9 所示)，使之正好等于孔距数，这样依次进行分度时就可准确无误。如果分度手柄不慎孔距数转多了，应将手柄退回 1/3 圈以上，以消除传动件之间的间隙，再重新转到正确的孔位上。

4）万能铣头

图 4-11 所示为万能铣头，在卧式铣床上装上万能铣头，不仅能完成各种立铣的工作，而且还可根据铣削的需要，把铣头主轴扳转成任意角度。万能铣头底座用 4 个螺栓固定在铣床的垂直导轨上。铣床主轴的运动通过铣头内的两对齿数相同的锥齿轮传到铣头主轴上，因此铣头主轴的转数级数与铣床的转数级数相同。壳体可绕铣床主轴轴线偏转任意角度，壳体还能相对铣头主轴壳体偏转任意角度。因此，铣头主轴能带动铣刀在空间偏转成所需要的任意角度，从而扩大了卧式铣床的加工范围。

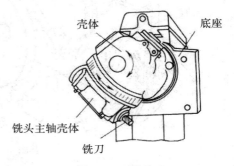

壳体　　　　　底座

铣头主轴壳体

铣刀

图 4-11　万能铣头

4.1.3　铣削基本操作

1．铣刀的安装

1）带孔铣刀的安装

带孔铣刀多用短刀杆安装。而带孔铣刀中的圆柱形、圆盘形铣刀多用长刀杆安装，如图4-12所示。长刀杆一端有7∶24的锥度与铣床主轴孔配合，并用拉杆穿过主轴将刀杆拉紧，以保证刀杆与主轴锥孔紧密配合。安装刀具的刀杆部分，根据刀孔的大小分几种型号，常用的有$\phi16$、$\phi22$、$\phi27$、$\phi32$等。

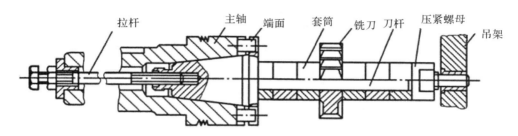

图 4-12　圆盘铣刀的安装

用长刀杆安装带孔铣刀的注意事项：

（1）在不影响加工的条件下，应尽可能使铣刀靠近铣床主轴，并使吊架尽量靠近铣刀，以保证刀具有足够的刚性，避免刀杆发生弯曲，影响加工精度。铣刀的位置可用更换不同套筒的方法调整。

（2）斜齿圆柱铣刀所产生的轴向切削力应指向主轴轴承。

（3）套筒的端面与铣刀的端面必须擦干净，以保证铣刀端面与刀杆轴线垂直。

（4）拧紧刀杆压紧螺母时，必须先装上吊架，以防刀杆受力弯曲，如图4-13（a）所示。

（5）初步拧紧螺母，开车观察铣刀是否装正，装正后用力拧紧螺母，如图4-13（b）所示。

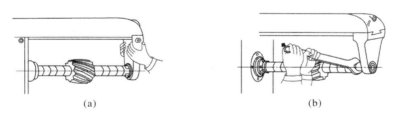

(a) (b)

图 4-13　拧紧刀杆压紧螺母

2）带柄铣刀的安装

带柄铣刀可分为锥柄立铣刀和直柄立铣刀。

（1）锥柄立铣刀的安装。如果锥柄立铣刀的锥柄尺寸与主轴孔内锥尺寸相同，则可直接将铣刀装入铣床主轴中并用拉杆将铣刀拉紧；如果铣刀锥柄尺寸与主轴孔内锥尺寸不同，则根据铣刀锥柄的大小，选择合适的变锥套，将配合表面擦干净，然后用拉杆把铣刀及变锥套一起拉紧在主轴上，如图4-14（a）所示。

（2）直柄立铣刀的安装。如图4-14（b）所示，这类铣刀多用弹簧夹头安装，将铣刀插入弹簧套的孔中，用螺母压紧弹簧套的端面，使弹簧套的外锥面受压而缩小孔径，即可将铣刀夹紧。弹簧套上有三个开口，故受力时能收缩。弹簧套有多种孔径，以适应各种尺寸的立铣刀。

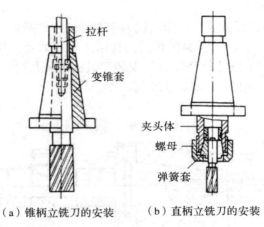

（a）锥柄立铣刀的安装　　　（b）直柄立铣刀的安装

图 4-14　带柄铣刀的安装

2. 零件的安装

对于尺寸较大或形状特殊的零件，可视其具体情况采用不同的装夹工具固定在工作台上。安装零件时应先进行零件找正，如图4-15所示。

如图4-16所示，用压板螺栓在工作台上安装零件时应注意以下几点：

（1）装夹时，应使零件的底面与工作台面贴实，以免压伤工作台面。如果零件底面是毛坯面，应使用铜皮、铁皮等使零件的底面与工作台面贴实。夹紧已加工表面时应在压板和零件表面间垫铜皮，以免压伤零件已加工表面。各压紧螺母应分几次交错拧紧。

（2）零件的夹紧位置和夹紧力要适当。压板不应歪斜和悬伸太长，必须压在垫铁处，压点要靠近切削面，压力大小要适当。

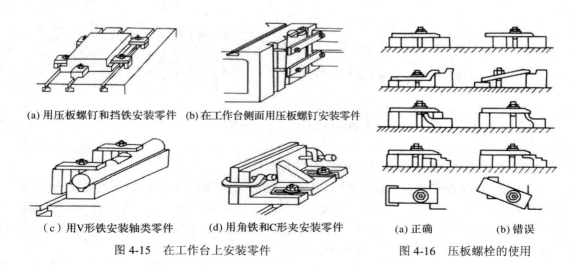

(a)用压板螺钉和挡铁安装零件　(b)在工作台侧面用压板螺钉安装零件

（c）用V形铁安装轴类零件　　(d)用角铁和C形夹安装零件

（a）正确　　　（b）错误

图 4-15　在工作台上安装零件　　　图 4-16　压板螺栓的使用

（3）在零件夹紧前后要检查零件的安装位置是否正确以及夹紧力是否得当，以免零件产生变形或安装位置移动。

（4）装夹空心薄壁零件时，应在其空心处用活动支撑件支撑以增加零件刚性，防止零件振动或变形。

3. 铣平面

1）铣水平面

铣平面可用周铣法或端铣法，并应优先采用端铣法。但在很多场合，例如，在卧式铣床上铣平面，也常用周铣法。铣削平面的步骤如下：

（1）开车使铣刀旋转，升高工作台，使零件和铣刀稍微接触，记下刻度盘读数，如图 4-17（a）所示。

（2）纵向退出零件，停车，如图 4-17（b）所示。

（3）利用刻度盘调整侧吃刀量（垂直于铣刀轴线方向测量的切削层尺寸），使工作台升高到规定的位置，如图 4-17（c）所示。

（4）开车后先手动进给，当零件被稍微切入后，可改为自动进给，如图 4-17（d）所示。

（5）铣完一刀后停车，如图 4-17（e）所示。

（6）退回工作台，测量零件尺寸，并观察零件的表面粗糙度，重复铣削到规定要求，如图 4-17（f）所示。

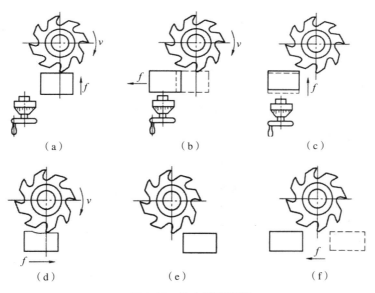

图 4-17 铣水平面步骤

2）铣斜面

铣斜面可以用如图 4-18 所示的倾斜零件法，也可用如图 4-19 所示的倾斜刀轴法。可视具体情况选用铣斜面方法。

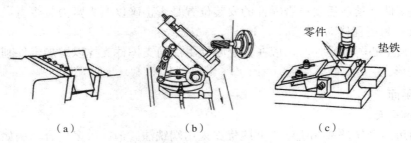

（a）　　　　　　　　（b）　　　　　　　　（c）

图 4-18　用倾斜零件法铣斜面

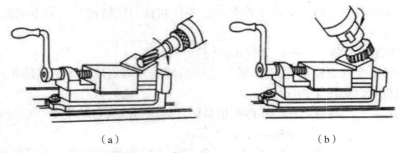

（a）　　　　　　　　　　　　　（b）

图 4-19　用倾斜刀轴法铣斜面

4. 铣沟槽

1）铣键槽

键槽有敞开式键槽、封闭式键槽和花键 3 种。敞开式键槽一般用三面刃铣刀在卧式铣床上加工，封闭式键槽一般在立式铣床上用键槽铣刀或立铣刀加工，批量大时用键槽铣床加工。

2）铣 T 形槽和燕尾槽

铣 T 形槽步骤如图 4-20 所示，铣燕尾槽步骤如图 4-21 所示。

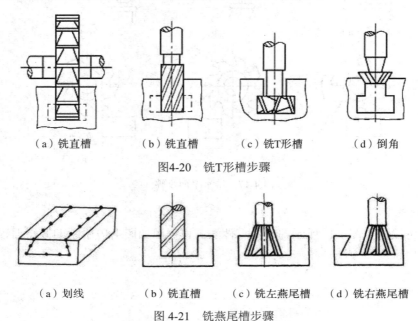

（a）铣直槽　　　（b）铣直槽　　　（c）铣 T 形槽　　　（d）倒角

图 4-20　铣 T 形槽步骤

（a）划线　　　（b）铣直槽　　　（c）铣左燕尾槽　　　（d）铣右燕尾槽

图 4-21　铣燕尾槽步骤

3）铣成形面

在铣床上常用成形刀加工成形面，如图4-1(j)所示。

4）铣螺旋槽

铣削加工中常会遇到铣斜齿轮、麻花钻、螺旋铣刀的螺旋槽等工作。这些铣削工作统称铣螺旋槽。铣削螺旋槽时，刀具作旋转运动；零件一方面随工作台作匀速直线移动，同时又被分度头带动作等速旋转运动，如图4-1(c)所示。根据螺旋线形成原理，要铣削出一定导程的螺旋槽，必须保证当零件随工作台纵向进给一个导程时，零件刚好转过一圈。这一过程可通过工作台丝杠和分度头之间的交换齿轮来实现。

图4-22所示为铣螺旋槽时铣床的传动系统，配换挂轮的选择应满足如下关系：

$$\frac{P_h}{P}\frac{z_1}{z_2}\frac{z_3}{z_4} \times \frac{1}{1} \times \frac{1}{1} \times \frac{1}{40} = 1 \qquad (4-5)$$

则传动比 i 的计算公式为

$$i = \frac{z_1}{z_2}\frac{z_3}{z_4} = \frac{40P}{P_h} \qquad (4-6)$$

式中 P_h——零件的导程；

P——丝杠的螺距。

为了获得规定的螺旋槽截面形状，还必须使铣床的纵向工作台在水平面内转过一个角度，使螺旋槽的槽向与铣刀旋转平面相一致。纵向工作台转过的角度应等于螺旋角度，这项调整可在卧式万能铣床工作台上扳动转台来实现，转台的转向视螺旋槽的方向确定。铣右螺旋槽时，工作台逆时针扳转一个螺旋角，如图4-22(b)所示；铣左螺旋槽时，工作台则顺时针扳转一个螺旋角。

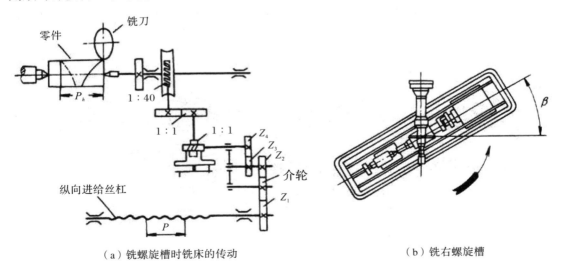

（a）铣螺旋槽时铣床的传动　　　　　　（b）铣右螺旋槽

图 4-22　铣螺旋槽

5）铣齿轮齿形

齿轮齿形的切削加工，按原理分为成形法和展成法两大类。

（1）成形法。成形法是用与被切齿轮齿槽形状相似的成形铣刀铣出齿形的方法。

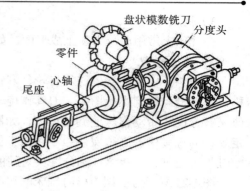

图 4-23　在卧式铣床上铣齿轮

铣削时，零件在卧式铣床上通过心轴安装在分度头和尾座顶尖之间，用具有一定模数和压力角的盘状模数铣刀铣削，如图4-23所示。在立式铣床上则用指状模数铣刀铣削。当铣完一个齿槽后，将零件退出，进行分度，再铣下一个齿槽，直到铣完所有的齿槽为止。

成形法加工的特点是：设备简单（用普通铣床即可），成本低，生产效率低；加工的齿轮精度较低，只能达到IT9级或IT9级以下，齿面粗糙度 Ra 值为 $3.2 \sim 6.3$ μm。这是因为齿轮齿槽的形状与模数和齿数有关，故要铣出准确齿形，需对同一模数的不同齿数的齿轮各制造一把铣刀。为方便刀具制造和管理，一般将铣削模数相同而齿数不同的齿轮所用的铣刀制成一组8把，分为8个刀号，每号铣刀加工一定齿数范围的齿轮。而每号铣刀的刀齿轮廓只与该号数范围内的最少齿数齿轮齿槽的理论轮廓相一致，对其他齿数的齿轮只能获得近似齿形。

根据以上特点，成形法铣齿轮多用于修配或单件制造某些转速低、精度要求不高的齿轮。

（2）展成法。展成法是建立在齿轮与齿轮或齿条与齿轮的相互啮合原理基础上的齿形加工方法。滚齿加工（如图 4-24 所示）和插齿加工（如图 4-25 所示）均属于展成法加工齿形。

随着科学技术的发展，齿轮传动的速度和载荷不断提高，因此传动平稳与噪声、冲击之间的矛盾日益尖锐。为解决这一矛盾，就需相应提高齿形精度和降低齿面粗糙度，这时插齿法和滚齿法已不能满足加工要求，常用剃齿法、珩齿法和磨齿法来解决这一问题，其中磨齿法加工精度最高，可达IT4级。

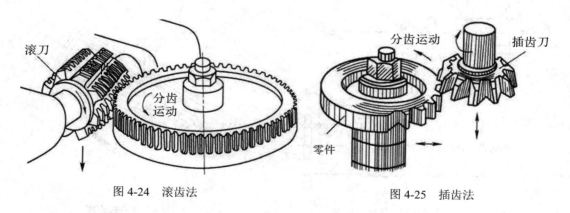

图 4-24　滚齿法　　　　　　　　　　　　　　图 4-25　插齿法

4.1.4　铣削综合工艺举例

现以图4-26所示V形块为例，讨论其单件小批量生产时的操作步骤，见表4-1。

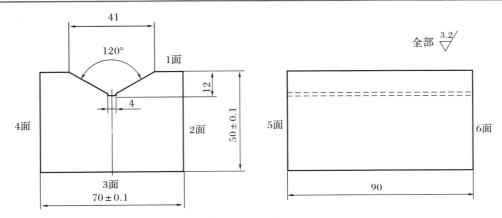

图 4-26 V形块

表4-1 V形块的铣削步骤

单位：mm

序号	加工内容	加工简图	刀具	设备	装夹方法
1	将3面紧靠在平口虎钳导轨面上的平行垫铁上，即以3面为基准，零件在两钳口间被夹紧，铣平面1，使1、3面间尺寸至52	平行垫铁			
2	以1面为基准面，紧贴固定钳口，在零件与活动钳口间垫圆棒，夹紧后铣平面2，使2、4面间尺寸至72	圆棒	110 mm硬质合金镶齿端铣刀	立式铣床	机床用平口虎钳
3	以1面为基准面，紧贴固定钳口，翻转180°，使面2朝下，紧贴平形垫铁，铣平面4，使2、4面间尺寸至70				
4	以1面为基准面，铣平面3，使1、3面间尺寸至50	平行垫铁			
5	铣5、6两面，使5、6面间尺寸至90				

续表

序号	加工内容	加工简图	刀具	设备	装夹方法
6	按划线找正，铣直槽，槽宽为4，深为12		切槽刀	卧式铣床	机床用平口虎钳
7	铣V形槽至尺寸为41mm		角度铣刀	卧式铣床	机床用平口虎钳

4.1.5　铣床操作安全注意事项

铣床操作安全注意事项如下：

（1）铣削技术训练时要安全着装，穿工作服，系袖口，女士必须要戴工作帽，必要时要戴防护眼镜。听从指导教师和指导人员安排，认真听讲，仔细观摩，严禁嬉戏打闹，保持场地干净整洁。

（2）学生必须在掌握相关设备和工具的正确使用方法后，才能进行操作。未经许可或指导教师和指导人员不在场的情况下，不得擅自开动铣床。

（3）开动铣床前，要检查电器开关和各操纵手柄是否在正确位置，检查工作台上有无障碍物。

（4）铣刀、夹具和工件的装夹要牢固可靠，以免飞出伤人。

（5）不允许戴手套操作，不准用手触摸正在运动的工件和刀具，停车时不允许用手触摸铣刀。

（6）变速、换刀、换工件或测量工件时，必须停车后进行。

（7）切削时先开车、后进刀；中途停车时要先停止进给，后退刀，再停车。

（8）切削时禁止两个方向同时进给，禁止用毛刷在与刀具旋转方向相同的方向清理铁屑或加冷却液。

（9）禁止两人或两人以上同时操作铣床。铣床工作时，不得擅自离开工作岗位。

（10）操作时应注意铣床各部位运转情况，发现异常声音应立即停车并报告指导教师或指导人员。

（11）工作完毕后将工卡量具擦干净放好，并擦干净铣床，清扫周围场地，关闭总电源。

4.2　刨　　削

4.2.1　刨削概述

刨削在单件、小批量生产和修配工作中得到广泛应用。刨削主要用于加工各种平面(水平面、垂直面和斜面)、各种沟槽(直槽、T 形槽、燕尾槽等)和成形面等，如图 4-27 所示。

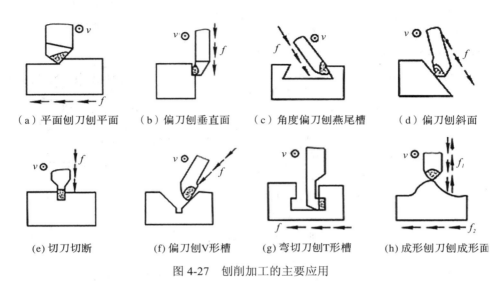

（a）平面刨刀刨平面　　（b）偏刀刨垂直面　　（c）角度偏刀刨燕尾槽　　（d）偏刀刨斜面

（e）切刀切断　　（f）偏刀刨V形槽　　（g）弯切刀刨T形槽　　（h）成形刨刀刨成形面

图 4-27　刨削加工的主要应用

1．刨床

刨削所使用的设备是刨床。刨床主要有牛头刨床和龙门刨床，常用的是牛头刨床。牛头刨床最大的刨削长度一般不超过 1000 mm，适合于加工中小型零件。龙门刨床由于其刚性好，而且有 2～4 个刀架可同时工作，因此，它主要用于加工大型零件或同时加工多个中、小型零件，其加工精度和生产率均比牛头刨床高。

1）牛头刨床

如图 4-28 所示为 B6065 型牛头刨床。型号 B6065 中，B 为机床类别代号，表示刨床，读作"刨"；6 和 0 分别为机床组别和系别代号，表示牛头刨床；65 为主参数最大刨削长度的 1/10，即最大刨削长度为 650 mm。

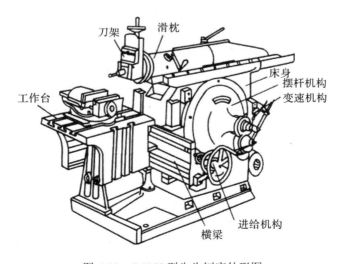

图 4-28　B6065 型牛头刨床外形图

B6065 型牛头刨床主要由以下几部分组成：

（1）床身。床身用以支撑和连接刨床各部件。其顶面水平导轨供滑枕带动刀架作往复直线运动，侧面的垂直导轨供横梁带动工作台升降。床身内部有主运动变速机构和摆杆机构。

（2）滑枕。滑枕用以带动刀架沿床身水平导轨作往复直线运动。滑枕往复直线运动的快慢、行程的长度和位置，均可根据加工需要调整。

（3）刀架。刀架用以夹持刨刀，其结构如图 4-29所示。当转动刀架手柄时，滑板带着刨刀沿刻度转盘上的导轨上、下移动，以调整背吃刀量或使加工垂直面时作进给运动。松开转盘上的螺母，将转盘扳转一定角度，可使刀架斜向进给，以加工斜面。刀座装在滑板上。抬刀板可绕刀座上的销轴向上抬起，使刨刀在返回行程时离开零件已加工表面，以减少刀具与零件的摩擦。

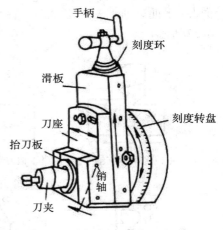

图 4-29 刀架

（4）工作台。工作台用以安装零件，可随横梁作上下调整，也可沿横梁导轨作水平移动或间歇进给运动。

B6065 型牛头刨床的传动系统主要包括摆杆机构和棘轮机构。

（1）摆杆机构。摆杆机构的作用是将电动机传来的旋转运动变为滑枕的往复直线运动，结构如图 4-30所示。摆杆上端与滑枕内的螺母相连，下端与支架相连。摆杆齿轮上的偏心滑块与摆杆上的导槽相连。当摆杆齿轮由小齿轮带动旋转时，偏心滑块就在摆杆的导槽内上下滑动，从而带动摆杆绕支架中心左右摆动，于是滑枕便作往复直线运动。摆杆齿轮转动一周，滑枕带动刨刀往复运动一次。

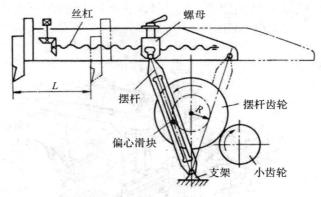

图 4-30 摆杆机构

（2）棘轮机构。棘轮机构的作用是使工作台在滑枕完成回程与刨刀再次切入零件之前的瞬间，作间歇横向进给，横向进给机构如图 4-31（a）所示，棘轮机构的结构如图 4-31（b）所示。

齿轮 1 与摆杆齿轮为一体，摆杆齿轮逆时针旋转时，齿轮 1 带动齿轮 2 转动，使连杆带动棘爪逆时针摆动。棘爪逆时针摆动时，其上的垂直面拨动棘轮转过若干齿，使丝杠转过相应的角度，从而实现工作台的横向进给。而当棘轮顺时针摆动时，由于棘爪后面为斜面，只能从棘轮齿顶滑过，不能拨动棘轮，所以工作台静止不动，这样就实现了工作台的横向间歇进给。

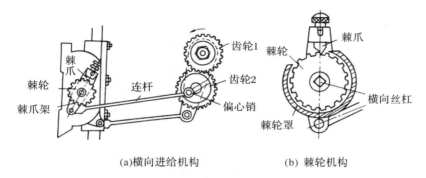

(a)横向进给机构　　　　　　　(b) 棘轮机构

图 4-31　牛头刨床横向进给机构

2）龙门刨床

龙门刨床如图 4-32 所示，其因有一个"龙门"式的框架而得名龙门刨床。与牛头刨床不同的是，在龙门刨床上加工零件时，零件随工作台的往复直线运动为主运动，进给运动是垂直刀架沿横梁上的水平移动和侧刀架在立柱上的垂直移动。

龙门刨床适用于刨削大型零件，零件长度可达几米、十几米、甚至几十米。也可在工作台上同时装夹几个中、小型零件，用几把刀具同时加工，故龙门刨床的生产率较高。龙门刨床特别适于加工各种水平面、垂直面及各种平面组合的导轨面、T 形槽等。

龙门刨床的主要特点是：自动化程度高，各主要运动的操纵都集中在机床的悬挂按钮站和电气柜的操纵台上，操纵十分方便；工作台的工作行程和空回行程可在不停车的情况下实现无级变速；横梁可沿立柱上下移动，以适应不同高度零件的加工；所有刀架都有自动抬刀装置，并可单独或同时进行自动或手动进给，垂直刀架还可转动一定的角度，用来加工斜面。

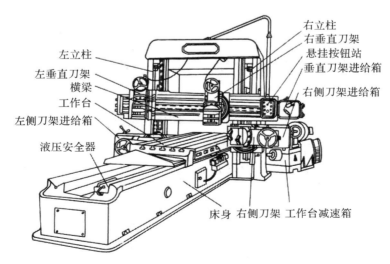

图 4-32　B2010A 型龙门刨床

3）插床

图4-33所示为B5032型插床。插床实际是一种立式刨床。型号B5032中，B为机床类别代号，表示插床，读作"刨"；5和0分别为机床组别和系别代号，表示插床；32为主参数最大插削长度的1/10，即最大插削长度为320 mm。

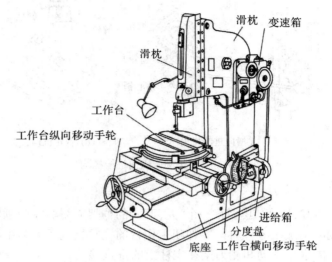

图4-33 B5032型插床

插床的主运动是滑枕带动刀架在垂直方向上所作的往复直线运动。零件安装在工作台上，可作横向、纵向和圆周间歇进给运动。

插削加工的刀具是插刀。插刀的几何形状与平面刨刀类似，只是前角和后角比刨刀小一些，如图4-34所示。

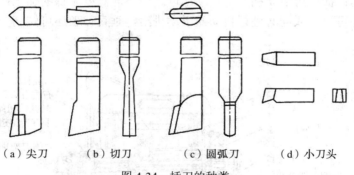

（a）尖刀 （b）切刀 （c）圆弧刀 （d）小刀头

图4-34 插刀的种类

插削时，为避免插刀与零件相碰，插刀的切削刃应突出于刀杆之外。为增加插刀的刚性，在制造插刀时，应尽量增大刀杆的横截面积；安装插刀时，应尽量缩短刀头的悬伸长度。插削主要用于单件小批量加工零件的内表面，如方孔、多边形孔、键槽和花键孔等，特别适于加工盲孔和有障碍台阶的内表面。

2. 刨削运动及切削用量

在牛头刨床上加工零件时，刨刀的纵向往复直线运动为主运动，零件随工作台作横向间歇进给运动，牛头刨床刨削运动和切削用量如图4-35所示。

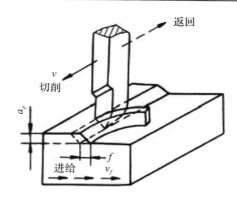

图 4-35 牛头刨床的刨削运动和刨削用量

刨削的切削用量有三个参数，如图 4-5 所示，具体如下：

1）刨削速度 v

刨削速度即主运动的线速度（m/min），可以用下式计算：

$$v = \frac{2Ln_r}{1000} \tag{4-7}$$

式中，L——刀具往复行程长度，mm；

　　　n_r——刀具每分钟往复行程次数，str/min。

2）进给量 f

刀具每往复运动一次，工件移动的距离称为进给量 mm/str。现以 B6065 牛头刨床为例，用下式计算 f：

$$f = \frac{k}{3} \tag{4-8}$$

式中，k——刨刀每往复一次，棘轮被拨过齿数。

3）刨削深度 a_p

刨削深度指每次进给过程中，工件的待加工表面与已加工表面之间的垂直距离，单位为 mm。

刨削的切削用量调整需注意事项如下：

（1）滑枕行程长度、起始位置、速度的调整。刨削时，滑枕行程的长度一般应比零件刨削表面的长度长 30～40 mm，如图 4-30 所示，调整滑枕的行程长度通过改变摆杆齿轮上偏心滑块的偏心距离，其偏心距越大，摆杆摆动的角度就越大，滑枕的行程长度也就越长；反之，则越短。松开滑枕内的锁紧手柄，转动丝杠，即可改变滑枕行程的起始点，使滑枕移到所需的位置。调整滑枕速度必须在停车之后进行，否则将打坏齿轮，如图 4-28 所示。可以通过变速机构来改变变速齿轮的位置，使牛头刨床获得不同的转速。

（2）工作台横向进给量的大小、方向的调整。工作台的进给运动既要满足间歇运动的要求，又要与滑枕的工作行程协调一致，即在刨刀返回行程将结束时，工作台连同零件一起横向移动一个进给量。牛头刨床的进给运动是由棘轮机构实现的。

如图 4-31 所示，棘爪架空套在横梁丝杠轴上，棘轮用键与丝杠轴相连。工作台横向进给量的大小，可通过改变棘轮罩的位置，从而改变棘爪每次拨过棘轮的有效齿数来调整。棘爪拨过棘轮的齿数较多时，进给量大；反之则小。此外，还可通过改变偏心销的偏心距来调整进给量，偏心距小，棘爪架摆动的角度就小，棘爪拨过的棘轮齿数少，进给量就小；反之，进给量则大。

若将棘爪提起后转动 180°，可使工作台反向进给。若将棘爪提起后转动 90°，棘轮便与棘爪脱离接触，此时可手动进给。

（3）刨刀切削深度的调整。通过调整如图4-29所示的刀架手柄可获得需要的不同切削深度。

3. 刨削加工的特点

刨削加工的尺寸精度一般为 IT9 ～ IT8，表面粗糙度 Ra 值为 1.6 ～ 6.3 μm，用宽刀精刨时，Ra 值可达 1.6 μm。此外，刨削加工还可保证一定的相互位置精度，如面对面的平行度和垂直度等。图4-36所示为刨床上加工的典型零件。

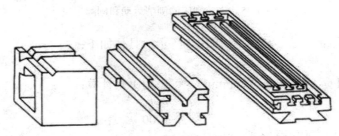

图 4-36　刨床上加工的典型零件

刨削加工的特点：

（1）生产率一般较低。刨削是不连续的切削过程，刀具切入、切出时切削力有突变，易引起冲击和振动，限制了刨削速度的提高。此外，单刃刨刀中实际参加切削的刀刃长度有限，一个表面往往要经过多次行程才能加工出来，刨刀返回行程时不进行工作。由于以上原因，刨削生产率一般低于铣削，但对于狭长表面（如导轨面）的加工，以及在龙门刨床上进行多刀、多件加工时，刨削生产率高于铣削。

（2）刨削加工通用性好、适应性强。刨床结构较车床、铣床等简单，调整和操作方便；刨刀形状简单，和车刀相似，制造、刃磨和安装都较方便；刨削时一般不需加切削液。

4.2.2　刨刀及工件的安装

1. 刨刀及其安装

刨刀的几何形状与车刀相似，但刀杆的截面积比车刀大 1.25 ～ 1.5 倍，以便承受较大的冲击力。刨刀的前角 γ_o 比车刀稍小，刃倾角取较大的负值，以增加刀头的强度。刨刀的一个显著特点是刨刀的刀头往往做成弯头，如图4-37所示为弯、直头刨刀比较示意图。做成弯头是为了当刀具碰到零件表面上的硬点时，刀头能绕 O 点向后上方弹起，使切削刃离开零件表面，不会啃入零件已加工表面或损坏切削刃，因此，弯头刨刀比直头刨刀应用更广泛。

刨刀的安装如图4-38所示，安装刨刀时，将转盘对准零线，以便准确控制背吃刀量，刀头不要伸出太长，以免产生振动和折断。直头刨刀伸出长度一般为刀杆厚度的 1.5 ～ 2 倍，弯头刨刀伸出长度可稍长些，以弯曲部分不碰刀座为宜。装刀或卸刀时，应使刀尖离开零件表面，以防损坏刀具或者擦伤零件表面。装卸刀具时，必须一只手扶住刨刀，另一只手使用扳手，用力方向自上而下，否则容易将抬刀板掀起，碰伤或夹伤手指。

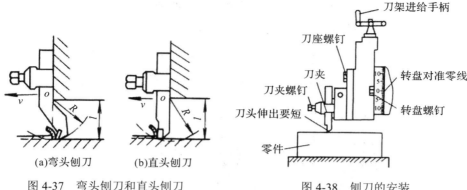

(a)弯头刨刀　　(b)直头刨刀

图 4-37　弯头刨刀和直头刨刀

图 4-38　刨刀的安装

2. 工件及其安装

刨床上零件的安装方法视零件的形状和尺寸而定。常用安装方法的有平口虎钳安装、工作台安装和专用夹具安装等，装夹零件的方法与铣削相同，见4.1.2节中铣床的主要附件和4.1.3节中零件的安装中所述内容。

4.2.3　刨削基本操作

1. 刨平面

1）刨水平面

刨削水平面的顺序如下：

（1）正确安装刀具和零件。

（2）调整工作台的高度，使刀尖轻微接触零件表面。

（3）调整滑枕的行程长度和起始位置。

（4）根据零件材料、形状、尺寸等要求，合理选择切削用量。

（5）试切，先用手动试切。进给 $1 \sim 1.5$ mm 后停车，测量尺寸，根据测得结果调整背吃刀量，再自动进给进行刨削。当零件表面粗糙度 Ra 值低于 6.3 μm 时，应先粗刨，再精刨。精刨时，背吃刀量和进给量应小些，切削速度应适当高些。此外，在刨刀返回行程时，用手掀起刀座上的抬刀板，使刀具离开已加工表面，以保证零件表面质量。

（6）检验。零件刨削完工后，停车检验，零件尺寸和加工精度合格后即可将零件卸下。

2）刨垂直面和斜面

刨垂直面的方法如图 4-39 所示。此时采用偏刀刨削，并使刀具的伸出长度大于整个刨削面的长度。刀架转盘应对准零线，以使刨刀沿垂直方向移动。刀座必须偏转 $10° \sim 15°$，以使刨刀在返回行程时离开零件表面，减少刀具的磨损，避免零件已加工表面被划伤。刨垂直面和斜面的加工方法一般在不能或不便于进行水平面刨削时才使用。

刨斜面与刨垂直面基本相同，只是刀

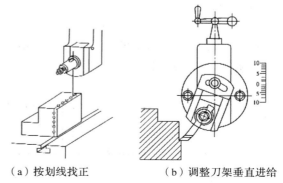

（a）按划线找正　　　　（b）调整刀架垂直进给

图 4-39　刨垂直面

架转盘必须按零件所需加工的斜面扳转一定角度，以使刨刀沿斜面方向移动。如图4-40所示，刨斜面时采用偏刀或样板刀，转动刀架手柄进行进给，可以刨削左侧或右侧斜面。

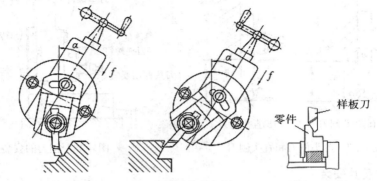

（a）用偏刀刨左侧斜面　　（b）用偏刀刨右侧斜面　　（c）用样板刀刨斜面

图 4-40　刨斜面

2. 刨沟槽

（1）刨直槽时用切刀以垂直进给完成，如图4-41所示。

（2）刨V形槽的方法。刨v形槽时先按刨平面的方法把V形槽粗刨出大致形状，如图4-42（a）所示；然后用切刀刨V形槽底的直角槽，如图4-42（b）所示；再按刨斜面的方法用偏刀刨V形槽的两斜面，如图4-42（c）所示；最后用样板刀精刨至图样要求的尺寸精度和表面粗糙度，如图4-42（d）所示。

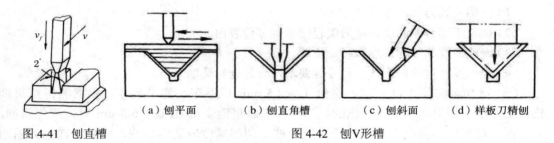

（a）刨平面　　　（b）刨直角槽　　　（c）刨斜面　　　（d）样板刀精刨

图 4-41　刨直槽　　　　　　　　　　图 4-42　刨V形槽

（3）刨T形槽时，应先在零件端面和上平面划出加工线，如图4-43所示。T形槽的刨削步骤如4.2.4节刨削综合工艺举例中表4-2所示。

（4）刨燕尾槽与刨T形槽相似，应先在零件端面和上平面划出加工线，如图4-44所示。但刨侧面时须用角度偏刀，如图4-45所示，刀架转盘要扳转一定角度。

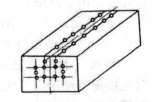

图 4-43　T形槽零件划线图

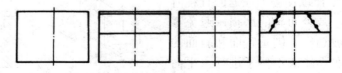

图 4-44　燕尾槽的划线

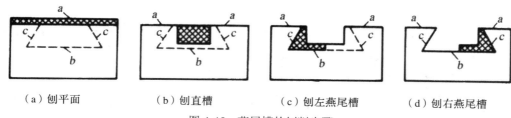

（a）刨平面   （b）刨直槽   （c）刨左燕尾槽   （d）刨右燕尾槽

图 4-45   燕尾槽的刨削步骤

3. 刨成形面

在刨床上刨削成形面，通常是先在零件的侧面划线，然后根据划线分别移动刨刀作垂直进给和移动工作台作水平进给，从而加工出成形面，如图4-27（h）所示。也可用成形刨刀加工成形面，使刨刀刃口形状与零件表面一致，一次成形。

4.2.4 刨削综合工艺举例

如图4-46所示为T形槽零件，其毛坯为铸铁件。为保证零件各加工表面间的加工精度，如平行度、垂直度等，可用机床用平口虎钳夹紧毛坯在牛头刨床上刨削，并以先加工出的大平面作为工艺基准面，再依次加工其他各表面。其加工工艺过程见表4-2。

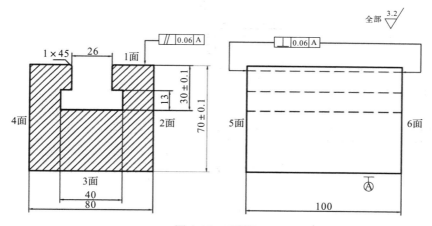

图 4-46   T形槽

表4-2   T形槽的刨削步骤   单位：mm

序号	加工内容	加工简图	刀具	设备	装夹方法
1	将3面紧靠在平口虎钳导轨面上的平行垫铁上，即以3面为基准面，零件在两钳口间被夹紧，刨平面1，使1、3面间尺寸至72		平面刨刀	牛头刨床	机床用平口虎钳
2	以1面为基准面，紧贴固定钳口，在零件与活动钳口间垫圆棒，夹紧后刨平面2，使2、4面间尺寸至82				

序号	加工内容	加工简图	刀具	设备	装夹方法
3	以1面为基准面，紧贴固定钳口，翻转180°，使面2朝下，紧贴平形垫铁，刨平面4，使2、4面间尺寸至80				
4	以1面为基准面，刨平面3，使1、3面间尺寸至70				
5	将平口虎钳转过90°，使钳口与刨削方向垂直，5面与刨削方向平行，刨削平面5，使5、6面间尺寸至102		刨垂直面偏刀		
6	刨削平面6，使5、6面间尺寸至100				
7	按划出的T形槽加工线找正，用切槽刀垂直进给刨出直槽，切至槽深30，横向进给，依次切槽宽至26		切槽刀		
8	用弯切刀向右进给刨右凹槽		弯切刀		
9	用弯切刀向左进给刨左凹槽，保证键槽尺寸40		弯切刀		
10	用45°刨刀倒角		45°刨刀		
11	按图样要求检验				

4.2.5　刨床操作安全注意事项

刨床操作安全注意事项如下：

（1）工作时应穿工作服，女同志应戴工作帽，头发塞在工作帽内。

（2）工作时的操作位置要正确。不得站在工作台前面，防止切屑及工件落下伤人。

（3）工件、刀具及夹具必须装夹牢固。否则会发生工件"走动"，甚至滑出，使刀具损坏或折断，甚至造成设备事故或人身伤害事故。

（4）机床运行前，应检查和清理遗留在机床工作台面上的物品。机床上不得随意放置工具或其他物品，以免机床开动后，发生意外伤人。并应检查所有手柄和开关及控制旋钮是否处于正确位置。暂时不使用的部分，应停留在正确位置，并使其操纵或控制系统处于空档位置。

（5）机床运转时，禁止装卸工作、调整刀具、测量检查工件和清除切屑。机床运行时，操作者不得离开工作岗位。

（6）不准用手去触碰工件表面，不得用手清除切屑，以免伤人或切屑飞入眼内。

（7）牛头刨床工作台或龙门刨床刀架作快速移动时，应将手柄取下或脱开离合器。

（8）装卸大型工件时，应尽量用起重设备。工件起吊后，不得站在工件的下面，以免发生意外事故。工件卸下后，要将工件放在合适的位置，且要放置平稳。

（9）工作结束后，应关闭机床电器系统和切断电源。然后再做清理工作，并润滑机床。

4.3　磨　　削

4.3.1　磨削概述

磨削是用磨具（如砂轮、砂带、油石、研磨剂等）以较高的线速度对工件表面进行加工的方法，可用于加工各种表面，如内外圆柱面、圆锥面、平面及各种成形表面等，还可以刃磨刀具和进行切断工作等，工艺范围十分广泛。常见的磨削加工方法如图4-47所示。

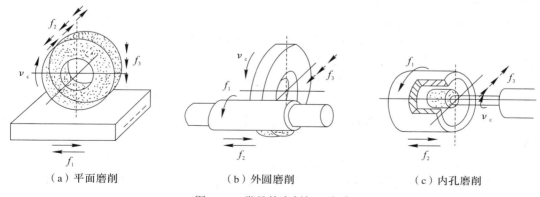

（a）平面磨削　　　　　　　（b）外圆磨削　　　　　　　（c）内孔磨削

图 4-47　常见的磨削加工方法

1. 磨床

常用的磨床分为普通外圆磨床和万能外圆磨床。在普通外圆磨床上可磨削零件的外圆柱面和外圆锥面；由于万能外圆磨床上砂轮架、头架和工作台上都装有转盘，能回转一定的角度，且增加了内圆磨具附件，所以万能外圆磨床除可磨削外圆柱面和外圆锥面外，还可磨削内圆柱面、内圆锥面及端平面，故万能外圆磨床较普通外圆磨床应用更广。

1）外圆磨床

图4-48所示为M1432A万能外圆磨床。在型号M1432A中，M为机床类别代号，表示磨床，读作"磨"；1为机床组别代号，表示外圆磨床；4为机床系别代号，表示万能外圆磨床；32为主参数最大磨削直径的1/10，即最大磨削直径为320 mm；A表示在性能和结构上经过一次重大改进。M1432A万能外圆磨床由床身、工作台、头架、尾座、砂轮架和内圆磨头等部分组成。

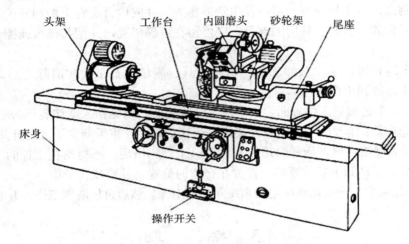

图 4-48　M1432A万能外圆磨床

（1）床身。床身用来固定和支承磨床上所有部件，其上部装有工作台和砂轮架，内部装有液压传动系统和机械传动装置。床身上的纵向导轨供工作台移动用，横向导轨供砂轮架移动用。

（2）工作台。工作台有两层，分别为上工作台和下工作台。下工作台沿床身导轨作纵向往复直线运动，上工作台可相对下工作台转动一定的角度，以便磨削圆锥面。

（3）头架。头架安装在上工作台上，头架上有主轴，主轴端部可安装顶尖、拨盘或卡盘等，以便装夹零件并带动其旋转。头架内的双速电动机和变速机构可使零件获得不同的转速。头架在水平面内可偏转一定角度。

（4）尾座。尾座安装在上工作台上，尾座的套筒内装有顶尖，用来支承细长零件的一端。尾座在工作台上的位置可根据零件的不同长度调整，当将尾座调整到所需的位置时将其紧固。尾座可在工作台上纵向移动，扳动尾座上的手柄时，套筒可伸出或缩进，以便装卸零件。

（5）砂轮架。砂轮安装在砂轮架的主轴上，由单独电动机通过 V 带传动带动砂轮高速旋转。砂轮架可在床身后部的导轨上作横向移动，移动方式有自动周期进给、快速引进和退出、手动三种，前两种是由液压传动实现的。砂轮架还可绕垂直轴旋转某一角度。

（6）内圆磨头。内圆磨头用于磨削零件的内圆表面。其主轴可安装内圆磨削砂轮，由另一电动机带动。内圆磨头可绕支架旋转，用时将其翻下，不用时将其翻向砂轮架上方。

磨床的传动广泛采用液压传动，因为液压传动具有无级调速、运转平稳、无冲击振动等优点。外圆磨床的液压传动系统比较复杂，图4-49为其液压传动原理示意图。

　　工作时，液压泵将油从油箱中吸出，转变为高压油，高压油经过转阀、节流阀和换向阀流入液压缸的右腔，推动活塞、活塞杆及工作台向左移动。液压缸左腔的油则经换向阀流入油箱。当工作台移至左侧行程终点时，固定在工作台前侧面的挡块推动换向手柄至虚线位置，于是高压油则流入液压缸的左腔，使工作台向右移动，油缸右腔的油则经换向阀流入油箱。如此循环，工作台便得到往复运动。

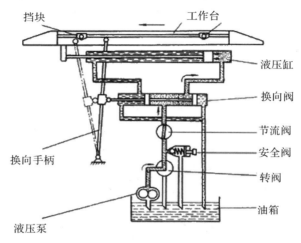

图 4-49　外圆磨床液压传动原理示意图

2）内圆磨床

　　内圆磨床主要用于磨削零件的内圆柱面、内圆锥面、端面等。图4-50所示为 M2120 型内圆磨床，型号中2和1分别为机床组别、系列代号，表示内圆磨床；20为主参数最大磨削孔径的1/10，即最大磨削孔径为200 mm。

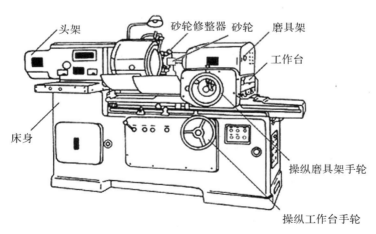

图 4-50　M2120型内圆磨床

　　内圆磨床的结构特点为砂轮转速特别高，一般可达 10 000 ～ 20 000 r/min，以适应磨削速度的要求。加工时，零件安装在卡盘内，磨具架安装在工作台上，磨具架可绕垂直轴转动一个角度，以便磨削圆锥孔。内圆的磨削运动与外圆磨削基本相同，只是砂轮与零件按相反方向旋转。

3）平面磨床

平面磨床主要用于磨削零件上的平面。图 4-51 所示为 M7120A 型平面磨床。在型号 M7120A 中，7 为机床组别代号，表示平面磨床；1 为机床系别代号，表示卧轴矩台平面磨床；20 为主参数工作台面宽度的 1/10，即工作台面宽度为 200 mm。平面磨床与其他磨床的不同之处是工作台上安装有电磁吸盘或其他夹具，用于装夹零件。

磨头沿滑板的水平导轨作横向进给运动，这一过程可由液压驱动或横向进给手轮操纵。滑板可沿立柱的导轨垂直移动，以调整磨头的高低位置及完成垂直进给运动，该运动也可通过操纵手轮实现。砂轮由装在磨头壳体内的电动机直接驱动旋转。

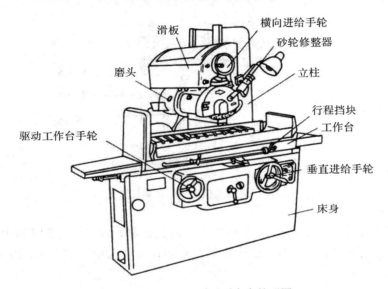

图 4-51 M7120A 型平面磨床外形图

2. 磨削运动及磨削用量

以图 4-47(b) 为例，砂轮的高速旋转运动为主运动，进给运动由圆周、纵向和横向三种运动组成。

1）磨削速度 v_c

磨削速度指砂轮外圆的线速度（m/min），可以用下式计算：

$$v_c = \frac{\pi D n_c}{1000 \times 60} \tag{4-9}$$

式中，D——砂轮直径，mm；

n_c——砂轮转速，r/min。

2）圆周进给率 f_1

工件的旋转运动是圆周进给运动。f_1 可用磨削工件外圆处的线速度表示（单位为 m/min），计算公式如下：

$$f_1 = \frac{\pi d n_w}{1000 \times 60} \tag{4-10}$$

式中，d——工件直径，mm；

n_w——工件转速，r/min。

3）纵向进给率 f_2

工作台带动工件所作的直线往复运动是纵向运动。纵向进给率是指工件转一周沿纵向相对砂轮移动的距离，单位为 mm/r，通常取 $f_2 = (0.02 \sim 0.08B)$，其中 B 为砂轮宽度，单位为 mm。

4）横向进给率 f_3

砂轮沿工件径向的移动是横向进给运动。工作台每往复行程（或单行程）一次，砂轮相对于工件径向移动的距离称为横向进给率，用 f_3 表示。横向进给率实际上是砂轮每次切入工件的深度，也可以用 a_p 表示，单位是 mm。

3．磨削加工的特点

磨削加工的特点如下：

（1）磨削属多刃、微刃切削。磨削用的砂轮是由许多细小坚硬的磨粒用结合剂黏结在一起经焙烧而成的疏松多孔体。这些锋利的磨粒就像铣刀的切削刃，在砂轮高速旋转的条件下，切入零件表面，故磨削是一种多刃、微刃切削。

（2）加工尺寸精度高，表面粗糙度低。磨削的切削厚度极薄，每个磨粒的切削厚度可小到微米，故磨削的尺寸精度可达 IT6 ~ IT5，表面粗糙度 Ra 达 0.1 ~ 0.8 μm。高精度磨削时，尺寸精度可超过 IT5，表面粗糙度 Ra 值不大于 0.012μm。

（3）加工材料广泛。由于磨料硬度极高，故磨削不仅可加工一般金属材料，如碳钢、铸铁等，还可加工一般刀具难以加工的高硬度材料，如淬火钢、各种切削刀具材料及硬质合金等。

（4）砂轮有自锐性。当作用在磨粒上的切削力超过磨粒的极限强度时，磨粒就会破碎，形成新的锋利棱角进行磨削；当此切削力超过结合剂的黏结强度时，钝化的磨粒就会自行脱落，使砂轮表面露出一层新鲜锋利的磨粒，从而使磨削加工能够继续进行。砂轮的这种自行推陈出新、保持自身锋利的性能称为自锐性。砂轮有自锐性可使砂轮进行连续加工，这是其他刀具没有的特性。

（5）磨削温度高。磨削过程中，由于切削速度很高，产生大量切削热，温度超过1000℃。同时，高温的磨屑在空气中发生氧化作用，产生火花。在如此高温下，将会使零件材料性能改变而影响质量。因此，为减少摩擦和迅速散热，降低磨削温度，及时冲走磨屑，保证零件表面质量，磨削时需使用大量切削液。

4.3.2　砂轮

砂轮是磨削的切削工具。磨粒、结合剂和空隙是构成砂轮的三要素，如图4-52所示。

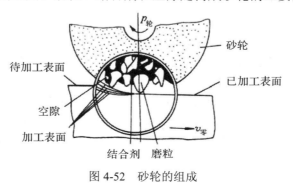

图 4-52　砂轮的组成

1. 砂轮的特性及其选择

砂轮的特性主要由磨料、粒度、硬度、结合剂、组织、形状和尺寸等因素来决定。

磨料担负着切削工作，必须硬度高、耐热性好，还必须有锋利的棱边和一定的强度。常用磨料有刚玉类、碳化硅类和超硬磨料。常用的几种刚玉类、碳化硅类磨料的代号、特点及适用范围见表4-3。

表4-3 常用磨料特点及其用途

磨料名称	代号	特点	用途
棕刚玉	A	硬度高，韧性好，价格较低	适合于磨削各种碳钢、合金钢和可锻铸铁等
白刚玉	WA	比棕刚玉硬度高，韧性低，价格较高	适合于磨削淬火钢、高速钢和高碳钢
黑色碳化硅	C	硬度高，性脆而锋利，导热性好	用于磨削铸铁、青铜等脆性材料及硬质合金刀具
绿色碳化硅	GC	硬度比黑色碳化硅更高，导热性好	主要用于磨削硬质合金、宝石、陶瓷和玻璃等

粒度是指磨粒颗粒的大小。粒度号越大，磨料越细，颗粒越小。可用筛选法或显微镜测量法来分类。粗磨或磨软金属时，用粗磨料；精磨或磨硬金属时，用细磨料。

硬度是指砂轮上磨料在外力作用下脱落的难易程度。磨粒易脱落，表明砂轮硬度低，反之则表明砂轮硬度高。砂轮的硬度与磨料的硬度无关。磨硬金属时，用软砂轮；磨软金属时，用硬砂轮。

常用结合剂有陶瓷结合剂（代号 V）、树脂结合剂（代号 B）、橡胶结合剂（代号 R）等。其中陶瓷结合剂做成的砂轮耐蚀性和耐热性很高，应用广泛。

组织是指砂轮中磨料、结合剂和空隙三者体积的比例关系。组织号是由磨料所占的百分比来确定的。

根据机床结构与磨削加工的需要，砂轮制成各种形状和尺寸。为方便选用，在砂轮的非工作表面上印有特性代号，如代号 PA 60KV6P300×40×75，表示砂轮的磨料为铬刚玉（PA），粒度为 60 #，硬度为中软（K），结合剂为陶瓷（V），组织号为 6 号，形状为平形砂轮（P），尺寸外径为 300 mm，厚度为 40 mm，内径为 75 mm。

2. 砂轮的安装与平衡

砂轮因在高速下工作，安装时应首先检查外观没有裂纹后，再用木锤轻敲，如果声音嘶哑，则禁止使用，否则砂轮破裂后会飞出伤人。砂轮的安装方法如图4-53所示。

为使砂轮工作平稳，一般直径大于125 mm的砂轮都要进行平衡试验，如图4-54所示。

将砂轮装在心轴上，再将心轴放在平衡架的平衡轨道的刃口上。若不平衡，较重部分总是转到下面。这可移动法兰盘端面环槽内的平衡铁进行调整。经反复平衡试验，直到砂轮可在刃口上任意位置都能静止，即说明砂轮各部分的质量分布均匀。这种方法称为静平衡。

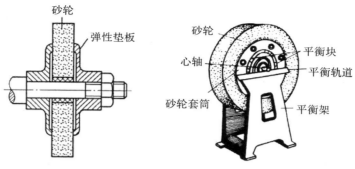

图 4-53　砂轮的安装　　　　图 4- 54　砂轮的平衡

3. 砂轮的修整

砂轮工作一定时间后，磨粒逐渐变钝，砂轮工作表面空隙被堵塞，使之丧失磨削能力。 同时，由于砂轮硬度不均匀及磨粒工作条件不同，使砂轮工作表面磨损不均匀，形状被破坏，这时必须修整砂轮。修整时，将砂轮表面一层变钝的磨粒切去，使砂轮重新露出完整锋利的磨粒，以恢复砂轮的几何形状。砂轮常用金刚石笔进行修整，如图4-55所示。修整时要使用大量的冷却液，以免金刚石因温度急剧升高而破裂。

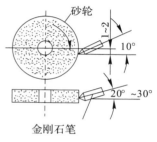

图 4-55　砂轮的修整

4.3.3　工件的安装及磨床附件

在磨床上安装零件的主要附件有顶尖、卡盘、花盘和心轴等。

1. 外圆磨削中零件的安装

在外圆磨床上磨削外圆，零件常采用顶尖安装、卡盘安装和心轴安装三种方式。

1）顶尖安装

顶尖安装适用于两端有中心孔的轴类零件。如图4-56所示，零件装夹在顶尖之间，其安装方法与车床顶尖装夹基本相同，不同点是磨床所用的顶尖是不随零件一起转动的(称死顶尖)，这样可以提高加工精度，避免由于顶尖转动带来的误差。同时，尾座顶尖靠弹簧推力顶紧零件，可自动控制松紧程度，这样即可以避免零件轴向窜动带来的误差，又可以避免零件因磨削热可能产生的弯曲变形。

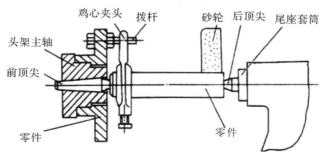

图 4-56　顶尖安装

2）卡盘安装

磨削短零件上的外圆可视装卡部位形状不同，分别采用三爪自定心卡盘、四爪单动卡盘或花盘安装零件。安装方法与车床基本相同。

3）心轴安装

磨削盘套类空心零件常以内孔定位磨削外圆，大都采用心轴安装，如图4-57所示。装夹方法与车床所用心轴类似，只是磨削用的心轴精度要求更高一些。

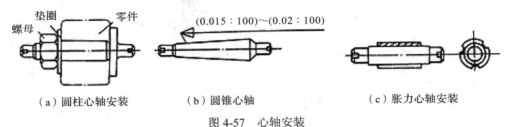

（a）圆柱心轴安装　　　　（b）圆锥心轴　　　　（c）胀力心轴安装

图 4-57　心轴安装

2. 内圆磨削中零件的安装

磨削零件内圆，大都以其外圆和端面作为定位基准，通常采用三爪自定心卡盘、四爪单动卡盘、花盘及弯板等安装零件。

3. 平面磨削中零件的安装

在平面磨床上磨削平面，零件安装常采用电磁吸盘和精密虎钳两种方式。

1）电磁吸盘安装

磨削平面通常以一个平面为基准面磨削另一平面。若两平面都需磨削且要求相互平行，则可互为基准面，反复磨削。

磨削中小型零件的平面，常采用电磁吸盘工作台吸住零件。电磁吸盘工作台有长方形和圆形两种，分别用于矩台平面磨床和圆台平面磨床。当磨削键、垫圈、薄壁套等尺寸小而壁较薄的零件时，因零件与工作台接触面积小，吸力弱，易被磨削力弹出造成事故。因此安装这类零件时，需在其四周或左右两端用挡铁将零件围住，以免零件走动，如图4-58所示。

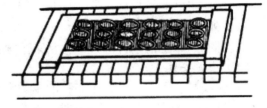

图 4-58　用挡铁围住零件

2）精密虎钳安装

电磁吸盘只能安装钢、铸铁等磁性材料的零件，对于铜、铜合金、铝等非磁性材料制成的零件，可在电磁吸盘上安放一精密虎钳来安装零件。精密虎钳与普通虎钳相似，但精度很高。

4.3.4　磨削基本操作

由于磨削的加工精度高，表面粗糙度小，能加工高硬脆的材料，因此应用十分广泛。本书仅对内外圆柱面、内外圆锥面及平面的磨削工艺进行讨论。

1. 外圆磨削

外圆磨削是一种基本的磨削方法，它适于轴类及外圆锥零件的外表面磨削。在外圆磨床上磨削外圆常用的方法有纵磨法、横磨法和综合磨法三种。

1）纵磨法

如图4-59所示，纵向磨削时，砂轮高速旋转起切削作用（主运动），零件转动（圆周进给）并与工作台一起作往复直线运动（纵向进给），当每一纵向行程或往复行程终止时，砂轮作周期性横向进给（背吃刀量）。每次背吃刀量很小，磨削余量是在多次往复行程中磨去的。当零件加工到接近最终尺寸时，采用几次无横向进给的光磨行程，直至火花消失为止，以提高零件的加工精度。纵向磨削的特点是具有较大适应性，一个砂轮可磨削长度不同、直径不等的各种零件，且加工质量好，但纵向磨削效率较低。目前生产中，特别是单件、小批生产以及精磨时广泛采用这种方法，尤其适用于细长轴的磨削。

2）横磨法

如图4-60所示，横向磨削时，采用砂轮的宽度大于零件表面的长度，零件无纵向进给运动，而砂轮以很慢的速度连续地或断续地向零件作横向进给，直至余量被全部磨掉为止。横磨的特点是生产率高，但精度及表面质量较低。该法适于磨削长度较短、刚性较好的零件。当零件磨到所需的尺寸后，如果需要靠磨台肩端面，则将砂轮退出0.005～0.0l mm，手摇工作台纵向移动手轮，使零件的台端面贴靠砂轮，磨平即可。

3）综合磨法

综合磨法是先用横磨法分段粗磨，相邻两段间有5～15 mm 重叠量（如图4-61所示），然后将留下的0.01～0.03 mm余量用纵磨法磨去。当加工表面的长度为砂轮宽度的2～3倍时，可采用综合磨法。综合磨法能集纵磨、横磨法的优点为一身，既能提高生产效率，又能提高磨削质量。

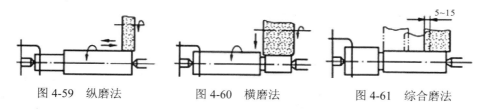

图 4-59　纵磨法　　　　图 4-60　横磨法　　　　图 4-61　综合磨法

2. 内圆磨削

内圆磨削的方法与外圆磨削相似，只是砂轮的旋转方向与磨削外圆时相反（如图4-62所示），操作方法以纵磨法应用最广，但生产率及磨削质量较低。原因是由于受零件孔径限制使砂轮直径较小，砂轮圆周速度较低，所以生产率较低。又由于冷却排屑条件不好，砂轮轴伸出长度较长，使得表面质量不易提高。但由于磨孔具有万能性，不需成套刀具，故在单件、小批量生产中应用较多，特别是淬火零件，磨孔仍是精加工孔的主要方法。

砂轮在零件孔中的接触位置有两种：一种是与零件孔的后面接触，如图4-63（a）所示。这时冷却液和磨屑向下飞溅，不影响操作人员的视线和安全；另一种是与零件孔的前面接触，如图4-63（b）所示，情况正好与上述相反。通常，在内圆磨床上采用后面接触。而在万能外圆磨床上磨孔，应采用前面接触方式，这样可采用自动横向进给。若采用后接触方式，只能手动横向进给。

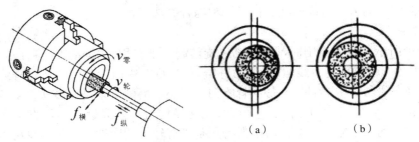

图 4-62　四爪单动卡盘安装零件　　　　图 4-63　砂轮与零件的接触形式

3. 平面磨削

平面磨削常用的方法有周磨即在卧轴矩形工作台平面磨床上以砂轮圆周表面磨削零件和端磨即在立轴圆形工作台平面磨床上以砂轮端面磨削零件两种，周磨和端磨的比较见表4-4。

表4-4　周磨和端磨的比较

分类	砂轮与零件的接触面积	排屑及冷却条件	零件发热变形	加工质量	效率	适用场合
周磨	小	好	小	较高	低	精磨
端磨	大	差	大	低	高	粗磨

4. 圆锥面磨削

圆锥面磨削通常有转动工作台法和转动头架法两种。

（1）转动工作台法。磨削外圆锥面如图4-64所示，磨削内圆锥面如图4-65所示。转动工作台法大多用于磨削锥度较小、锥面较长的零件。

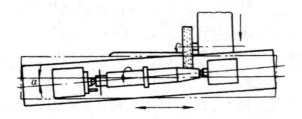
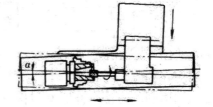

图 4-64　转动工作台磨外圆锥面　　　　图 4-65　转动工作台磨内圆锥面

（2）转动头架法。转动头架法常用于磨削锥度较大、锥面较短的内外圆锥面，如图4-66所示为转动头架法磨削内圆锥面。

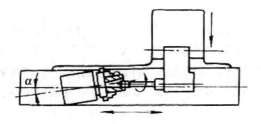

图 4-66　转动头架磨内圆锥面

4.3.5 磨削综合工艺举例

如图4-67所示为套类零件，零件材料为38CrMoAl，要求热处理到硬度为900 HV，并进行时效处理。该类零件的特点是要求内外圆表面的同轴度。因此，拟定加工步骤时，应尽量采用一次安装中加工，以保证上述要求。如不能在一次安装中完成全部表面加工，则应先加工孔，然后以孔定位，用心轴安装零件，再加工外圆表面。

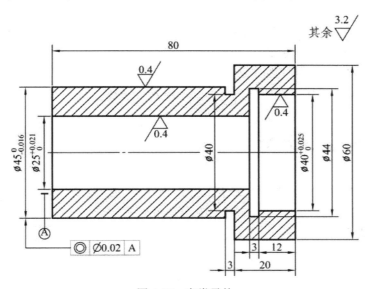

图 4-67 套类零件

表 4-5 套类零件的磨削步骤 单位：mm

工序	加工内容	砂轮	设备	装夹方法
1	以 $\phi 45_{-0.16}^{0}$ 外圆定位，百分表找正，粗磨 $\phi 25$ 内孔，留精磨余量0.04～0.06	PA60KV6P20 × 6 × 6		
2	粗磨 $\phi 40_{0}^{+0.025}$ 内孔，留精磨余量 0.04～0.06	PA60 KV6P30 × 10 × 10		
3	氮化		MD1420	三爪自定心卡盘
4	精磨 $\phi 40_{0}^{+0.025}$ 内孔至尺寸要求	PA80 KV6P30 × 10 × 10		
5	精磨 $\phi 25_{0}^{+0.021}$ 内孔至尺寸要求	PA80 KV6P20 × 6 × 6		
6	以 $\phi 25_{0}^{+0.021}$ 内孔定位，粗、精磨 $\phi 45_{-0.16}^{0}$ 外圆至尺寸要求	WA80KV6P300 × 40 × 75		
7	按图样要求检验			

4.3.6 磨床操作安全注意事项

磨床操作的安全注意事项如下：

（1）工作时应穿工作服，女同志应戴工作帽，头发塞在工作帽内。

（2）装卸工件时，要把砂轮升到一定位置方能进行。

（3）磨削前，把工件放到磁盘上，将其垫放平稳。通电后，确保工件被吸牢后才能进行磨削。

（4）一次磨多件时，加工件要靠紧垫好，并置于磨削范围之内，以防加工件倾斜飞出或挤碎砂轮。

（5）进刀时，不准将砂轮直接接触工件，要留有空隙，缓慢进给。

（6）自动往复运动的平面磨床，要根据工件的磨削长度调整好限位挡铁，并将挡铁螺钉拧紧。

（7）清理磨下的碎屑时，要用专业工具。

（8）立轴平磨磨削前应将防护挡板挡好。

（9）磨削过程中禁止用手触碰工件的加工面。

（10）更换砂轮和磨削操作时应遵守磨工一般安全规程。

 复 习 思 考 题

一、填空题

1. 常用的铣削进给量有三种表示形式，它们分别是：_____、_____、_____；你实习所采用的是_____。

2. 铣削一般用来加工_____、_____等；其加工精度一般在_____，_____、_____、_____等；其加工精度一般在_____，表面粗糙度 Ra 值为_____，属于_____加工。

3. 在铣削加工过程中，刀具作_____运动，是_____运动；工件作_____运动，是_____运动。

4. 铣床的种类很多，常用的有_____铣床和_____铣床两种，它们的主要区别是_____和_____之间的位置不同。

5. 根据铣刀安装方法的不同，可将铣刀分为两大类：即带孔铣刀和带柄铣刀，其中常用的带孔铣刀有_____、_____、_____；常用的带柄铣刀有_____、_____、_____等。

6. 根据铣刀的旋转方向和工件的进给方向之间的关系，铣削加工可分为_____和_____两种方式。

7. 铣床的主要附件有_____、_____、_____和_____等。

8. 刨削主要用于加工_____、_____及一些成形面等，其加工精度一般在_____，表面粗糙度 Ra 值为_____。

9. 牛头刨床主要由_____、_____、_____、_____和_____等部分组成。

10. 常见的磨削加工方法有_____、_____、_____和_____；其加工精度一般在_____，表面粗糙度 Ra 值为_____，属于_____加工。

11. 磨削用的砂轮由_____、_____、_____三部分组成。

12. 外圆磨削中最常用的磨削方法有_____和_____两种，平面磨

削常用的方法有 ＿＿＿＿＿＿＿ 和 ＿＿＿＿＿＿＿ 两种。

二、计算题

拟铣一齿数 $Z=30$ 的直齿圆柱齿轮，试用简单分度法计算出每铣一齿，分度头手柄应转过多少圈？（已知分度盘的各圈孔数为 37、38、39、41、42、43）。

三、思考题

1、什么是顺铣？什么是逆铣？它们各自有何特点？

2、简述用端铣刀在立式铣床上铣削加工平面的步骤。

3、刨削加工有何特点？

4、简述平面磨削常用的两种加工方法的特点，如何选用？

第5章 钳 工

5.1 钳 工 概 述

5.1.1 钳工的加工特点

钳工是以手工操作为主，使用各种工具完成制造、装配和修理等工作的一个工种。钳工基本操作包括划线、凿削、锯割、锉削、钻孔、扩孔、锪孔、铰孔、攻螺纹、套螺纹、装配、刮削、研磨、矫正和弯曲、铆接以及作标记等。

钳工的工作范围主要有：用钳工工具进行零件的修配及小批量零件的加工；精度较高的样板及模具的制作；整机产品的装配和调试；机器设备（或产品）使用中的调试和维修。

钳工是一个技术工艺比较复杂、加工程序细致、工艺要求高的工种。目前虽然有各种先进的加工方法，但很多工作仍然需要钳工来完成，钳工在保证产品质量中起到重要作用。

钳工的加工特点主要包括：使用的工具简单，操作灵活，操纵方便和适应面广；可以完成机械不便加工或难以完成的工作；与机械加工相比，劳动强度大、生产效率低，对工人技术要求较高，在机械制造和维修工作中是必不可少的重要工种。

5.1.2 钳工工种的分类

钳工在一般情况下可分为如下几类：

普通钳工：以生产中的工序为主，如去毛刺、锉削、钻孔、铰孔、攻丝和套丝等；

划线钳工：根据图纸或实物尺寸，准确地在工件表面上划出加工界限，以便下道工序的加工；

工具钳工：为生产中制造专用量具、样板和夹具等；

模具钳工：为冲压和注塑等方法制造所需的模具；

机修钳工：修理和维护机床设备或产品；

装配钳工：产品的装配。

5.1.3 钳工常用的设备和工具

钳工常用的设备有钳工工作台、台虎钳、砂轮机、钻床和手电钻等。常用的手用工具有线盘、錾子、手锯、锉刀、刮刀、扳手、螺钉旋具和锤子等。本节主要介绍钳工工作台和台虎钳，其它钳工设备和工具在后面章节介绍。

1. 钳工工作台

钳工工作台简称钳台，用于安装台虎钳和放置各种钳工作工具和量具，进行钳工操作。钳工工作台分为单人使用和多人使用的，常用硬质木材或钢材制成，工作台要求平稳、结实。如图 5-1 所示，一般台面高度约 800 ～ 900 mm，为防止錾削时铁屑飞溅伤人，钳工工作台上安装有防护网。

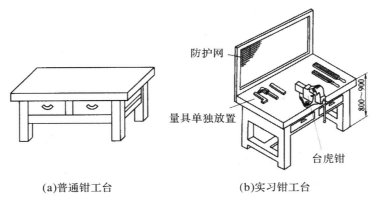

(a)普通钳工台　　　　　　　(b)实习钳工台

图 5-1　钳工工作台

2．台虎钳

台虎钳是钳工最常用的一种夹持工具。凿切、锯割、锉削以及许多其他钳工操作都是在台虎钳上进行的。钳工常用的台虎钳有固定式和回转式两种。台虎钳的规格以钳口的宽度来表示，一般分为 100 mm、120 mm 和 150 mm 三种。

图 5-2 所示为回转式台虎钳的结构。台虎钳主体是用铸铁制成，由固定部分和活动部分组成。台虎钳固定部分由转盘锁紧螺钉固定在转盘座上，转盘座内装有夹紧盘，放松转盘的夹紧手柄，固定部分就可以在转盘座上转动，以改变台虎钳方向。转盘座用螺钉固定在钳台上。连接手柄的螺杆穿过活动部分旋入固定部分上的螺母内。扳动手柄使螺杆从螺母中旋出或旋进，从而带动活动部分移动，使活动钳口和固定钳口张开或合拢，以放松或夹紧零件。

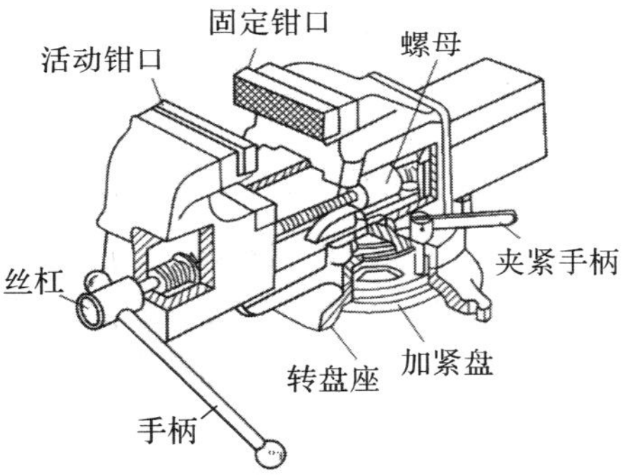

图 5-2　回转式台虎钳

为了延长台虎钳的使用寿命，台虎钳上端咬口处用螺钉紧固着两块经过淬硬的钢质钳口。钳口的工作面上有斜形齿纹，使零件夹紧时不致滑动。夹持零件的精加工表面时，应在钳口和零件间垫上纯铜皮或铝皮等软材料制成的护口片(俗称软钳口)，以免夹坏零件表面。

5.2　划　　　线

5.2.1　划线的概念

划线是根据图样的尺寸要求，用划线工具在毛坯或半成品上划出待加工部位的轮廓线(或称加工界限)、基准点或线的一种操作方法。划线的精度一般为 0.25 ～ 0.5 mm。

1．划线的作用

划线划出的轮廓线即为毛坯或半成品的加工界限和依据，所划的基准点或线是工件安装时的标记或校正线。在单件或小批量生产中，用划线来检查毛坯或半成品的形状和尺寸，合理地分配各加工表面的余量，及早发现不合格品，避免造成后续加工工时的浪费。在板料上划线下料，可做到正确排料，使材料得到合理作用。

2. 划线的种类

1) 平面划线

在工件的一个平面上划线后能明确表示加工界限，它与平面作图法类似，如图5-3(a)所示。

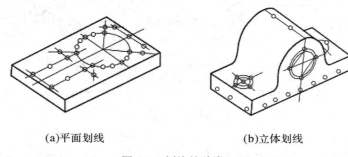

(a)平面划线　　　　　　　　(b)立体划线

图 5-3　划线的种类

2) 立体划线

立体划线是平面划线的复合，是在工件的几个相互成不同角度的表面(通常是相互垂直的表面)上都划线，即在长、宽、高三个方向上划线，如图5-3(b)所示。

5.2.2　划线的工具及其用法

划线工具按用途不同分为基准工具、支承夹持工具、直接绘划工具和量具等。

1. 基准工具——划线平台

划线平台常采用高强度灰口铸铁制成，经过人工退火600～700℃或自然时效2～3年，完全去除内应力，具有很高的平面度和很小的表面粗糙度，精度稳定，耐磨性好，如图5-4所示。

使用划线平台时要注意工件的轻拿轻放，不允许碰撞和敲击。要经常保持平台的清洁，以免平台平面被铁屑、砂子等杂质磨坏。如果长时间不用，最好在平台上涂上一层防锈油或黄油，然后铺一层白纸或加盖保护罩。

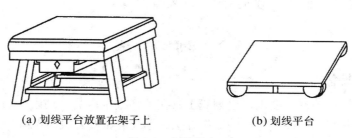

(a) 划线平台放置在架子上　　　　　(b) 划线平台

图 5-4　划线平台

2. 夹持工具

1）方箱

方箱常采用铸铁制成，其呈空心立方体结构且相邻的两个面均互相垂直。方箱用于夹持、支承尺寸较小而加工面较多的工件。如图5-5所示，通过翻转方箱，可在工件的表面上划出互相垂直的线条。

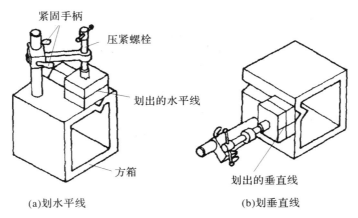

(a)划水平线　　　　　　　　(b)划垂直线

图 5-5　方箱及其应用

2）千斤顶

千斤顶是在平板上支承较大或不规则工件时使用，其高度可以调整。通常用三个千斤顶支承工件，如图5-6所示。

3）V形铁

V形铁常采用灰口铸铁制成，用于支承圆柱形工件，使工件轴线与平板平行，便于找出中心和划出中心线。较长的工件可放在两个等高的V形铁上，如图5-7所示。

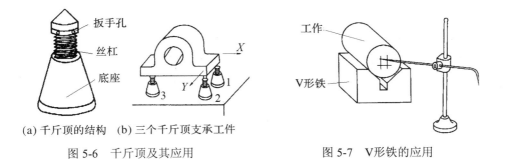

(a) 千斤顶的结构　(b) 三个千斤顶支承工件

图 5-6　千斤顶及其应用

图 5-7　V形铁的应用

3. 直接绘划工具

1）划针

划针是在工件表面划线用的工具，直径为 $\phi 3 \sim 6$ mm，如图5-8所示。划针常用工具钢或弹簧钢制成并经淬硬。有的划针在其尖端部位焊有硬质合金，也有用整体高速钢制成的划针。

划线时针尖要紧靠导向工具的边缘，并压紧导向工具。同时，划针向划线方向倾斜45°～75°，划针上部向外侧倾斜15°～20°，如图5-8(c)所示。

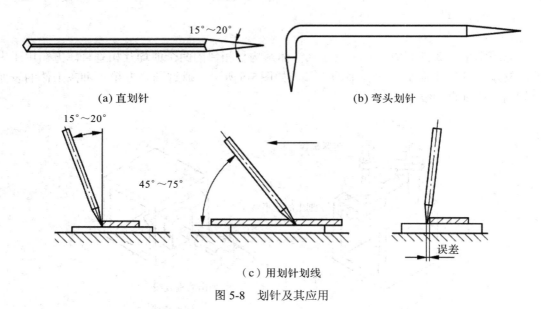

(a) 直划针　　　　　　　　　　　　　(b) 弯头划针

（c）用划针划线

图 5-8　划针及其应用

2）划规

划规是划圆或弧线、等分线段及量取尺寸等用的工具，如图 5-9 所示。它的用法与制图的圆规相似。

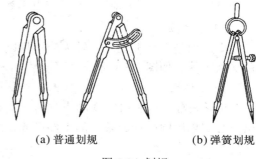

划规划圆时，作为旋转中心的一脚应施加较大的压力，而施加较轻的压力于另一脚在工件表面划线。划规两脚的长短应磨得稍有不同，且两脚合拢时脚尖应能靠紧，这样才能划出较小的圆。为保证划出的线条清晰，划规的脚尖应保持尖锐。

(a) 普通划规　　　(b) 弹簧划规

图 5-9　划规

3）划卡

划卡或称单脚划规，主要用于确定轴和孔的中心位置以及划平行直线，如图 5-10 所示。

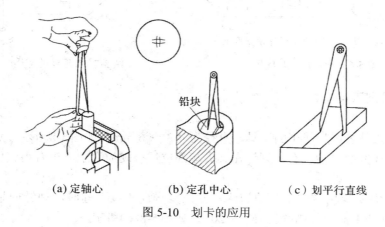

(a) 定轴心　　　　(b) 定孔中心　　　　（c）划平行直线

图 5-10　划卡的应用

4）划针盘

划针盘主要用于立体划线和校正工件的位置。如图 5-11 所示，它由底座、立杆、划针和锁紧装置等组成。

用划线盘划线时：首先，划针伸出夹紧装置的部分不宜太长，并要夹紧，防止松动且应尽量接近水平位置夹紧划针；其次，划针盘底面与平板接触面均应保持清洁，拖动划针盘时应紧贴平板工作面，不能摆动或跳动；同时，划针与工件划线表面的划线方向保持 $40°\sim60°$ 的夹角。

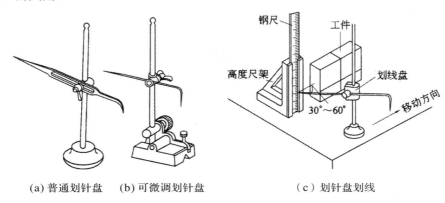

(a) 普通划针盘   (b) 可微调划针盘   （c）划针盘划线

图 5-11　划针盘及其应用

5）样冲

样冲用于在工件划线点上打出样冲眼，以备所划线模糊后仍能找到原划线的位置；在划圆和钻孔前都应在其中心打样冲眼，以便定心，如图 5-12(a)所示。

样冲刃磨时应防止过热退火。如图 5-12(b)所示，打样冲眼时冲尖应对准所划线条正中，样冲眼间距视线条长短曲直而定，线条长而直时，间距可大些，短而曲时则间距应小些，交叉、转折处必须打上样冲眼。同时，样冲眼的深浅视工件表面粗糙程度而定，表面光滑或薄壁工件样冲眼应打得浅些，粗糙表面样冲眼应打得深些，精加工表面禁止打样冲眼。

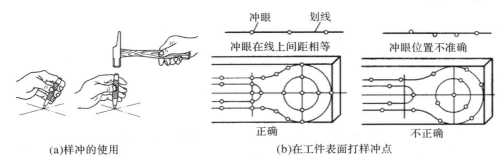

(a)样冲的使用   (b)在工件表面打样冲点

图 5-12　样冲及其使用

4. 量具

1）钢尺和直角尺

钢尺（见图 1-10）和直角尺除可以用于测量外，也可以与划针配合用于划直线和相互垂直线。钢尺的使用如图 5-13 所示，直角尺的使用如图 5-14 所示。

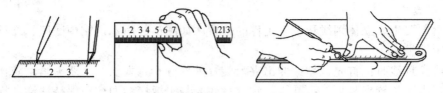

图 5-13　钢尺的应用

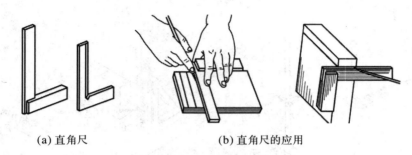

(a) 直角尺　　　　　　　　(b) 直角尺的应用

图 5-14　直角尺的应用

2）角度尺

角度尺主要用于在工件表面刻划成一定角度的相交直线，如图5-15所示。

3）高度游标卡尺

高度游标卡尺（见图1-23）除用来测量工件的高度外，还可用于作半成品划线，其读数精度一般为 0.02 mm。它是精密工具，只能用于半成品划线，不允许用于毛坯划线，以防碰坏硬质合金划线脚。若长时间不用，应将高度游标卡尺擦拭干净，并涂油装盒保存。

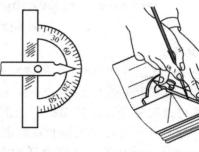

(a) 角度尺　　　　(b) 角度尺的划线

图 5-15　角度尺及其应用

5.2.3　划线操作

1．划线基准

在零件的许多点、线、面中，用少数点、线、面能确定其它点、线、面的位置，这些少数的点、线、面被称为划线基准。基准就是确定其它点、线、面位置的依据，划线时都应从基准开始，在零件图中确定其它点、线、面位置的基准为设计基准，零件图的设计基准和划线基准是一致的。

常选用重要孔的中心线为划线基准，或零件上尺寸标注的基准线为划线基准。若工件上个别平面已加工过，则以加工过的平面为划线基准。常见的划线基准有三种类型：

（1）以两个相互垂直的平面（或线）为基准。

（2）以一个平面和其对称平面（和线）为基准。

（3）以两个互相垂直的中心平面（或线）为基准。

2．划线步骤和注意事项

（1）对照图纸，检查毛坯及半成品的尺寸和质量，剔除不合格件，并了解工件上需要划线的部位和后续加工的工艺。

（2）毛坯在划线前要去除残留型砂及氧化皮、毛刺和飞边等。

（3）确定划线基准。如以孔为基准，则用木块或铅块堵孔，以便找出孔的圆心。确定基准时，尽量考虑让划线基准与设计基准一致。

（4）划线表面涂上一层薄而均匀的涂料，用紫色涂料（龙胆紫加虫胶和酒精）或绿色涂料（孔雀绿加虫胶和酒精）。

（5）选用合适的工具和放妥工件位置，并尽可能在一次支承中把需要划的平行线划全。工件支承要牢固。

（6）划线完成后应对照图纸检查一遍，不要有疏漏。

（7）为防止后续加工能够清晰观察到所划轮廓线位置，可在所有划线上打上样冲眼。

5.3　錾　　削

5.3.1　錾削的概念

用手锤打击錾子对金属进行切削加工的操作方法称为錾削。錾削的作用就是錾掉或錾断金属，使其达到要求的形状和尺寸。

錾削主要用于不便于机械加工的场合，如去除凸缘或毛刺，分割薄板料，凿油槽等。錾削这种方法目前应用较少，所以本书只对錾削的工具进行介绍。

5.3.2　錾削的工具

錾削的工具包括錾子和手锤。

1. 錾子

錾子由头部、柄部及切削部分组成。头部一般制成锥形，以便锤击力能通过錾子轴心。柄部一般制成六边形，以便操作者定向握持。切削部分则可根据加工需要，制成以下三种类型：

扁錾：它的切削部分扁平，用于錾削大平面或薄板料和清理毛刺等，如图 5-16（a）所示。

尖錾：它的切削刃较窄，用于錾槽和分割曲线板料，如图 5-16（b）所示。

油槽錾：它的刀刃很短，并呈圆弧状，用于錾削轴瓦和机床平面上的油槽等，如图 5-16（c）所示。

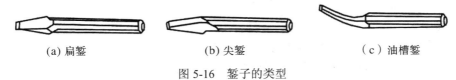

| (a) 扁錾 | (b) 尖錾 | （c）油槽錾 |

图 5-16　錾子的类型

2. 手锤

手锤由锤头、木柄等组成。根据用途不同，手锤有软、硬之分。手锤的常见形状如图 5-17 所示。

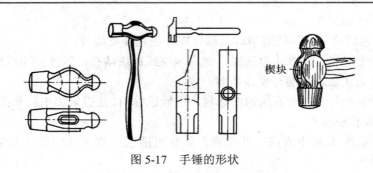

图 5-17　手锤的形状

5.4　锯　　削

5.4.1　锯削的概念

利用锯条锯断金属材料（或工件）或在工件上进行切槽的操作称为锯削。

虽然目前各种自动化、机械化的切割设备已被广泛地使用，但手锯切削还是常见的，它具有方便、简单和灵活的特点，在单件或小批量生产、在临时工地以及切割异形工件、开槽、修整等场合应用较广。因此手工锯削是钳工需要掌握的基本操作之一。

5.4.2　锯削的工具

手锯由锯弓和锯条两部分组成。

1．锯弓

锯弓是用来夹持和拉紧锯条的工具。有固定式和可调式两种，如图5-18所示。固定式锯弓的弓架是整体的，只能装一种长度规格的锯条。可调式锯弓的弓架分成前后两段，由于前段在后段套内可以伸缩，因此可以安装几种长度规格的锯条，故目前广泛使用的是可调式锯弓。

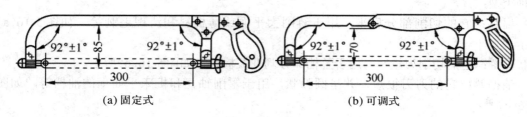

(a) 固定式　　　　　　　　　　　　　　(b) 可调式

图 5-18　锯弓

2．锯条

锯条是用碳素工具钢（如T10或T12）或合金工具钢，经热处理制成。

锯条的规格以锯条两端安装孔间的距离来表示（长度有150～400 mm）。常用的锯条长399 mm、宽12 mm、厚0.8 mm。锯条的切削部分由许多锯齿组成，每个锯齿相当于一把錾子，起切割作用。常用锯条的前角$\gamma=0$、后角$\alpha=45\sim50°$、楔角$\beta=45\sim50°$，如图5-19（a）所示。

锯条的锯齿按一定形状左右错开，排列成一定形状，称为锯路。锯路有交叉、波浪等不同排列形状，如图5-19（b）、（c）所示。锯路的作用是使锯缝宽度大于锯条背部的厚度，防止锯割时锯条卡在锯缝中，并减少锯条与锯缝的摩擦阻力，使排屑顺利，锯削省力。

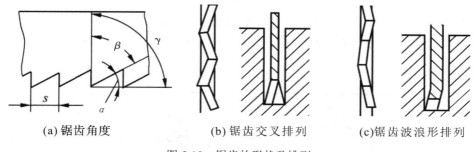

(a) 锯齿角度　　　　　(b) 锯齿交叉排列　　　　(c) 锯齿波浪形排列

图 5-19　锯齿的形状及排列

锯齿的粗细是按锯条上每 25 mm 长度内的齿数表示的。14～18 齿为粗齿，24 齿为中齿，32 齿为细齿。锯齿的粗细也可按齿距 t 的大小来划分：粗齿的齿距 $t＝1.6$ mm；中齿的齿距 $t＝1.2$ mm；细齿的齿距 $t＝0.8$ mm。

锯条的粗细应根据加工材料的硬度、厚薄来选择，锯割软材料(如铜、铝合金等)或厚材料时，应选用粗齿锯条，因为锯屑较多，要求较大的容屑空间；锯割硬材料(如合金钢等)或薄板、薄管时，应选用细齿锯条，因为材料硬，锯齿不易切入，锯屑量少，不需要大的容屑空间；锯割薄材料时，锯齿易被工件勾住而崩断，因此需要同时工作的齿数多，使锯齿承受的力量减少；锯割中等硬度材料(如普通钢、铸铁等)和中等厚度的工件时，一般选用中齿锯条。

不同粗细锯条的用途如表 5-1 所示。

表 5-1　不同粗细锯条的用途

锯齿粗细	每 25 mm 齿数	用途
粗	14～18	常用于锯软钢、铝、纯铜、人造胶质材料
中	22～44	常用于剧割中等硬度钢、硬性轻合金、黄铜、厚壁管子等
细	32	常用于锯板材、薄壁管子等
从细齿到到中齿	从 32～20	易起锯，最常用

5.4.3　锯削的操作

1. 工件的装夹

工件一般应装夹在虎钳的左面，便于操作；工件伸出钳口的部分不应过长，以防止工件在锯削时产生振动，通常使锯缝距离钳口侧面约 20 mm 左右；锯缝线要与钳口侧面保持平行(使锯缝线与铅垂线方向一致)，以便于控制锯缝不偏离划线；工件夹紧要牢固，同时要避免将工件夹变形和夹坏已加工面。

2. 锯条的安装

手锯是在前推时才起切削作用，因此安装锯条时应使齿尖的方向朝前(如图 5-20(a))，如果装反了（如图5-20（b）），则锯齿前角为负值，不能正常锯割。

在调节锯条松紧时，蝶形螺母不宜旋得太紧或太松，太紧时锯条受力太大，在锯割中用力稍有不当，就会折断锯条；太松则锯割时锯条容易扭曲，也易折断，而且锯出锯缝较大且容易歪斜。其松紧程度可用手扳动锯条，以感觉硬实即可。

锯条安装后，要保证锯条平面与锯弓中心平面平行，不得倾斜或扭曲。否则，锯割时锯缝极易歪斜。

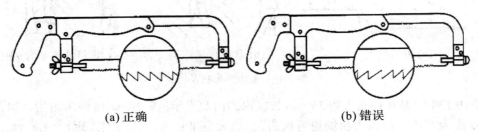

(a) 正确   (b) 错误

图 5-20　锯条的安装方向

3. 起锯

正常锯削工件前，首先要起锯。起锯的作用是使锯条顺利锯入工件，防止锯割时锯条打滑划伤工件。

起锯的方式有近起锯和远起锯两种，如图5-21(a)、(b)所示。采用近起锯，容易观察到所划的轮廓线，但起锯时若打滑会划伤工件的已加工表面；采用远起锯，不易观察到所划的轮廓线，起锯时若打滑不会划伤已加工表面，并且远起锯时，锯齿是逐步切入材料，不易被卡住，起锯比较方便，所以常采用远起锯。

起锯角 θ 以15°左右为宜，起锯角度不易过大，过大锯齿容易折断；起锯角度过小容易打滑而划伤工件表面，如图5-21(c)、(d)所示。为了起锯的位置正确和起锯平稳，可用左手大拇指挡住锯条来定位。起锯时压力要小，往返行程要短，速度要慢，这样可使起锯平稳。

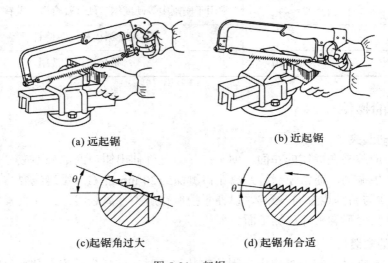

(a) 远起锯   (b) 近起锯

(c)起锯角过大   (d) 起锯角合适

图 5-21　起锯

4. 正常锯削

1）锯削的动作步骤

起锯后，进入正常锯削阶段。此时，手握锯弓要舒展自然，右手握住手柄向前施加压力，左手轻扶在弓架前端，稍加压力，如图5-22所示。

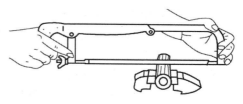

图 5-22　锯削的手势

锯削时，站立的姿势应与锉削相似。左脚在前，右脚在后。左脚和锯削前进方向成30°夹角，右脚和锯削前进方向成75°夹角。两脚之间的间距要和操作者身高以及台虎钳的高度相适应，若操作者较高而台虎钳较低，则步距适当迈大，反之则步距迈小。

锯削时右腿伸直，左腿弯曲，身体向前倾斜，重心落在左脚上，两脚站稳不动，靠左膝的屈伸使身体往复摆动。即在锯削开始时，身体稍向前倾，与竖直方向约成10°角左右，此时右肘尽量向后收，见图5-23（a）；推锯行程达到1/3时，身体向前倾斜约15°左右，这时左腿稍弯曲，左肘稍直，右臂向前推，见图5-23（b）；随着推锯的行程增大，身体逐渐向前倾斜。行程达2/3时，身体倾斜约18°角左右，左、右臂均向前伸出，见图5-23（c）；当锯削最后1/3行程时，用手腕推进锯弓，身体随着锯的反作用力退回到15°角位置，见图5-23（d）。锯削行程结束后，手和身体都退回到最初位置。锯弓前进时，一般要加较小的压力，而后拉时不加压力。

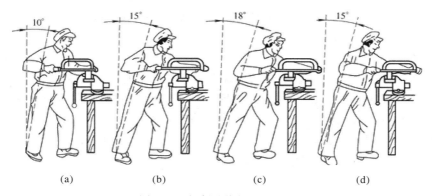

(a)　　　　　　(b)　　　　　　(c)　　　　　　(d)

图 5-23　锯削动作的分解步骤

锯割时速度不宜过快，以每分钟30～50次为宜，速度过快，易使锯条发热，磨损加重；速度过慢，又直接影响锯削效率。一般锯割软材料时速度可快些，锯削硬材料时可慢些，必要时可用切削液对锯条进行冷却润滑。同时，应使用锯条全长的三分之二工作，以免锯条中间部分迅速磨钝。

2）锯削的方法

根据锯削时的锯弓运动形式，可以把锯削分为两种方法。

（1）平锯。锯削时，锯弓始终沿直线运动，即为平锯。平锯适用于锯薄形工件和直槽。

（2）摆锯。摆锯即在锯削前进时，右手下压而左手上提，回程时右手上提，左手自然跟回。操作自然省力。由于每次锯削过程中，摆锯的锯削面积要大于平锯，故摆锯的锯削效率要高于平锯。

对于初学者来说，摆锯不易掌握，会造成锯弓不稳而无法保证锯缝的平直，所以初学者可以采用平锯。等锯削的动作熟练之后，再采用摆锯。

5. 锯削操作的注意事项

锯削操作的注意事项有：

（1）工件装夹要牢固，工件即将被锯断时，要防止断料掉下，同时防止用力过猛，将手撞到工件或台虎钳上受伤。

（2）注意工件的安装、锯条的安装，起锯方法，起锯角度的正确，以免一开始锯削就造成废品和锯条损坏。

（3）要适时注意锯缝的平直情况，及时纠正。

（4）锯削钢件时，可加些机油，以减少锯条与锯削断面的摩擦并冷却锯条，提高锯条的使用寿命。

（5）要防止锯条折断后弹出锯弓伤人。

（6）锯削完毕后，应将锯弓上张紧螺母适当放松，并将其妥善放好。

5.4.4 锯削的应用

1. 棒料的锯削

锯削棒料时，如果要求锯出的断面比较平整，则应从一个方向起锯直到锯削结束，称为一次起锯。若对断面的要求不高，为减小锯削阻力和摩擦力，可以在锯入一定深度后将棒料转过一定角度重新起锯。如此反复几次从不同方向锯削，直到最后锯断工件，称为多次起锯。显然多次起锯较省力。

2. 管子的锯削

若锯削薄管子，应使用两块木制V形块或弧形槽垫块夹持，以防夹扁管子或夹坏表面（图5-24（a））。锯削时不能仅从一个方向起锯，否则管壁易钩住锯齿而使锯条折断。正确的锯法是每个方向只锯到管子的内壁处，然后把管子转过一角度再起锯，且仍锯到内壁处，如此反复进行直至锯断。在转动管子时，应使已锯部分向推锯方向转动，否则锯齿也会被管壁钩住，如图5-24（b）所示。

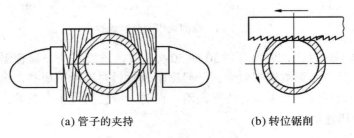

(a) 管子的夹持　　　　　　　　(b) 转位锯削

图5-24　管子的夹持和锯削

3. 薄板料的锯削

锯削薄板料时，可将薄板夹在两木垫或金属垫之间，连同木垫或金属垫一起锯削，这样既可避免锯齿被钩住，又可增加薄板的刚性，如图5-25所示。另外，若将薄板料夹在台虎钳上，用手锯作横向斜推，就能使同时参与锯削的齿数增加，避免锯齿被钩住，还能增加工件的刚性，如图5-26所示。

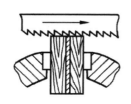

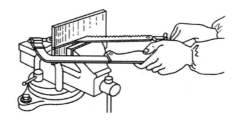

图 5-25 薄板料的夹持   图 5-26 薄板料的锯削方法

4．深缝的锯削

当锯缝的深度超过锯弓高度时，称这种缝为深缝。在锯弓快要碰到工件时，应将锯条拆出并转过90°重新安装（图5-27（b）），或把锯条的锯齿朝着锯弓背进行锯削（图5-27（c）），使锯弓背不碰到工件。

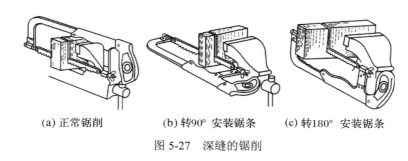

(a) 正常锯削   (b) 转90°安装锯条   (c) 转180°安装锯条

图 5-27 深缝的锯削

5.5 锉 削

5.5.1 锉削的概念

用锉刀对工件表面进行切削加工，使它达到零件图纸要求的形状、尺寸和表面粗糙度，这种加工方法称为锉削。

锉削加工简便，工作范围广，多用于錾削、锯削之后，锉削可对工件上的平面、曲面、内外圆弧、沟槽以及其它复杂表面进行加工。锉削的最高精度可达IT7 ～ IT8，表面粗糙度可达 $Ra0.8 ～ 1.6 \mu m$。锉削可用于成形样板，模具型腔以及部件、机器装配时的工件修整，是钳工主要操作方法之一。

5.5.2 锉削的工具

锉削使用的工具是锉刀。

1．锉刀的材料及构造

锉刀常用碳素工具钢T10或T12制成，并经热处理淬硬到HRC62 ～ 67。

锉刀由锉刀面、锉刀边、锉刀舌、锉刀尾、锉刀柄（常用木柄）等部分组成，如图5-28所示。锉刀的大小以锉刀面的工作长度来表示。锉刀的锉齿是在剁锉机上剁出来的。

锉刀的齿纹常分为单齿纹和双齿纹两种。一般锉刀边做成单齿纹，锉刀面做成双齿纹，底齿角为45°，面齿角为65°，如图5-29所示。

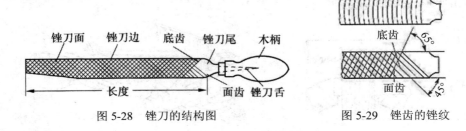

图 5-28　锉刀的结构图　　　　　　　图 5-29　锉齿的锉纹

2. 锉刀的种类

1）按用途不同分类

锉刀按用途不同分为普通锉（或称钳工锉）、整形锉（或称什锦锉）和异形特种锉三类，如图 5-30 所示。其中普通锉使用最多。

普通锉按截面形状不同分为：平锉、方锉、圆锉、半圆锉和三角锉五种，如图 5-30（a）所示。

整形锉主要用于修理工件上的细小部分，通常以多把为一组，因分组配备各种断面形状的小锉而得名，如图 5-30（b）所示。

异形锉是用来锉削工件特殊表面的，有刀口锉、菱形锉、扁三角锉、椭圆锉和圆肚锉等，如图 5-30（c）所示。

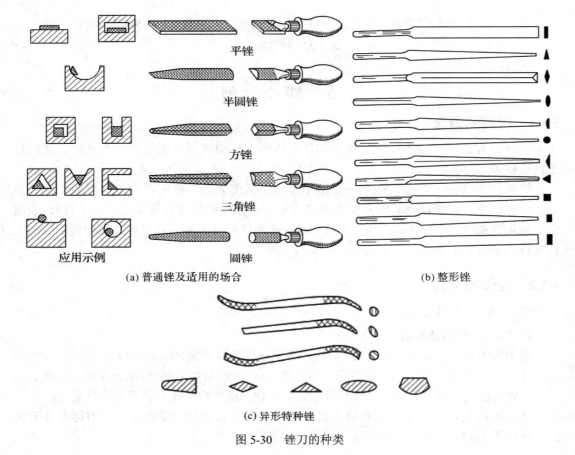

（a）普通锉及适用的场合　　　　　　　　（b）整形锉

平锉

半圆锉

方锉

三角锉

应用示例　　　　　圆锉

（c）异形特种锉

图 5-30　锉刀的种类

2）按长度分类

锉刀按长度可分为 100mm、200mm、250mm、300mm、350mm 和 400 mm 等六种。

3）按齿纹分类

锉刀按齿纹可分为单齿纹和双齿纹，双齿纹锉刀使用较多。

4）按齿纹疏密分类

锉刀按齿纹疏密可分为粗齿、细齿和油光锉等，锉刀的粗细以每 10 mm 长的齿面上锉齿齿数来表示，粗锉为 4 ～ 12 齿；细齿为 13 ～ 24 齿；油光锉为 30 ～ 36 齿。

3. 锉刀的选用

合理选用锉刀，对保证工件加工质量，提高工作效率和延长锉刀使用寿命有很大的影响。一般选择锉刀的原则如下：

1）锉刀断面形状的选用

锉刀的断面形状应根据被锉削零件的形状来选择，应使两者的形状相适应。锉削内圆弧面时，要选择半圆锉或圆锉（小直径的工件）；锉削内角表面时，要选择三角锉；锉削内直角表面时，可以选用扁锉或方锉等。选用扁锉锉削内直角表面时，要注意使锉刀没有齿的窄面（光边）靠近内直角的一个面，以免损伤该直角表面。

2）锉刀齿粗细的选择

锉刀齿的粗细要根据被加工工件的加工余量大小、加工精度、材料性质来选择。粗齿锉刀适用于加工大余量、尺寸精度低、形位公差大、表面粗糙度大、材料软的工件；反之应选择细齿锉刀。

3）锉刀尺寸规格的选用

锉刀尺寸规格应根据被加工工件的尺寸和加工余量来选用。加工尺寸大、余量大时，要选用大尺寸规格的锉刀，反之要选用小尺寸规格的锉刀。

4）锉刀齿纹的选用

锉刀齿纹要根据被加工工件材料的性质来选用。锉削铝、铜、软钢等软材料工件时，最好选用单齿纹（铣齿）锉刀。单齿纹锉刀前角大，楔角小，容屑槽大，切屑不易堵塞，切削刃锋利。

5.5.3 锉削的操作

1. 工件的装夹

工件必须牢固地装夹在虎钳钳口的中部，需锉削的表面应略高于钳口，但不能高得太多。夹持已加工表面时，应在钳口与工件之间垫以铜片或铝片。

2. 锉刀的握法

正确握持锉刀才能保证锉削的平稳运动，从而提高锉削质量。

1）大锉刀的握法

右手握持锉刀的方法都是一样的，即右手心抵着锉刀木柄的尾部，大拇指放在锉刀木柄的上面，其余四指自下而上地捏住锉柄，如图 5-31（a）所示。左手的基本握法是将拇指根部的肌肉压在锉刀上，拇指自然伸直，其余四指弯向手心，用中指和无名指捏住锉分前端，如图 5-31（a）所示。

2）中锉刀的握法

中锉刀的握法大致和大锉刀握法相同，左手用大拇指和食指捏住锉刀的前端，如图5-31（b）所示。

3）小锉刀的握法

握小锉刀时，右手食指伸直，拇指放在锉刀木柄上面，食指靠在锉刀的刀边，左手几个手指压在锉刀中部，如图5-31（c）所示。

4）更小锉刀的握法

握更小的锉刀如异形锉刀时，左手可握住右手，如图5-31（d）所示；又如整形锉刀，一般只用右手拿着锉刀，食指放在锉刀上面，拇指放在锉刀的左侧，如图5-31（e）所示。

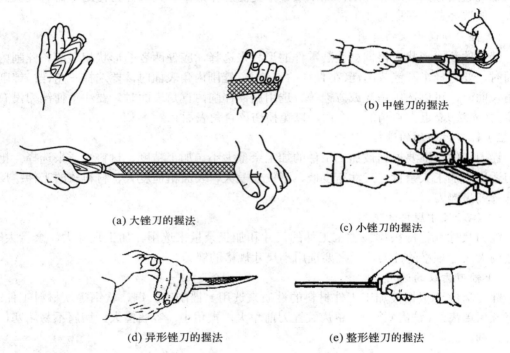

（a）大锉刀的握法　　　　　　　（b）中锉刀的握法

（c）小锉刀的握法

（d）异形锉刀的握法　　　　　（e）整形锉刀的握法

图 5-31　锉刀的握法

3．锉削的动作

1）锉削站位和姿势

锉削时的站立步位和姿势和锯削一样，如图5-32所示。锉削时，两手握住锉刀放在工件上面，左臂弯曲，左小臂与工件锉削面的左右方向保持基本平行，右臂和锉刀在一个平面，右小臂要与工件锉削面的前后方向保持基本平行，其余动作要领和锯削一致，这里不再赘述，如图5-33所示。

2）锉削过程的用力和速度

锉刀直线运动才能锉出平直的平面，在锉

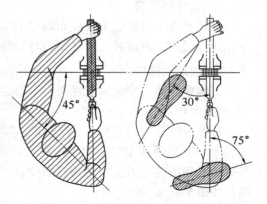

图 5-32　锉削时的站立步位和姿势

削过程中，以工件为支点，锉刀就形成了两个力臂。随着锉刀的推进，锉刀的前力臂长度增大，后力臂长度减小，为了保证锉刀的平衡，锉削时右手的压力要随着锉刀推进而逐渐增加，左手的压力要随锉刀推进而逐渐减小，如图5-34所示。回程时不要施加压力，以减少锉齿的磨损。

锉削速度一般应在每分钟40次左右，推进时稍慢，回程时稍快，动作要自然，要协调一致。

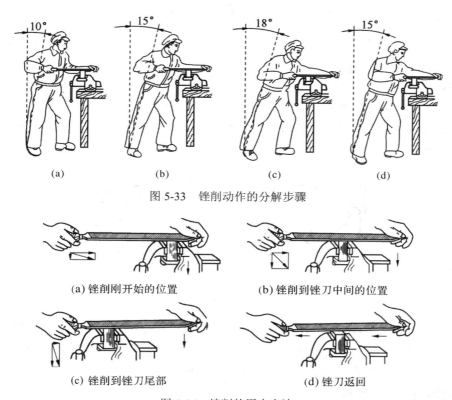

(a)   (b)   (c)   (d)

图 5-33 锉削动作的分解步骤

(a) 锉削刚开始的位置   (b) 锉削到锉刀中间的位置

(c) 锉削到锉刀尾部   (d) 锉刀返回

图 5-34 锉削的用力方法

4. 锉削平面质量的检验

钳工操作中，锉削是保证工件最终表面质量的常用加工方法。在锉削过程中，要不断对表面质量进行检测，工件尺寸离最终尺寸越近及加工余量越小，测量要越频繁，反之亦然。

检验锉削平面的工具有刀口形直尺、90°角尺和游标角度尺等。刀口形直尺、90°角尺可检验零件的直线度、平面度及垂直度。

1）平面度的检验方法

常用刀口尺通过透光法检验锉削面的平面度。检验时，刀口尺应垂直放在工件表面，在纵向、横向、对角方向多处逐一进行检验，其最大直线度误差即为该平面的平面度误差，如图5-35所示。其误差值可以用厚薄规（塞尺）塞入检查，如图5-36所示。

如果刀口尺与锉削平面间透光强弱均匀，说明该锉削面较平；反之，说明该锉削面不平，若某处透光多说明此处凹了，若某处透光少说明此处凸了。在后续的锉削中，凹的表面要少锉，凸的表面要多锉，以此修整，从而最终达到锉削表面质量合格。

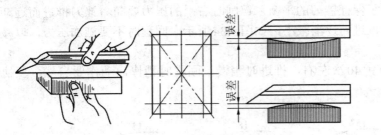

图 5-35　用刀口尺检验平面度

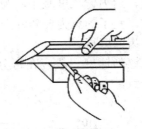

图 5-36　用塞尺测量误差值

2）垂直度的检验方法

如图 5-37 所示，用角尺进行垂直度的检验时，将角尺的短边轻轻地贴紧在工件的基准面上，长边靠在被检验的表面上，用透光法检验，要求与检验平面度相同。角尺不能放斜，因为这样检验是不准确的。采用此方法，需要在表面多处进行测量，才能准确测得所有面和面之间的垂直度。

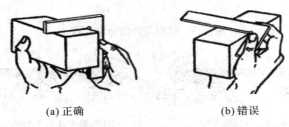

(a) 正确　　　　　　　　　　　　　(b) 错误

图 5-37　垂直度检验

刀口尺或直角尺在被检验平面上移动时，不能在平面上拖动，否则直尺的测量边容易磨损而降低其精度。同时，各种量具在使用时要轻拿轻放，以免损坏量具的测量边。使用后，要和锉刀、锯弓等工具分开摆放，以免磕碰量具。

5．锉削操作的注意事项

锉削操作的注意事项有：

（1）操作时应保持工具、锉刀、量具的摆放有序，以便取用。

（2）锉削姿势的正确与否，对锉削质量、锉削力的运用和发挥以及操作者的疲劳程度都起着决定作用。锉削姿势的正确掌握，须从锉刀握法、站立步位、姿势动作、操作等几方面进行，动作要协调一致，经过反复练习才能达到一定的要求。

（3）锉柄要装牢，无柄、裂柄或没有锉刀柄箍的锉刀不可使用。锉柄不允许露在钳桌外面，以免锉刀掉落地上砸伤脚或损坏锉刀；锉削时锉柄不能撞击到工件，以免锉柄脱落造成事故。

（4）不允许用嘴吹锉屑，以防锉屑飞入眼中，也不能用手触摸锉削表面。

（5）不允许将锉刀当撬棒或手锤使用。锉刀上不可沾油或水。

（6）长时间锉削后，锉齿中会卡入铁屑，要用钢丝刷或薄铁片对其进行清除，以免损伤锉齿。

5.5.4 锉削的应用

1. 平面的锉削

平面锉削常用三种方法。

1）顺向锉

顺向锉是锉刀顺一个方向锉削的运动方法。它具有锉纹清晰、美观和表面粗糙度较小的特点，适用于小平面和粗锉后的场合。顺向锉的锉纹整齐一致，顺向锉是最基本的一种锉削方法，如图 5-38（a）所示。

2）交叉锉

交叉锉是从两个以上不同方向交叉锉削的方法，锉刀运动方向与工件夹持方向成 30°～ 40° 角，如图 5-38（b）所示。它具有锉削平面度好的特点，但表面粗糙度稍差，且锉纹交叉。

3）推锉

推锉是双手横握锉刀往复锉削的方法，如图 5-38（c）所示。其锉纹特点同顺向锉。推锉适用于狭长平面和修整时余量较小的场合。

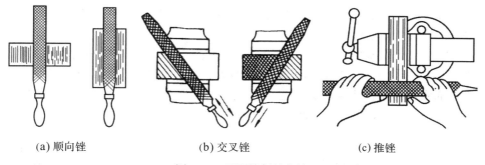

(a) 顺向锉   (b) 交叉锉   (c) 推锉

图 5-38 平面锉削的方法

2. 圆弧面的锉削

圆弧面锉削有外圆弧面和内圆弧面锉削两种。外圆弧面用平锉，内圆弧面用半圆锉或圆锉。

1）外圆弧面锉削

外圆弧面锉削，锉刀要完成两种运动：前进运动和锉刀围绕工件的转动。两手运动的轨迹是两条渐开线。锉削外圆弧面主要有两种锉削方法：

（1）横着圆弧锉。将锉刀横对着圆弧面，依次序把棱角锉掉，使圆弧处基本为接近圆弧的多边形，最后用顺锉法把其锉成圆弧，如图 5-39（a）所示。此方法效率高，适用于粗加工阶段。

（2）顺着圆弧锉。锉削时，右手向前推进锉刀的同时，再对锉刀施加向下的压力，左手捏着锉刀的另一端随着向前运动并向上提，使锉刀沿着圆弧表面一边向前推，同时又作圆弧运动，锉出一个圆滑的外圆弧面，如图 5-39（b）所示。这种方法，锉刀运动复杂，难以掌握，锉削量很小且效率较低，适用于精加工。

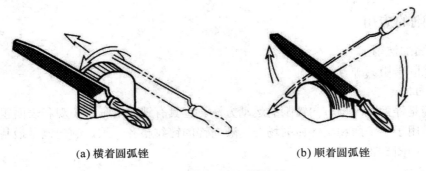

(a) 横着圆弧锉　　　　　　　　　　(b) 顺着圆弧锉

图 5-39　锉削外圆弧的方法

2）内圆弧面的锉削

锉削内圆弧面或圆孔一般选用半圆锉或圆锉，并且其断面形状应与要加工的内圆弧的曲率有关。锉削方法有如下三种：

（1）锉刀要同时完成三个运动。如图 5-40（a）所示，三个运动即锉刀的推进运动、沿着内圆弧面的左、右摆动和绕锉刀中心线的转动。三个运动要协调配合。这种方法要求技术水平较高，适用于精加工。

（2）横着内圆弧面作锉削。如图 5-40（b）所示，锉削时，锉刀只作直线运动。这种方法的优缺点同外圆弧面的同一种方法。

（3）推锉法。如图 5-40（c）所示，这种锉削方法适用于加工较狭窄的内圆弧面。加工时，双手握在锉刀的两端，将锉刀平放在工件上，双手推动锉刀沿着工件表面做曲线运动，在工件的整个加工面上锉削去一层极薄的金属。这种方法，锉刀在工件上容易平衡，切削力量小，操作省力，容易获得较光滑、精准的加工面，所以适用于精加工。

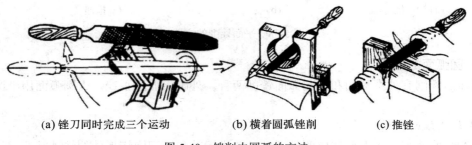

(a) 锉刀同时完成三个运动　　　(b) 横着圆弧锉削　　　　(c) 推锉

图 5-40　锉削内圆弧的方法

5.6　孔加工

孔加工的工艺方法包括钻孔、扩孔、镗孔、铰孔和锪孔等。其中镗孔需要在车床或镗床上用镗刀进行加工，一般用于加工孔径较大的工件，属于车工的操作范围。

孔加工通常的工序是钻孔，再扩孔，然后根据孔的设计要求进行铰孔和锪孔。

5.6.1　钻孔

1．钻孔的概念

用钻头在实体材料上加工圆孔的工艺过程称为钻孔。

在钻床上钻孔时，工件固定不动，钻头要同时完成两个运动才能进行钻孔。主运动：钻头绕轴心作顺时针旋转。进给运动：钻头对工件沿轴线方向的移动。钻削的运动如图 5-41 所示。

2．钻孔的设备

钻孔需要机床，如：钻床、车床和铣床等和刀具(即钻头)等设备。

v—主运动；f—进给运

图 5-41　钻削运动

1）常用钻床

（1）台式钻床。台式钻床简称台钻，如图 5-42 所示。台钻小巧灵活，使用方便，结构简单，主要用于加工小型工件上直径小于 13 mm 的各种小孔。在仪表制造、钳工和装配中用得较多。

钻头通过钻夹头装在主轴上，由电机经带传动带动旋转。通过改变传动带在带轮上的位置，可以使主轴得到不同的转速。台钻的主轴进给通过转动进给手柄实现。

（2）立式钻床。立式钻床简称立钻，如图 5-43 所示。立钻刚性好，功率大，允许采用较大的切削用量，生产率较高，加工精度也较高，适用于使用不同的刀具进行钻孔、扩孔、锪孔、铰孔和攻螺纹等加工。

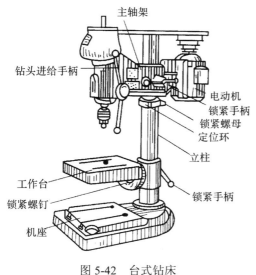

图 5-42　台式钻床

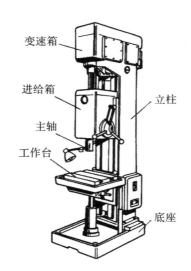

图 5-43　立式钻床

立式钻床主要由机座、立柱、主轴变速箱、进给箱、主轴、工作台和电动机等组成。主轴变速箱和进给箱与车床的主轴变速箱和进给箱类似，用来改变主轴的转速和进给量。

立钻主轴的轴向进给可自动进给，也可作手动进给。在立钻上加工多孔工件时可通过移动工件来完成，但对大型或多孔工件的加工十分不便，因此立钻适用于单件、小批量生产中加工中小型工件上直径小于 80 mm 的孔。

（3）摇臂钻床。如图5-44所示，摇臂钻床可以自动操作，也可以手动操作，适用于大型工件、多孔工件上的大、中、小孔加工，广泛用于单件和成批生产中。

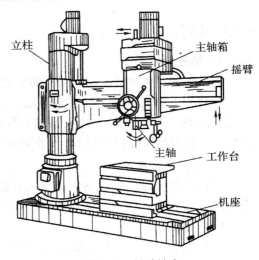

图 5-44　摇臂钻床

摇臂钻床的摇臂可绕立柱回转到所需位置后重新锁定，主轴箱带着主轴可在摇臂上水平移动，摇臂可沿着立柱作上下调整运动，因而能方便地调整刀具的位置，以便对准被加工孔的中心，而工件无需移动。

2）钻头

（1）麻花钻。麻花钻主要由工作部分、颈部和柄部组成。其柄部有直柄和锥柄两种，如图5-45（a）所示。它一般用高速钢（W18Cr4V）制成，淬火后硬度为 $62 \sim 68$ HRC。

标准麻花钻的切削部分由两条主切削刃、两条副切削刃、一条横刃和两个前刀面、两个后刀面以及两个副后刀面组成，如图5-45（b）所示。

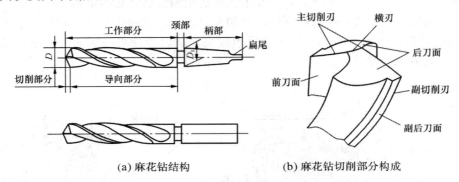

(a) 麻花钻结构　　　　　　(b) 麻花钻切削部分构成

图 5-45　麻花钻

（2）群钻。群钻是用标准麻花钻头经刃磨而成的高加工精度、高生产率、高寿命、适应性强的新型钻头。

标准群钻主要是用来钻削碳钢和各种合金钢的。如图5-46所示，其结构特点为：三尖七刃、两种槽。三尖是由于在后刀面上磨出了月牙槽，使主切削刃形成三个尖；七刃是两条外刃、两条内刃、两条圆弧刃和一条横刃；两种槽是月牙槽和单面分屑槽。

除此之外，还有钻薄板群钻、钻铸铁群钻和钻青铜或黄铜群钻等群钻。

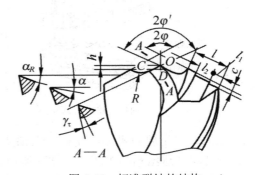

图 5-46　标准群钻的结构

3. 钻削用量的选择

1）钻削用量

钻削用量包括切削速度、进给量和切削深度三要素。

（1）切削速度 v。钻削时切削速度指钻孔时钻头外缘上一点的线速度，单位为 m/min。其计算公式为：

$$v = \frac{\pi D n}{1000}$$ 　　　　　　　（5-1）

式中 D——钻头直径，mm；

　　n——钻床主轴转速，r/min。

（2）钻削时的进给量 f。钻削时的进给量 f 指主轴每转一转，钻头沿轴线的相对移动量，单位是 mm/r。

（3）切削深度 a_p。钻削时切削深度指已加工表面与待加工表面之间的垂直距离，对钻削而言，$a_p = D/2$mm。

2）钻削用量的选择目的

选择钻削用量的目的，是在保证加工精度和表面粗糙度及刀具合理使用寿命的前提下，使生产率得到提高。

3）钻削用量的选择方法

（1）钻削速度的选择。钻削速度对钻头的使用寿命影响较大，应选取一个合理的数值，在实际应用中，钻削速度往往根据经验数值选取，见表5-2，再将选定的钻削速度换算为钻床转速 n，$n = 1000v/\pi D$（r/min）。

表5-2　标准麻花钻的钻削速度

钻削材料	钻削速度（m/min）	钻削材料	钻削速度（m/min）
铸铁	12～30	合金钢	10～18
中碳钢	12～22	铜合金	30～60

表5-3　标准麻花钻的进给量

钻头直径D/mm	<3	3～6	6～12	12～25	>25
进给量f/（mm/r）	0.025～0.05	0.05～0.1	0.1～0.18	0.18～0.38	0.38～0.62

（2）进给量的选择。孔的表面粗糙度要求较小和精度要求较高时，应选较小的进给量；孔较深或钻头较长时，也应选择较小的进给量。常用标准麻花钻的进给量数值见表5-3。

4. 钻孔操作

1）钻头的拆装

（1）直柄麻花钻的拆装。装夹直柄麻花钻的夹具是钻夹头，钻夹头可自动定中心，装卸时用紧固扳手，如图5-47（a）所示。

（2）锥柄麻花钻的拆装。锥柄钻头无法直接安装在钻床主轴上，需要先用钻套进行套装，钻套孔的一端安装钻头，另一端外锥面接钻床主轴内锥孔。根据莫氏锥号数，采用相应的钻套。

锥柄麻花钻安装时，把套装钻头的钻套沿主轴轴线向上推压，拆卸钻头时用楔铁，如图5-47（b）所示。

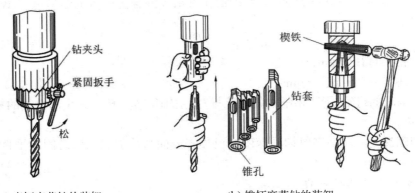

(a) 直柄麻花钻的装卸　　　　　　　(b) 锥柄麻花钻的装卸

图 5-47　钻头的装卸

2）工件的装夹

工件在钻孔时，为保证钻孔的质量和安全，应根据工件的不同形状和切削力的大小，采用不同的装夹方法，如图5-48所示。

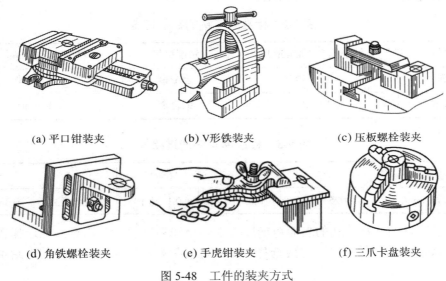

(a) 平口钳装夹　　　　　　(b) V形铁装夹　　　　　　(c) 压板螺栓装夹

(d) 角铁螺栓装夹　　　　　(e) 手虎钳装夹　　　　　　(f) 三爪卡盘装夹

图 5-48　工件的装夹方式

3）钻孔方法

（1）起钻。钻孔前，应在工件的钻孔中心位置用样冲冲出样冲眼，以便找正。

钻孔时，先使钻头对准钻孔中心轻钻出一个浅坑，观察钻孔位置是否正确，如有误差，及时借正，使浅坑与孔中心同轴。借正方法：如位置偏差较小，可在起钻同时用力将工件向偏移的反方向推移，逐步借正；当位置偏差较大时，可在借正位置上打上几个样冲眼或錾出几条槽，如图5-49所示，以减少此处的钻削阻力，达到借正的目的。

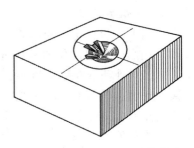

图 5-49　用錾槽来纠正钻偏的孔

（2）手进给操作。当起钻达到钻孔位置要求后，即可进行钻孔。钻孔时应注意以下几点：

① 进给时用力不可太大，以防钻头弯曲，使钻孔轴线歪斜。

② 钻深孔或小直径孔时，进给力要小，并经常退钻排屑，防止切屑阻塞而折断钻头。

③ 孔将钻通时，进给力必须减小，以免进给力过大，造成钻头折断，或使工件随钻头转动造成事故。

4）钻孔时的切削液

钻孔时应加注足够的切削液，以达到钻头散热，减少摩擦，消除积屑瘤，降低切削阻力，提高钻头使用寿命，改善孔的加工表面质量的目的。

一般钻钢件时用3%～5%的乳化液；钻铸铁时，可以不加或用煤油进行冷却润滑。

5）钻孔操作的注意事项

钻孔操作的注意事项如下：

（1）钻孔前，清理好工作场地，检查钻床安全设施是否齐备，润滑状况是否正常。

（2）扎紧衣袖，戴好工作帽，严禁戴手套操作钻床。

（3）开动钻床前，检查钻夹头钥匙或斜铁是否插在钻床主轴上。

（4）工件应装夹牢固，不能用手扶持工件钻孔。

（5）清除切屑时不能用嘴吹或用手拉，要用毛刷清扫，缠绕在钻头上的长切屑，应停车用铁钩去除。

（6）停车时应让主轴自然停止，严禁用手制动。

（7）严禁在开车状态下测量工件或变换主轴转速。

（8）清洁钻床或加注润滑油时应切断电源。

5.6.2 扩孔

1. 扩孔的概念

用扩孔工具将工件上已加工孔径扩大的加工方法称为扩孔。扩孔具有切削阻力小，产生的切屑小、排屑容易，避免了横刃切削所引起的不良影响的特点。

扩孔公差可达IT9～IT10级，表面粗糙度可达$Ra3.2\ \mu m$。因此，扩孔常作为孔的半精加工和铰孔前的预加工。

2. 扩孔钻的种类和结构

扩孔钻按刀体结构可分为整体式和镶片式两种；按装夹方式可分为直柄、锥柄和套式三种，图5-50是部分扩孔钻的结构。

3. 扩孔钻的应用

由于扩孔条件的改善，扩孔钻与麻花钻存在较大的不同：

（1）扩孔钻中心不切削，因此没有横刃，切削刃只有外缘处的一小段。

（2）钻心较粗，可以提高钻的刚性，使切削更加平稳。

（3）因扩孔产生的切屑体积小，容屑槽也浅，因此扩孔钻可做成多刀齿，以增强导向作用。

（4）扩孔时切削深度小，切削角度可取较大值，使切削省力。

用扩孔钻扩孔时，必须选择合适的预钻孔直径和切削用量。一般预钻孔直径为扩孔直径的0.9倍，进给量为钻孔进给量的1.5～2倍，切削速度为钻孔切削速度的1/2。

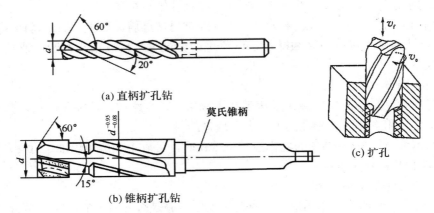

(a) 直柄扩孔钻

(b) 锥柄扩孔钻

(c) 扩孔

图 5-50　扩孔钻和扩孔

5.6.3　铰孔

1. 铰孔的概念

用铰刀从工件孔壁上切除微量的金属层，以提高孔的尺寸精度和降低表面粗糙度的加工方法称为铰孔。

铰孔属于对孔的精加工，一般铰孔的尺寸公差可达到IT7～IT9级，表面粗糙度可达Ra1.6 μm。

2. 铰刀的种类和结构

1）铰刀的种类

铰刀按刀体结构可分为整体式铰刀、焊接式铰刀、镶齿式铰刀和装配可调铰刀；按外形可分为圆柱铰刀和圆锥铰刀；按使用场合可分为手用铰刀和机用铰刀；按刀齿形式可分为直齿铰刀和螺旋齿铰刀；按柄部形状可分为直柄铰刀和锥柄铰刀。铰刀的种类如图5-51所示。

2）铰刀的结构

铰刀由柄部、颈部和工作部分组成，如图5-52所示。

（1）柄部。柄部是用来装夹、传递扭矩和进给力的部分，有直柄和锥柄两种。

（2）颈部。颈部是磨制铰刀时供砂轮退刀用的，同时也是刻制商标和规格的地方。

（3）工作部分。工作部分的铰刀齿数一般为6～16齿，可使铰刀切削平稳、导向性好。为克服铰孔时出现的周期性振纹，手用铰刀采用不等距分布刀齿。工作部分又分为切削部分和校准部分：

① 切削部分。在切削部分的最前端磨有45°倒角，便于铰孔开始时将铰刀引入，并起保护切削刃的作用，此部分也称引导锥；紧接引导锥后面的是切削部分，这部分是承担主要铰削工作的锥体。

② 校准部分。切削部分的后面是校准部分，校准部分主要用来导向和校准铰孔的尺寸，也是铰刀磨损后的备磨部分。

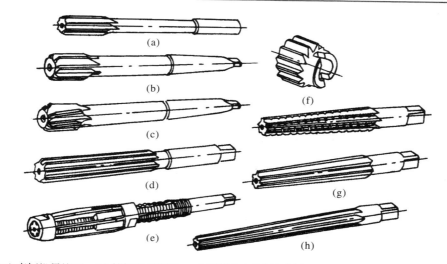

(a) 直柄机用铰刀；(b) 锥柄机用铰刀；(c) 硬质合金锥柄机用铰刀；(d) 手用铰刀；

(e) 可调节手用铰刀；(f) 套式机用铰刀；(g) 直柄莫式圆锥铰刀；(h) 手用1:50锥度铰刀

图 5-51　铰刀的类型

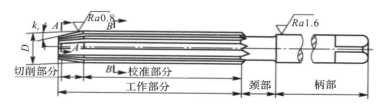

图 5-52　铰刀的结构

3. 铰孔用量的选择

1）铰削余量

铰削余量是指上道工序(钻孔或扩孔)留下的直径方向上的加工余量。

铰削余量不宜过大，因为铰削余量过大，会使铰刀刀齿负荷增加，加大切削变形，使工件被加工表面产生撕裂纹，降低尺寸精度，增大表面粗糙度，同时也会加速铰刀的磨损。但铰削余量也不宜过小，否则，上道工序残留的变形难以纠正，无法保证铰削质量。

表5-4　铰削余量的选用

铰刀直径/mm	<8	8～20	21～32	33～50	51～70
铰削余量/mm	0.1	0.15～0.25	0.25～0.3	0.35～0.5	0.5～0.8

2）机铰切削用量

机铰切削用量包括切削速度和进给量。当采用机动铰孔时，应选择适当的切削用量。

铰削钢材时，切削速度应小于8 m/min，进给量控制在0.4 mm/r左右；铰削铸铁材料时，切削速度应小于10 m/min，进给量控制在0.8 mm/r左右。

4. 铰孔的操作

铰孔的操作分为手动铰孔和机动铰孔两种。

1）铰刀的选用

铰孔时，首先要使铰刀的直径规格与所铰孔相符合，其次还要确定铰刀的公差等级。标准铰刀的公差等级分为 h7、h8、h9 三个级别。若铰削精度要求较高的孔，必须对新铰刀进行研磨，然后再进行铰孔。

2）铰刀的操作方法

（1）手动铰孔。在手铰起铰时，应用右手在沿铰孔轴线方向上施加压力，左手转动铰刀。两手用力要均匀、平稳，不应施加侧向力，保证铰刀能够顺利引进，避免孔口成喇叭形或孔径扩大。

在铰孔过程中和退出铰刀时，为防止铰刀磨损及切屑挤入铰刀与孔壁之间，划伤孔壁，铰刀不能反转。

铰削盲孔时，应经常退出铰刀，清除切屑。

（2）机动铰孔。机铰时，应尽量使工件在一次装夹过程中完成钻孔、扩孔和铰孔的全部工序，以保证铰刀中心与孔的中心的一致性。

铰孔完毕后，应先退出铰刀，然后再停车，防止划伤孔壁。

（3）铰孔时添加冷却液。常用适当的冷却液来降低刀具和工件的温度，防止产生切屑瘤，并减少切屑细末粘附在铰刀和孔壁上，从而提高孔的质量。

5.6.4　锪孔

用锪钻（或经改制的钻头）对工件孔口进行形面加工的操作，称为锪孔。常见锪孔的应用如图 5-53 所示。

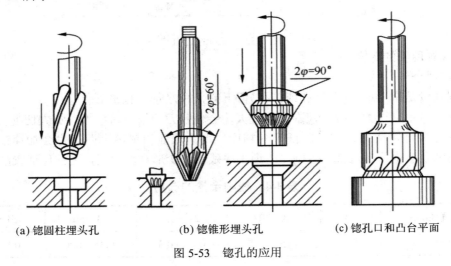

(a) 锪圆柱埋头孔　　　　(b) 锪锥形埋头孔　　　　(c) 锪孔口和凸台平面

图 5-53　锪孔的应用

5.7　攻螺纹和套螺纹

螺纹被广泛应用于各种机械设备、仪器仪表中，是作为连接、紧固、传动及调整的一种机构。钳工操作中，常采用攻螺纹和套螺纹的方法分别加工内螺纹和外螺纹。

5.7.1　攻螺纹

用丝锥在工件的孔中加工出内螺纹的操作方法称攻螺纹(简称攻丝),加工精度为7H,表面粗糙度为3.2～6.3 μm。攻螺纹可以在钻床上,但单件、小批生产中主要用手工操作。

1. 攻螺纹的工具

1)丝锥

丝锥是加工内螺纹的工具,主要分为机用丝锥与手用丝锥。丝锥按其用途不同可以分为普通螺纹丝锥、英制螺纹丝锥、圆柱管螺纹丝锥和圆锥管螺纹丝锥等。

丝锥的主要构造如图5-54所示。丝锥由工作部分和柄部构成,其中工作部分包括切削部分和校准部分。丝锥的柄部做有方榫,便于夹持。

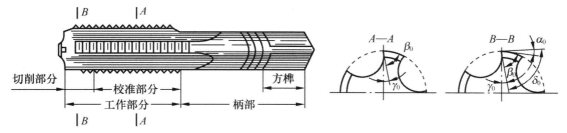

图 5-54　丝锥的构造

为减少切削阻力,延长丝锥的使用寿命,一般将整个切削工作分配给几只丝锥来完成。

通常M6～M24的丝锥每组有两只,分别称为头锥和二锥。

M6以下和M24以上的丝锥每组有三只,分别称为头锥、二锥和三锥。这是因为M6以下的丝锥直径小,易被扭断;M24以上的丝锥切除量大,都需要分几次逐步切除。

细牙普通螺纹丝锥每组有两只。

2)铰杠

铰杠是手工攻螺纹时用来夹持丝锥的工具,如图5-55所示。铰杠分为普通铰杠和丁字铰杠两类,也可分为固定式和活络式两种。

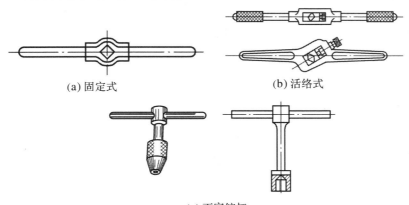

(a) 固定式　　　　　　　(b) 活络式

(c) 丁字铰杠

图 5-55　各类铰杠

丁字铰杠主要用于攻工件凸台旁的螺纹或箱体内部的螺纹。活络式铰杠可以调节夹持丝锥方榫。

2. 攻螺纹的操作

1）攻螺纹的参数计算

（1）攻螺纹前底孔直径的计算。对于普通螺纹来说，底孔直径可根据下列经验公式计算：

$$脆性材料：D_底 = D - 1.05P \tag{5-2}$$
$$韧性材料：D_底 = D - P \tag{5-3}$$

式中，$D_底$——底孔直径；

D——螺纹大径；

P——螺距。

（2）攻螺纹前底孔深度的计算。攻盲孔螺纹时，由于丝锥切削部分有锥角，前端不能切出完整的牙型，所以底孔深度应大于螺纹的有效深度。底孔深度可按下面公式计算：

$$H_钻 = h_{有效} + 0.7D \tag{5-4}$$

式中，$H_钻$——底孔深度；

$h_{有效}$——螺纹有效深度；

D——螺纹大径。

2）攻螺纹的操作步骤

（1）工件安装。将加工好底孔的工件固定好，孔的端面应基本保持水平。

（2）倒角。在孔口部倒角，倒角处的直径可略大于螺孔大径，以便于丝锥切入，并防止孔口螺纹崩裂。

（3）丝锥的选择和安装。攻螺纹时必须按头锥、二锥和三锥的顺序攻至标准尺寸。在较硬的材料上攻螺纹时，可轮换各丝锥交替使用，以减小切削部分的负荷，防止丝锥折断。选择好的丝锥需要在铰杠上安装时，一定要确保丝锥柄部的方榫和铰杠的方口对齐，然后拧紧。

（4）攻螺纹。起攻时应使用头锥。用手掌按住铰杠中部，沿丝锥轴线方向加压用力，另一手配合做顺时针旋转，如图5-56（a）所示；或两手握住铰杠两端均匀用力，并将丝锥顺时针旋进，如图5-56（b）所示。一定要保证丝锥中心线与底孔中心线重合，不能歪斜，可用直角尺检验攻螺纹垂直度，如图5-57所示。

当丝锥切削部分全部进入工件时，不要再施加压力，只需靠丝锥自然旋进切削。此时，两手要均匀用力，铰杠每转1/2～1圈，应倒转1/4～1/2圈以便断屑。

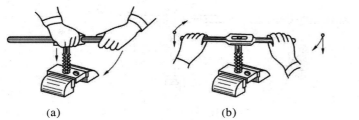

(a)　　　　　　　　(b)

图 5-56　起攻方法

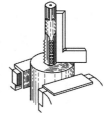

图 5-57　检验攻螺纹垂直度

攻螺纹时必须按头锥、二锥、三锥的顺序攻削，以减小切削负荷，防止丝锥折断。

攻盲孔螺纹时，可在丝锥上做上深度标记，并经常退出丝锥，将孔内切屑清除，否则会因切屑堵塞而折断丝锥或攻不到规定深度。

（5）润滑。对钢件攻螺纹时应加乳化液或机油。对铸铁、硬铝件攻螺纹时一般不加润滑油，必要时可加煤油润滑。

5.7.2　套螺纹

用板牙在圆杆上加工出外螺纹的加工方法称套螺纹。套螺纹加工的加工质量较低，加工精度为 7 h，表面粗糙度为 3.2 ～ 6.3 μm。

1．套螺纹的工具

1）板牙

板牙是加工外螺纹的工具。它由合金工具钢制作而成，并经淬火处理。板牙结构如图5-58 所示，板牙由切削部分、校准部分和排屑孔组成。

2）板牙架

板牙架是装夹板牙用的工具，其结构如图5-59 所示。板牙放入板牙架后，用螺钉紧固。

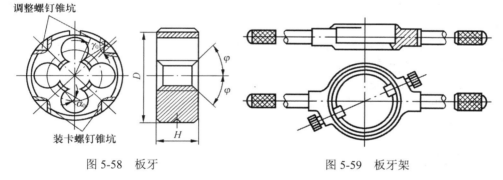

图 5-58　板牙　　　　　　　　　　图 5-59　板牙架

2．套螺纹的操作

1）套螺纹的参数计算

与攻螺纹一样，用板牙套螺纹的切削过程中也同样存在挤压作用。因此，圆杆直径应小于螺纹大径，其直径尺寸可通过下式计算得出：

$$d_杆 = d - 0.13P \tag{5-5}$$

式中，$d_杆$——圆杆直径；

　　　d——螺纹大径；

　　　P——螺距。

2）套螺纹的操作步骤

套螺纹的操作步骤如下：

（1）工件安装。套螺纹时圆杆工件一般夹在虎钳中，保持基本垂直。

（2）倒角。圆杆端部应倒角，并且倒角锥面的小端直径应略小于螺纹小径，以便于板牙正确地切入工件，而且可以避免切出的螺纹端部出现锋口和卷边。

（3）选择和安装板牙。根据标准螺纹选择合适的板牙，并将其安装在板牙架内，用顶丝紧固。

（4）板牙。 起套方法与攻螺纹的起攻方法一样，用一手手掌按住铰杠中部，沿圆杆轴线方向加压用力，另一手配合做顺时针旋转，动作要慢，压力要大，同时保证板牙端面与圆杆轴线垂直。在板牙切入圆杆2圈之前及时校正。板牙切入4圈后不能再对板牙施加进给力，让板牙自然引进。套削过程中要不断倒转断屑。

（5）润滑。

5.8　刮　　削

5.8.1　刮削的概念

用刮刀在工件已加工表面上刮去一层很薄金属的加工方法称为刮削。

刮削是在工件与校准工具或与其配合的工件之间涂上一层显示剂，经过对研，使工件上较高的部位显示出来，然后用刮刀刮去较高部分的金属层。刮削同时，刮刀采用负前角刮削，对工件有推挤和压光的作用，这样反复地显示和刮削，就能使工件的加工精度达到预定要求。

刮削可分为平面刮削和曲面刮削两种。平面刮削有单个平面刮削（如平板、工作台）和组合平面刮削（如V形导轨、燕尾槽面等），曲面刮削有内圆柱面、内圆锥面刮削和球面刮削。

通过刮削后的工件表面，不仅能获得很高的形位精度和尺寸精度，而且能使工件的表面组织紧密和获得小的表面粗糙度，还能形成比较均匀的微浅坑，创造良好的存油条件，减少摩擦阻力。因此，刮削常用于零件上互相配合的重要滑动面，如机床异轨面、滑动轴承等，并且在机械制造，工具、量具制造和修理中占有重要地位。但刮削的缺点是生产率低，劳动强度大。

5.8.2　刮削的工具

1．刮刀

刮刀是刮削的主要工具，有平面刮刀和曲面刮刀两类。

1）平面刮刀

平面刮刀用于刮削平面和横刃刮花。平面刮刀一般用T12A钢制成，如图5-60所示，也可以用焊接高速钢或硬质合金头。

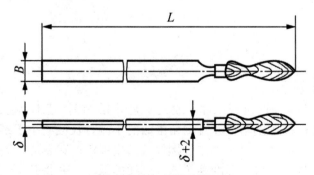

图 5-60　直头平面刮刀

2）曲面刮刀

曲面刮刀用于刮削内曲面，常用的有三角刮刀和蛇头刮刀。

（1）三角刮刀。三角刮刀可由三角挫刀改制或用工具钢锻制。一般三角刮刀有 3 个长弧形刀刃和 3 条长的凹槽，如图 5-61（a）所示。

（2）蛇头刮刀。蛇头刮刀由工具钢锻制成形。它利用两圆弧面刮削内曲面，它的特点是有 4 个刃口，如图 5-61（b）所示。

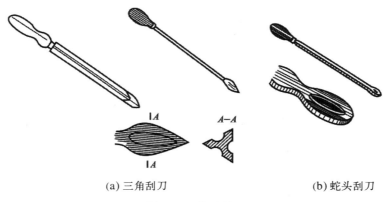

(a) 三角刮刀   (b) 蛇头刮刀

图 5-61　曲面刮刀

2. 校准工具

校准工具是用来研点和检查被刮削面准确性的工具，也称研具。常用的校准工具有校准平板（台）、校准直尺、角度尺以及根据被刮削面形状设计的专用校准型板。

3. 显示剂

工件和校准工具对研时，所加的涂料称为显示剂。其作用是显示工件误差的位置和大小。常用的显示剂有红丹粉和蓝油。

5.8.3　刮削的操作

1. 刮削的姿势方法

目前采用的刮削姿势有手刮式和挺刮式两种。

（1）手刮式。右手握刀柄，左手四指向下握住近刮刀头部约 50 mm 处，刮刀与被刮削表面成 25°～30° 角。同时，左脚前跨一步，上身随着左脚往前倾斜，使刮刀向前推进，左手下压，落刀要轻，当刮刀推进到所需要位置时，左手迅速提起，完成一个手刮动作，如图 5-62（a）所示。

（2）挺刮式。将刮刀柄放在小腹右下侧，双手并拢握在刮刀前部距刀刃约 80 mm 处，左手下压，利用腿部和臀部力量，使刮刀向前推进，在刮刀推动到位的瞬间，同时用双手将刮刀提起，完成一次刮点，如图 5-62（b）所示。

2. 刮削步骤

（1）粗刮。粗刮是用粗刮刀在刮削平面上均匀地铲去一层金属，以很快除去刀痕，锈斑或过多的余量。当工件表面研点为 4～6 点 /25 mm×25 mm，并且有一定细刮余量时粗刮止。

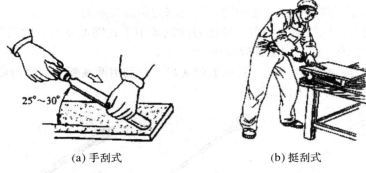

(a) 手刮式   (b) 挺刮式

图 5-62　刮削的姿势

（2）细刮。细刮是用细刮刀在经粗刮的表面上刮去稀疏的大块高研点，进一步改善不平现象。细刮时要朝一个方向刮，第二遍刮削时要用45°或65°的交叉刮网纹。当平均研点为10～14点/25 mm×25 mm时细刮停止。

（3）精刮。精刮是用小刮刀或带圆弧的精刮刀进行刮削，使研点达到20～25点/25 mm×25 mm。精刮时常用点刮法（刀痕长为5 mm），且落刀要轻，起刀要快。

（4）刮花。刮花的目的主要是美观和积存润滑油。常见的刮花花纹有：斜纹花纹、鱼鳞花纹和燕形花纹等。

5.9　钳工综合工艺举例

按图5-63的要求加工工件——榔头，榔头是钳工操作训练的常见工件，涉及工艺的安排、划线、锯削、锉削、钻孔、攻丝和测量等钳工涉及的多数内容，能够很好地检测学生对钳工操作的掌握程度。

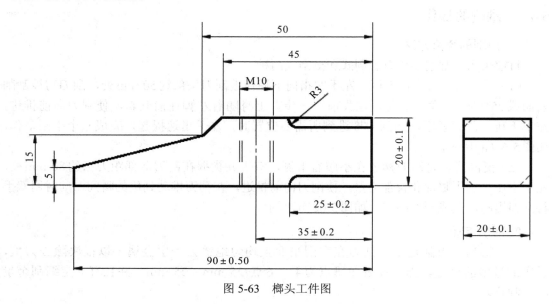

图 5-63　榔头工件图

表5-5　榔头工件的加工步骤　　　　　　　　　　单位：mm

序号	工序名	制作工艺及要求	使用的工具
1	锯割	划线，下料92×22×22，断面误差0.5	划针、锯弓、钢板尺
2	基面锉削	锉削92×22基面，要求平面度误差0.04，直线度误差0.06	锉刀、刀口直角尺
3	三面锉削	锉削其余3大面，成92×20×20的长方形，要求平面度误差0.04，直线度误差0.06，垂直度误差0.06	锉刀、刀口直角尺、游标卡尺
4	端面锉削	锉削余下的2个端面，成90×20×20的长方形，要求两端面与其它4个大面垂直，垂直度误差0.06	锉刀、刀口直角尺、游标卡尺
5	轮廓划线	划出所有轮廓线，要求线条清晰，无重复，无歪曲	划线平板、高度游标尺
6	两斜面锯削	按线条锯削，不得过线	锯弓
7	两斜面锉削	按线条锉削，不得过线，锉面平面度误差0.04，直线度误差0.06，且与相邻两90×20平面垂直，垂直度误差0.06	锉刀、刀口直角尺、游标卡尺
8	四棱边锉削	对边误差0.1，圆弧与直边相切	圆锉、平口挫、游标卡尺
9	钻孔	划线确定中心，打样冲，钻ϕ8.7底孔	划线平板、高度游标尺、样冲、钻床、钻头
10	攻丝	M10螺纹攻丝，螺纹孔垂直到底	M10丝锥，丝锥扳手
11	去毛刺	工件棱边倒角，要求倒角光滑	锉刀

5.10　钳工操作安全注意事项

钳工操作安全注意事项如下：

（1）工作时要穿工作服，不准穿拖鞋或高跟鞋上班。

（2）工作前先检查工作场地及工具是否安全，若有不安全之处及损坏现象，应及时清理和修理，并将工具安放妥当，同时要保证工作场地的整洁，文明生产。

（3）在清理废屑时要用刷子，不可用嘴吹或用手直接清除，以免伤手或伤眼。

（4）在使用电器设备时，必须严格遵循安全规程，服从老师指导。在操作机床时，严禁戴手套，在使用钻头钻孔时严禁用棉纱接触钻头或擦拭零件，女同学在使用钻床时必须佩戴工作帽，以免造成事故。发现损坏或故障时应立即停机，切断电源并报告老师。使用砂轮时，用力不能太猛，刃磨时人必须站在侧边。

（5）操作时要时刻注意安全，防止意外。

（6）工作场地要保持整洁，工件毛坯和原材料要堆放整齐。

5.11 机械的装配和拆卸

从原材料进厂起，需要经过铸造、锻造毛坯，在金工车间把毛坯制成零件，用车、铣、刨、磨、钳等加工方法，改变毛坯的形状和尺寸。装配就是在装配车间，按照一定的精度、标准和技术要求将若干零件或部件组装成半成品或成品的工艺过程。

装配是整个制造过程的最后工作环节，直接影响到产品的质量，因此，装配在机械制造过程中占有重要的地位。

5.11.1 装配的概念

1. 产品装配的工艺过程

1）准备工作

（1）研究和熟悉产品装配图及有关的技术资料，了解产品的结构，各零件的作用、相互关系及联接方法；

（2）确定装配方法；

（3）划分装配单元，确定装配顺序；

（4）选择装配时所需的工具、量具和辅具等；

（5）制定装配工艺卡。

2）装配过程

一般按照组件装配、部件装配和总装配的顺序完成一个机器或产品的装配。

（1）组件装配。组件装配是将若干个零件安装在一个基础零件上，构成组件，例如：减速器的轴与齿轮的装配。

（2）部件装配。部件装配是将若干个零件或组件安装在另一个基础零件上，构成部件，例如：减速器的装配。

（3）总装配。将若干个零件、组件或部件安装在另一个较大、较重的基础零件上构成功能完善的产品为总装配。例如：车床各部件与床身的装配。

3）调整、精度检验和试车

（1）调整工作。调整工作就是调节零件或机构部件的相互位置，配合间隙，结合松紧等，目的是使机构或机器工作协调。

（2）精度检验。精度检验就是用检测工具，对产品的工作精度或几何精度进行检验，直至达到技术要求为止。

（3）试车。试车是指设备装配后，按设计要求进行的运转试验，其目的是检验机构或机器运转的灵活性、振动、工作温升、噪声、转速及功率等性能是否符合要求。

2. 装配工艺方法

1）互换装配法

互换装配法就是在装配时，各配合零件不经修理，选择或调整即可达到装配精度的方法。它又可分为完全互换法与不完全互换法。

（1）完全互换法。装配时，零件不经挑选或修配就能装配成合格的产品，称为完全互换法。

完全互换法操作简单，易于掌握，生产效率高，零件更换方便，但零件加工精度要求高，适合于批量生产。

（2）不完全互换法（选配法）。该方法是将零件的制造公差适当放宽，然后选取其中尺寸相当的零件进行装配，以达到配合要求。

选配法装配最大的特点是既提高了装配精度，又不增加零件制造费用，但利用此法装配时间较长，有时可能造成半成品和零件的积压，因而选配法适用于成批或大量生产中装配精度高、配合件的组成数少及不便于采用调整法装配的情况。

2）分组装配法

分组装配法是在成批或大量生产中，将产品各配合副的零件按实测尺寸分组，装配时按组进行互换装配，以达到装配精度的方法。

此法可在完全互换法所确定的各零件基本尺寸和偏差的基础上，扩大各零件的制造公差以改善其加工经济性，然后将制成后的零件按实际尺寸大小分组，再将相应件进行装配，用经济成本较低的低精度零件，却能装配出高精度的机器，这是分组装配法的优越性。

3）修配装配法

当装配精度要求较高，采用完全互换法不够经济时，在装配时修正指定零件上预留修配量以达到装配精度的方法，即为修配装配法。

此方法可以扩大零件制造公差，使加工方便，制造成本低廉。装配时，用钳工修配方法，改变其中某一预先规定的零件尺寸，使装配精度满足图样要求。预先规定在装配时改变其尺寸的那个零件，称为补偿件。一边装，一边修配，这种装配方法在单件、小批量生产中及装配精度要求高且组成件多时应用很广。

4）调整装配法

调整装配法指在装配时，用改变产品中可调整零件的相对位置或选用合适的调整件以消除零件积累误差，从而达到装配的精度方法。调整件分固定调整件（如垫片等）和活动调整件（如调节螺钉、楔形块等）。

调整法只靠调整就能达到装配的精度要求，并可定期调整，容易恢复配合精度，对于容易磨损及需要改变配合间隙的结构极为有利，但此法由于增设了调整用的零件，结构显得稍复杂，易使配合件刚度受到影响。

3. 装配单元系统图

1）装配单元

零件是组成机器（或产品）的最小单元，其特征是没有任何相互连接的部分。部件是由两个或两个以上零件以不同的方式连接而成的装配单元，其特征是能够单独进行装配，我们把可以单独进行装配的部件称为装配单元。

2）装配单元系统图

表示装配单元装配先后顺序的图称为装配单元系统图。

图5-64（a）为锥齿轮轴组件的装配图，它的装配过程可用装配单元系统图来表示，如图5-65所示。由装配单元系统图可以清楚地看出成品的装配过程，装配时所有零件和组件的名称、编号和数量，并可以根据装配单元系统图编写装配工序，因此，装配单元系统图可起到指导和组织装配工作的作用。

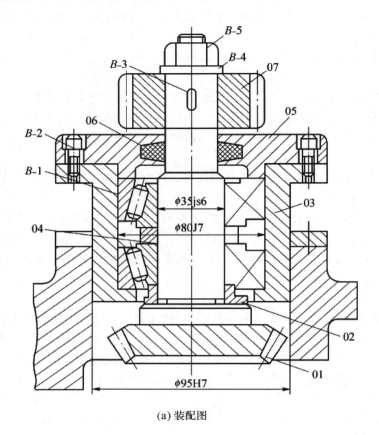

(a) 装配图

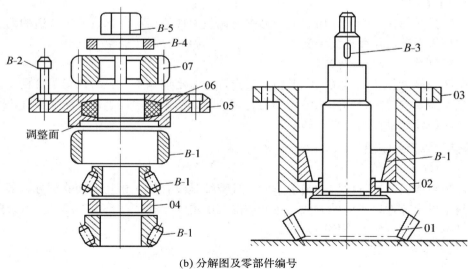

(b) 分解图及零部件编号

图 5-64　锥齿轮轴组件

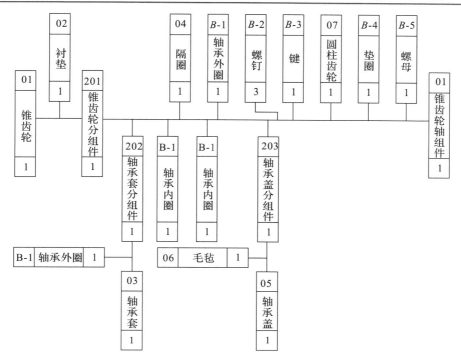

图 5-65　装配单元的系统图

5.11.2　典型装配的方法

1. 螺纹连接的装配

螺纹连接是现代机械制造中应用最广泛的一种连接形式，它具有装拆和更换方便，易于多次装拆等优点。常见的螺纹连接形式有铰制孔螺栓连接、双头螺柱连接、螺钉连接和紧定螺钉连接等。

螺纹连接装配的技术要求是：保证有规定的预紧力；螺母、螺钉不产生偏斜和歪曲；防松装置可靠等。

1）螺纹连接的工具

装配螺钉和螺母一般用扳手，常用的扳手有活扳手（图 5-66）、专用扳手和特殊扳手（图 5-67）。

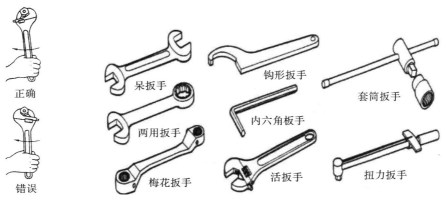

图 5-66　活扳手及使用方法　　　　　图 5-67　各类扳手

2）螺纹连接的方法

（1）螺纹连接防松的方法。在冲击、振动和变载荷作用下或在温度变化较大时，螺纹会产生松动，所以需要可靠的放松措施。根据防松的原理不同，常采用三种防松方法。

① 摩擦防松法。螺纹连接摩擦防松的方法有对顶螺母法和自锁螺母法等，如图 5-68 所示。

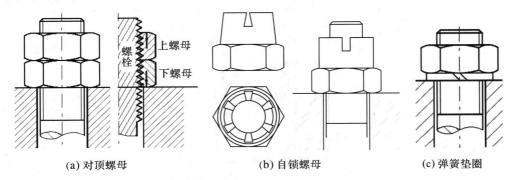

(a) 对顶螺母　　　　　　　　(b) 自锁螺母　　　　　　　　(c) 弹簧垫圈

图 5-68　螺纹连接的摩擦防松法

② 机械防松法（直接锁住）。螺纹连接机械防松的方法有采用开口销与槽形螺母法等，如图 5-69 所示。

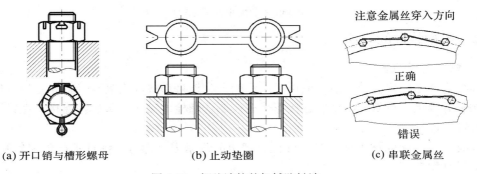

(a) 开口销与槽形螺母　　　　　(b) 止动垫圈　　　　　　(c) 串联金属丝

图 5-69　螺纹连接的机械防松法

③ 不可拆法。螺纹连接不可拆法就是破坏螺纹副关系，常通过焊接、冲点或胶接的方式，如图 5-70 所示。

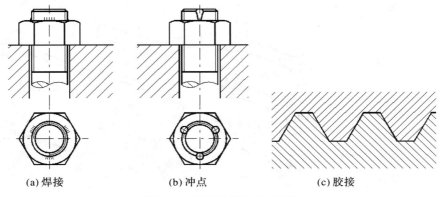

(a) 焊接　　　　　　　　(b) 冲点　　　　　　　　(c) 胶接

图 5-70　螺纹连接的不可拆法

（2）螺纹装配的顺序。装配一组螺纹连接时，应遵守一定的旋紧顺序，即分次、对称、逐步地旋紧，以防旋紧力不一致，造成个别螺母（钉）过载而降低装配精度，成组螺母旋紧顺序如图5-71所示。

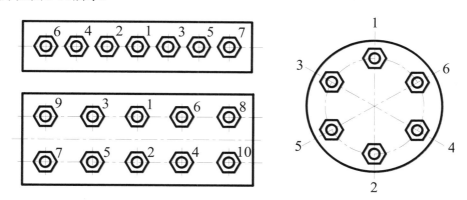

图 5-71　成组螺母（钉）旋紧的顺序

2. 滚动轴承的装配和拆卸

滚动轴承一般由外圈、内圈、滚动体和保持架四部分组成。它的主要功能是支撑机械旋转体，降低其运动过程中的摩擦系数，并保证其回转精度。

滚动轴承的安装方法因轴承结构、配合和条件而异。对于圆柱孔轴承，多用压入法或热装方法。锥孔的场合，滚动轴承直接安装在锥度轴上，或用套筒安装。

1）滚动轴承的装配

（1）压入法。对于过盈配合的小型轴承，可采用机械或液压方法将轴承压装到轴上或壳体中。

采用压入法时要注意，当轴承与轴颈配合时，需施力于轴承内圈（见图5-72（a））；当轴承与孔配合时，需施力于轴承外圈（见图5-72（b））；当轴承内圈和轴颈配合，同时轴承外圈和孔也配合时，轴承内外圈需同时施力（见图5-72（c）、（d））。

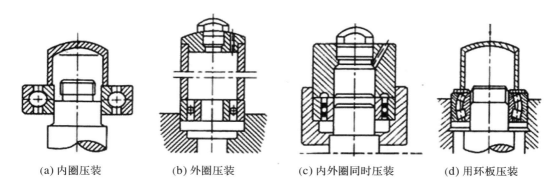

(a) 内圈压装　　(b) 外圈压装　　(c) 内外圈同时压装　　(d) 用环板压装

图 5-72　压入法

（2）加热法。对于尺寸较大的轴承或过盈量较大时，可利用热胀冷缩原理来安装滚动轴承，即利用加热法，这是一种常用并且省力的安装方法。一般采用油浴加热或电感应加热方法。

采用油浴加热方法，在加热装前把轴承或可分离型轴承的套圈放入油箱中均匀加热 80 ～ 100℃，然后从油中将其取出尽快装到轴上，为防止冷却后轴承内圈端面和轴肩贴合不紧，轴承冷却后可以再进行轴向紧固。轴承外圈与轻金属制的轴承座紧配合时，采用加热轴承座的热装方法，可以避免配合面受到擦伤。

2）滚动轴承的拆卸

采用拉拔器拆卸轴承时，应将拉拔器卡在轴承内环均匀用力，如图 5-73（a）所示。如果拉拔器不能卡在轴承内环，就很可能对轴承造成损伤，为了尽量减少轴承的损伤，可以一边拉拔轴承一边旋转拉拔器，如图 5-73（b）所示。

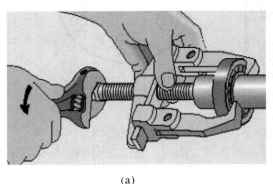 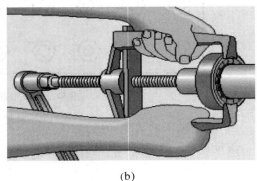

(a)   (b)

图 5-73　轴承的拆卸

5.11.3　装配和拆卸的注意事项

1．装配注意事项

装配的注意事项如下：

（1）装配时应检查零件是否合格，零件有无变形、损坏等。

（2）固定连接的零部件不准有间隙；活动连接在正常间隙下应保证灵活均匀地按规定方向运动。

（3）各运动表面润滑充分，油路必须畅通。

（4）密封部件装配后不得有渗漏现象。

（5）试车前，应检查各部件联接可靠性、灵活性；试车时由低速到高速，根据试车情况进行调整达到要求。

2．拆卸注意事项

拆卸的注意事项如下：

（1）机器拆卸工作应按其结构的不同，预先考虑操作程序，以免先后倒置，或贪图省事猛拆猛敲，造成零件的损伤或变形。

（2）拆卸的顺序如果与装配的顺序相反，一般应先拆外部附件，然后按总成-部件的顺序进行拆卸。在拆卸部件或组件时，应按从外部到内部、从上部到下部的顺序，依次拆卸。

（3）拆卸时，使用的工具必须保证对合格零件不会造成损伤，应尽可能使用专门工具，如各种顶拔器、整体扳手等，严禁用手锤直接在零件的工作表面上敲击。

（4）拆卸时，螺纹零件的旋松方向（左、右螺旋）必须辨别清楚。

（5）拆下的部件和零件必须有次序、有规则地放好，并按原来结构套在一起，并做上记号，以免摘乱。

（6）对丝杠、长轴类零件必须用绳索将其吊起，以防弯曲变形和碰伤。

5.11.4　装配综合工艺举例

如图5-64所示，该锥齿轮轴组件的装配步骤如表5-6所示。

表5-6　锥齿轮轴组件的装配步骤

操作步骤	操作方法
（1）复检零件	按图样要求检验所有零件
（2）零件清洗	按零件特性及要求清洗零件
（3）分组件装配：锥齿轮与衬垫的装配	以锥齿轮轴为基准，将衬垫套装在轴上
（4）分组件装配：轴承盖与毛毡的装配	将已剪好的毛毡塞入轴承盖槽内
（5）分组件装配：轴承套与轴承外圈的装配	① 用专用量具分别检查轴承套孔及轴承外圈尺寸； ② 在配合面上涂上机油，以轴承套为基准，将轴承外圈压入孔内至底面
（6）锥齿轮轴的装配	① 以锥齿轮组件为基准，将轴承套分组件套装在轴上； ② 在配合面上加油，将轴承内圈压装在轴上并紧贴衬垫； ③ 套上隔圈，将另一轴承内圈压装在轴上，直至与隔圈接触； ④ 将另一轴承外圈涂上油，轻压至轴承套内； ⑤ 装入轴承盖分组件，调整端面的高度，使轴承间隙符合要求后，拧紧3个螺钉； ⑥ 安装平键，套装齿轮、垫圈，拧紧螺母，注意配合面要加油
（7）总体检查，上交产品	上交前，检查锥齿轮转动的灵活性及轴线是否窜动

复　习　思　考　题

一、填空

1.万能角度尺可以测量_____范围的任何角度。

2.一般手铰刀的刀齿在圆周上是_____分布的。

3.表面粗糙度评定参数中，轮廓算术平均偏差代号是_____。

4.钳工常用的刀具材料有高速钢和_____两大类。

5.台虎钳的规格是以钳口的_____表示的。

6.立体划线要选择_____划线基准。

7.为了使锉削表面光滑，锉刀的锉齿沿锉刀轴线方向成_____排列。

8.丝锥由工作部分和_____两部分组成。

9.锯削时的锯削速度以每分钟往复_____次为宜。

10.为了减少锯条切削时两侧面的摩擦，避免锯条卡在锯缝中，锯齿应有规律地呈____排列。

二、选择

1.锯条在制造时，使锯齿按一定的规律左右错开，排列成一定形状，称为( )。

　　A、锯齿的切削角度　　　　B、锯路　　　　C、锯齿的粗细　　　　D、锯割

2.划线时，应使划线基准与( )一致。

　　A、中心线　　　　　　　　B、划线基准　　　　C、设计基准

3.交叉锉锉刀运动方向与工件夹持方向成( )角。

　　A、10°～20°　　　　　　　B、20°～30°

　　C、30°～40°　　　　　　　D、50°～60°

4.钻孔时，其( )由钻头直径决定。

　　A、切削速度　　　　　　　B、切削深度　　　　C、进给量　　　　D、转速

5.套螺纹时圆杆直径应( )螺纹大径。

　　A、大于　　　　　　　　　B、小于　　　　　　C、等于

三、简答

1.简述划线的作用。

2.工件在什么要求下进行刮削？它有哪些特点？

3.扩孔和锪孔的区别是什么？

4.简述钻床的种类及用途。

5.简述装配工作的意义及装配工艺过程。

四、论述

1.分析近起锯和远起锯的区别。

2.分析顺向锉、交叉锉和推锉法的区别。

3.分析攻丝的加工工艺。

4.分析工件的测量平面度。

5.举例说明组件装配、部件装配和总装配的过程。

五、按照图5-74要求加工工件。

六、按照图5-75所示安排该组件的装配工艺。

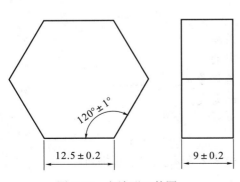

图 5-74　六边形工件图

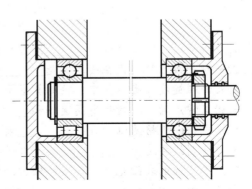

图 5-75　轴类组件

第6章 数控加工

6.1 数控加工概述

6.1.1 数控加工的概念

数控加工(numerical control machining),是指在数控机床上进行零件加工的一种工艺方法,数控机床加工与传统机床加工的工艺规程从总体上是一致的,但也存在明显的区别。数控加工是用数字信息控制零件和刀具位移的机械加工方法。它是解决零件品种多变、批量小、形状复杂、精度高等问题和实现高效化和自动化加工的有效途径。

数控机床的种类很多,对数控机床进行分类有:

1. 按工艺用途分类

将数控机床按工艺用途可分为数控车床、数控铣床、数控钻床、数控磨床、数控镗铣床、数控电火花加工机床、数控线切割机床、数控齿轮加工机床、数控冲床、数控液压机等。

2. 按伺服控制方式分类

开环控制数控机床:这类机床没有位置检测反馈装置,通常用步进电机作为执行机构。输入数据经过数控系统的运算,发出脉冲指令,使步进电机转过一个步距角,再通过机械传动机构转换为工作台的直线移动,移动部件的移动速度和位移量由输入脉冲的频率和脉冲个数所决定。

半闭环控制数控机床:在电机的端头或丝杠的端头安装检测元件(如感应同步器或光电编码器等),通过检测其转角来间接检测移动部件的位移,然后反馈到数控装置中。由于此类数控机床的大部分机械传动环节未包括在系统闭环环路内,因此其可获得较稳定的控制特性。其控制精度虽不如闭环控制数控机床,但调试比较方便,因而被广泛采用。

闭环控制数控机床:这类数控机床带有位置检测反馈装置,其位置检测反馈装置采用直线位移检测元件,直接安装在机床的移动部件上,将测量结果直接反馈到数控装置中,通过反馈可消除从电动机到机床移动部件整个机械传动链中的传动误差,最终实现精确定位。

3. 按运动方式分类

点位控制数控机床:这类机床的数控系统只控制刀具从一点到另一点的准确位置,而不控制运动轨迹,各坐标轴之间的运动是不相关的,在移动过程中不对工件进行加工。这类数控机床主要有数控钻床、数控坐标镗床和数控冲床等。

直线控制数控机床:这类机床的数控系统除了控制点与点之间的准确位置外,还要保证两点间的移动轨迹为一直线，并且对移动速度也要进行控制，也称点位直线控制数控机床。这类数控机床主要有比较简单的数控车床、数控铣床和数控磨床等。单纯用于直线控制的数控机床已不多见。

轮廓控制数控机床：轮廓控制的特点是能够对两个或两个以上的运动坐标的位移和速度同时进行连续相关的控制，它不仅要控制机床移动部件的起点与终点坐标，而且要控制整个加工过程的每一点的速度、方向和位移量，也称为连续控制数控机床。这类数控机床主要有数控车床、数控铣床、数控线切割机床和加工中心等。

6.1.2　数控加工编程基础

数控编程是实现零件数控加工的关键环节，它包括从零件分析到获得数控加工程序的全过程。数控机床加工过程如图6-1所示。

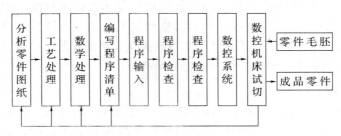

图 6-1　数控机床加工过程

1. 数控编程的内容

一般说来，数控编程包括以下工作：

（1）分析零件图，制定加工工艺方案。根据零件图样，对零件的形状、尺寸、材料、精度和热处理要求等进行工艺分析，合理选择加工方案，确定工件的加工工艺路线、工序及切削用量等工艺参数，确定所用机床、刀具和夹具。

（2）数学处理。根据零件的几何尺寸、工艺要求，设定坐标系，计算工件粗、精加工的轮廓轨迹，获得刀位数据。数控系统一般具有直线和圆弧插补功能，所以对于由直线和圆弧组成的形状简单的零件轮廓，只需计算出几何元素的起点、终点、圆弧的圆心、两几何元素的交点或切点坐标值即可，有些要计算刀具中心的运动轨迹；对于由非圆曲线或曲面组成的形状复杂的零件轮廓，需要用直线段或圆弧段来逼近曲线，根据加工精度的要求，计算出节点坐标，这个工作一般由计算机完成。

（3）编写零件加工程序。根据制定的加工工艺路线、切削用量、刀具补偿量、辅助动作及刀具运动轨迹等条件，按照机床数控系统规定的功能指令代码及程序格式，逐段编写加工程序。

（4）制备控制介质并输入到数控机床。把编制好的程序记录在控制介质上，并输入到数控系统中，这个工作可通过手工在操作面板直接输入，或利用通讯方式输入，由传输软件把计算机上的加工程序传输到数控机床。

（5）程序校验和试切。输入到数控系统的加工程序在正式加工前需进行验证，以确保程序正确。通常可以采用机床空运行的方法，检查机床动作和运动轨迹是否正确；在有图形显示功能的数控机床上，可以通过模拟加工的图形显示来检查运动轨迹的正确性。需注意的是这些方法只能检验运动轨迹是否正确，不能检验被加工零件的精度。因此，需进行零件的首件试切，当发现加工的零件不符合加工技术要求时，分析产生加工误差的原因，找出问题，修改程序或采取尺寸补偿等措施。

2. 数控编程方法

（1）手工编程。手工编程就是指数控编程的工作全部由人工完成。对形状较简单的工件，其计算量小，程序短，手工编程快捷、简便。对形状复杂的工件采用手工编程有一定的难度，有时甚至无法实现。一般说来，由直线和圆弧组成的工件轮廓采用手工编程，非圆曲线和列表曲线组成的轮廓采用自动编程。

（2）自动编程。自动编程就是利用计算机专用软件完成数控机床程序编制工作。编程人员只需根据零件图样的要求，使用数控语言，由计算机进行数值计算和工艺参数处理，自动生成加工程序，再通过通讯方式传入数控系统。

3. 数控编程的格式

1）字符与代码

字符是用于组织、控制或表示数据的一些符号，进行信息交换，数字、字母、标点符号、数学运算符都可以用作字符。常规加工程序应用四种字符：英文字母、数字和小数点、正负号、功能字符。

2）程序字（简称字或指令字）

字是一套可以作为一个信息单元进行存储、传递和操作的有规定次序的字符，字符的个数即为字长。常规加工程序中的字都是由英文字及随后的数字组成，这个英文字称为地址符，地址符与后续数字之间可有正负号。如 X30 Z-15。

3）程序段

程序是一句一句编写的，一句程序称为程序段。

4）字的几种功能

（1）语句号 N。语句号 N 也称为程序段号，程序段号字由地址码 N 和若干位数字组成，主要用来识别每一程序段。例如：N40 表示该程序段的语句号为 40。需要注意的是，数控程序是按程序段的排列次序执行的，与顺序段号的大小次序无关，即程序段号实际上只是程序段的名称，而不是程序段执行的先后次序。

（2）准备功能字 G。准备功能字 G 又称 G 功能、G 指令或 G 代码，用来建立数控机床或数控系统工作方式的一种命令，使数控机床做好某种操作准备，用地址码 G 和两位或三位数字表示。需要指出的是不同生产厂家数控系统的 G 指令的功能相差大，编程时必须遵照机床使用说明书进行。

G 指令分为模态指令（续效指令）和非模态指令，非模态指令只在本程序段中有效，模态指令可在连续几个程序段中有效，直到被相同组别的指令取代。指令表中标有相同字母或数字的为一组，如 G00、G01、G02、G03，改组指令均为模态指令。

（3）尺寸字。尺寸字由地址码、符号（＋、－）、绝对（或相对）数值组成。尺寸字的地址码有 X、Y、Z、U、V、W、P、Q、R、A、B、C、I、J、K、D、H 等。例如：X15 或 Y－20。其中"＋"可省略。

（4）进给功能字 F。进给功能字表示加工时的进给速度，单位由地址码 F 和后面的若干位数字组成。

（5）主轴转速功能字S。主轴转速功能字表示数控机床主轴转速，单位由地址码S和后面的若干位数字组成。

（6）刀具功能字T。刀具功能字由地址码T和后面的若干位数字组成。数字表示刀号，数字位数由数控系统指定。

（7）辅助功能字M。辅助功能字M又称为M功能、M指令或M代码，主要用来控制机床辅助动作或系统的开关功能，由地址码M和后面的两位数字组成。

5）程序段格式

零件的加工程序由若干个程序段组成。程序段格式是指一个程序段中字、字符、数据的书写规则，目前使用最多的是"字－地址"程序段格式。

字－地址程序段格式由程序段号字、数据字和程序段结束字组成。各字后有地址，字的排列顺序要求不严格，数据的位数可多可少，不需要的字以及与上一程序段相同的续效字可以不写。排列顺序如下：

表6-1　程序段格式

N	G	X	Y	Z	I	J	K	F	M	L
		U	V	W				S		F
		A	B	C				T		

例：N30 G01 X50 Z-20 F100 S400 T01 M03。

该格式段的优点是程序简短、直观、容易检查和修改。需要说明的是数控加工程序内容、指令和程序段格式虽然在国际上有很多标准，实际上并不是完全统一。所以在编制加工程序前，必须详细了解机床数控系统的编程说明书中的具体指令格式和编程方法。

6）初识加工程序

加工程序可分为主程序和子程序。但不论是主程序还是子程序，每一个程序都是由程序号、程序内容和程序结束指令三部分组成。表6-2是FANUC 0i TD数控车床的一个加工程序。

表6-2　程序示例

程　　序	说　　明
O0010；	程序名
N10 G50 S1500；	N10为程序段号（可省略），设定主轴最高转速1500 r/min
N20 T0101；	使用1号刀具，刀具补偿号为1号
N30 G97 G99 S600 M03；	主轴采用恒转速设定，且正转，转速为600 r/min，刀具采用每转进给方式
N40 G00 X20 Z2；	刀具快速点定位到（20，2）点
N50 G01 Z–15 F0.2；	刀具直线插补到（20，–15）点，移动速度为0.2 mm/r
N60 X24；	刀具直线插补到（24，–15）点，移动速度不变

续表

程　　序	说　　明
N70 Z–30；	刀具直线插补到（24，–30）点，移动速度不变
N80 X26；	刀具直线插补到（26，–30）点，移动速度不变
N90 G00 X50 Z200；	刀具快速点定位到（50，200）点
N100 M30；	程序结束

4．数控系统的指令代码

对于FANUC系统，车床数控系统和铣床(加工中心)数控系统的G代码指令有所区别，如表6-3和6-4所示。M指令代码详见表6-5；刀具功能指令详见表6-6。

6-3　FANUC数控车床系统的常用G代码功能表

代　　码	分组号	功　　能	代　　码	分组号	功　　能
G00	01	快速定位	G57	14	选择零件坐标系4
G01		直线插补	G58		选择零件坐标系5
G02		顺时针圆弧插补	G59		选择零件坐标系6
G03		逆时针圆弧插补	G65	00	调用宏程序
G04	00	暂停	G66	12	调用模态宏程序
G10		用程序输入数据	G67		取消调用模态宏程序
G11		取消程序输入数据	G70	00	精加工复合循环
G20	06	英制输入	G71	01	外圆粗加工复合循环
G21		米制输入	G72		端面粗加工复合循环
G28	00	返回参考点	G73		固定形状粗加工复合循环
G29		从参考点返回	G74		端面钻孔复合循环
G31		跳步功能	G75		外圆切槽复合循环
G32	01	螺纹切削	G76		螺纹切削复合循环
G40	07	取消刀尖半径补偿	G90	01	外圆切削循环
G41		刀尖半径左补偿	G92		螺纹切削循环
G42		刀尖半径右补偿	G94		端面切削循环
G50	00	①设定坐标系 ②限制主轴最高转速	G96	02	主轴恒线速控制
G54	14	选择零件坐标系1	G97		取消主轴恒线速控制
G55		选择零件坐标系2	G98	05	每分钟进给
G56		选择零件坐标系3	G99		每转进给

表6-4　FANUC数控铣床(加工中心)系统的常用G代码功能表

代　码	组　号	功　能	代　码	组　号	功　能
G00	01	快速点定位	G50.1	10	取消镜像功能
G01		直线插补	G51.1		镜像功能
G02		圆弧/螺旋线插补(顺圆)	G53	00	选择机床坐标系
G03		圆弧/螺旋线插补(逆圆)	G54	14	选择第一机床坐标系
G04	00	暂停	G55		选择第二机床坐标系
G17	02	选择XY平面	G56		选择第三机床坐标系
G18		选择ZX平面	G57		选择第四机床坐标系
G19		选择YZ平面	G58		选择第五机床坐标系
G20	06	英制输入	G59		选择第六机床坐标系
G21		米制输入	G80	09	取消固定循环
G28	00	自动返回参考点	G81		定点钻孔循环
G29		从参考点移出	G83		深孔加工循环
G40	07	取消刀具半径补偿	G90	03	绝对值编程
G41		刀具半径左补偿	G91		增量值编程
G42		刀具半径右补偿	G92	00	设定零件坐标系
G43	08	正向长度补偿	G98	04	返回到起始点
G44		负向长度补偿	G99		返回到R平面
G49		取消长度补偿			

表6-5　常用辅助指令M代码表

代　码	功　能	说　明
M00	程序停止	当执行M00的程序段后,数控机床停止自动运转,并全部保存停止前的模态信息。利用自动运转的启动按钮,可以重新启动数控机床自动运转应用。该指令可应用于自动加工过程中,停车进行某些固定的手动操作,如测量、手动变速、换刀等
M01	任选停止	M01的功能与M00类似,当执行M01后,数控机床停止自动运转,但是受机床面板上"选择停开关"为ON状态的限制应用,该指令常用于关键尺寸的抽样检查或临时停车
M02	程序结束	M02表示加工程序全部结束,它使主轴停转、切削液关闭、刀具进给停止,并将控制部分复位到初始状态
M03	主轴正转	从后顶尖方向看主轴,逆时针方向旋转
M04	主轴反转	从后顶尖方向看主轴,顺时针方向旋转
M05	主轴停止	
M08	切削液开	

代　码	功　能	说　　明
M09	切削液关	
M30	纸带结束	注意：M02与M30不能出现在同一程序中
M40	主轴低速挡	
M41	主轴高速挡	
M98	调用子程序	将主程序转至子程序
M99	返回主程序	使子程序返回到主程序

表6-6　刀具指令说明表

D指令	刀具半径补偿号
H指令	刀具长度补偿号
T指令	刀具号

6.2　数控车床的加工

6.2.1　数控车床的概念

数控车床加工是采用数控系统(或数字信息)对零件或者刀具进行准确控制,具有高精度和高效率的加工方式。数控车床可加工各种类型的材质如：316、304不锈钢、碳钢、合金钢、合金铝、锌合金、钛合金、铜、铁、塑胶、亚克力、POM、UHWM等原材料,可加工方、圆组合的结构复杂的零件。

数控车床具有广泛的加工工艺性能,是一种高精度、高效率的自动化机床。配备多工位刀塔或动力刀塔。数控车床可加工直线圆柱、斜线圆柱、圆弧和各种螺纹、槽、蜗杆等复杂工件。数控车床的分类也很多,具体如下：

1. 按车床主轴位置分类

1）立式数控车床

立式数控车床简称数控立车,其车床主轴垂直于水平面,有一个直径很大的圆形工作台,用来装夹工件。这类机床主要用于加工径向尺寸大、轴向尺寸相对较小的大型复杂零件。

2）卧式数控车床

卧式数控车床又分为数控水平导轨卧式车床和数控倾斜导轨卧式车床。其倾斜导轨结构可以使车床具有更大的刚性,并易于排除切屑。

2. 按加工零件的基本类型分类

1）卡盘式数控车床

这类车床没有尾座,适合车削盘类(含短轴类)零件。夹紧方式多为电动或液动控制,卡盘结构多具有可调卡爪或不淬火卡爪(即软卡爪)。

2）顶尖式数控车床

这类车床配有普通尾座或数控尾座,适合车削较长的轴类零件及直径不太大的盘类零件。

3. 按刀架数量分类

1）单刀架数控车床

这类车床一般都配有各种形式的单刀架，如四工位卧动转位刀架或多工位转塔式自动转位刀架。

2）双刀架数控车床

这类车床的双刀架配置平行分布，也可以是相互垂直分布。

4. 按功能分类

1）经济型数控车床

经济型数控车床是采用步进电动机和单片机对普通车床的进给系统进行改造后形成的简易型数控车床，其成本较低，但自动化程度和功能都比较差，车削加工精度也不高，适用于要求不高的回转类零件的车削加工，如图6-2（a）所示。

2）全功能数控车床

全功能数控车床是根据车削加工要求在结构上进行专门设计并配备通用数控系统、排屑装置、八工位刀具以上而形成的数控车床，其数控系统功能强，自动化程度和加工精度也比较高，如图6-2（b）所示。

3）车削加工中心

车削加工中心是在普通数控车床的基础上，增加了C轴和动力头，更高级的车削加工中心带有刀库，可控制X、Z和C三个坐标轴，联动控制轴可以是（X、Z）、（X、C）或（Z、C）。由于增加了C轴和铣削动力头，这种数控车床的加工功能大大增强，除可以进行一般车削外可以进行径向和轴向铣削、曲面铣削、中心线不在零件回转中心的孔和径向孔的钻削等加工，如图6-2（c）所示。

(a) 经济型数控车床　　　　(b) 全功能数控车床　　　　(c) 车削中心

图6-2　各类数控车床

5. 其它分类方法

按数控系统的不同控制方式等指标，数控车床可以分很多种类，如直线控制数控车床，两主轴控制数控车床等；按特殊或专门工艺性能数控车床可分为螺纹数控车床、活塞数控车床、曲轴数控车床等多种。

6.2.2　数控车床坐标系与工件坐标系

在编写零件加工程序时，首先要设定坐标系。

1. 机床坐标系与零件坐标系

数控车床坐标系统包括机床坐标系和零件坐标系（编程坐标系）。两种坐标系的坐标轴规定如下：与车床主轴轴线平行的方向为 Z 轴，且规定从卡盘中心至尾座顶尖中心的方向为正方向；与车床主轴轴线垂直的方向为 X 轴，且规定刀具远离主轴旋转中心的方向为正方向。

　　1）机床坐标系

　　机床坐标系是以机床原点 O 为坐标系原点建立的由 Z 轴与 X 轴组成的直角坐标系 XOZ（如图 6-3 所示）。有的机床将机床原点直接设在参考点处。

　　2）零件坐标系

　　零件坐标系是加工零件所使用的坐标系，也是编程时使用的坐标系，所以又称编程坐标系。数控编程时，应该首先确定零件坐标系和零件原点。通常把零件的基准点作为零件原点。以零件原点 O_p 为坐标原点建立的 X_p、Z_p 轴直角坐标系，称为零件坐标系，如图 6-4所示。

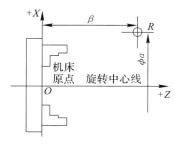
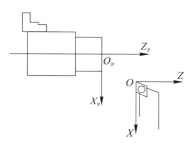

图 6-3　机床坐标系　　　　　　　　　　图 6-4　零件坐标系

2. 设定零件原点的方法

1）设置刀具起点的方法（G50）

　　指令格式：G50 Xα Zβ。说明：指令后的参数（α，β）值是刀具起点距零件原点在 X_p 向和 Z_p 向的尺寸，如图 6-5 所示。

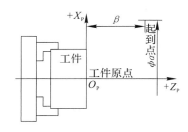
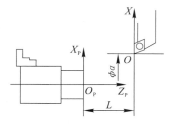

图 6-5　设定零件坐标系方法1　　　　图 6-6　设定零件坐标系方法2

　　2）零件原点偏置的方法（G54 ~ G59）

　　指令格式：G54 ~ G59。说明：通过设置零件原点相对于机床坐标系的坐标值来设定零件坐标系。如图 6-7 所示，将零件装在数控车床卡盘上，机床坐标系为 XOZ，零件坐标系为 $X_p O_p Z_p$，显然两者并不重合。假设零件零点 O_p 相对于机床坐标系的坐标值为（α，L），则通过采用设定零件原点的 G 指令，执行程序段 G54 ~ G59 后，即建立了以零件零点为坐标原点的零件坐标系。

　　数控车床根据需要，最多可设置 G54 ~ G59 共 6 个零件坐标系。这 6 个零件坐标系的位置可通过在程序中编入变更零件坐标系的G10指令来设定；也可以选择用MDI(手动数据输入)设定6个零件坐标系，其坐标原点可设在便于编程的某一固定点上，然后通过程序指令G54～G59，可以选择6个零件坐标系中的任意一个。

6.2.3　数控车床的编程指令

1. 数控车床的准备功能

准备功能指令又称G代码指令，是使数控机床准备好某种运动方式的指令。G代码由地址码G及其后的两位数字组成，从G00～G99共100种。FANUC数控车床系统的G代码功能见表6-3。

1）直径与半径编程

由于数控车床加工的零件通常为横截面为圆形的轴类零件，因此数控车床的编程可用直径和半径两种编程方式，用哪种方式可事先通过参数设定或指令来确定。

直径编程是指把图样上给出的直径值作为X轴的值来编程。半径编程是指把图样上给出的半径值作为X轴的值来编程。

2）绝对值与增量值编程

指令刀具运动的方法，有绝对指令和增量指令两种。

绝对值编程是指用刀具移动的终点位置坐标值来编程的方法，车床中采用X_Z_地址字。增量值编程是指直接用刀具移动量编程的方法，车床中采用U_W_地址字。

3）公制与英制编程

数控车床的程序输入方式有公制输入和英制输入两种。我国一般使用公制尺寸，所以机床出厂时，车床的各项参数均以公制单位设定。采用哪种制式编程输入，必须在确定坐标系之前指定，且在一个程序内，尽量不要同时使用两种指令。英制或公制指令断电前后一致，即停机前使用的英制或公制指令，在下次开机时仍有效，除非再重新指定。

4）模态指令与非模态指令

编程中的指令有模态指令和非模态指令。模态指令也称续效指令，一经程序段中指定，便一直有效，与上段相同的模态指令可省略不写，直到以后程序中重新指定同组指令时才失效。而非模态指令(非续效指令)其功能仅在本程序段中有效，与上段相同的非模态指令不能省略不写。00组的G代码为非模态，其他组为模态G代码。

5）小数点输入

一般的数控系统允许使用小数点输入数值。小数点可用于距离、时间和速度等单位。

（1）对于距离，小数点的位置单位是mm或inch；对于时间，小数点的位置单位是s。

（2）程序中有无小数点的含义是不同的，输入小数点表示指令值单位为mm或in；无小数点时的指令值为最小设定单位。

（3）在程序中，小数点的有无可混合使用。

（4）可以使用小数点指令的地址：X、Y、Z、U、V、W、A、B、C、I、J、K、R、F。另外，在暂停指令中，小数点输入只允许用于地址X和U，不允许用于地址P。

（5）比最小设定单位小的指令值被舍去，例如，X1.23456，最小设定单位为0.001 mm时指令值为X1.234；最小设定单位为0.0001 mm时指令值为X1.2345。

2. 数控车床的辅助功能

辅助功能又称 M 功能或 M 代码，由字母 M 和其后两位数字组成，该功能主要用于控制主轴启动、旋转、停止、程序结束等方面辅助动作的指令。常用的 M 代码见表6-5。

3. 数控车床的其他功能

1）F功能（切削进给功能）

刀具的进给速度可用实际的数值指定。决定进给速度的功能称为进给功能，用F指定。F指令为模态指令。在数控车床加工中，F指令有以下两种形式，详见表6-7。

表6-7　常用辅助功能F指令

指令代码	指令含义	说　　明
G98	每分钟进给量（mm/min）	G98为每分钟进给指令G代码。F_为每分刀具进给量，指令范围1-15000（单位为mm/min）
G99	每转进给量（mm/min）	F_为主轴每转刀具进给量，小数点输入指令范围为0.0001～500.0000（单位为mm/r）。注意：接入电源时，系统默认G99模式（每转进给量）

2）S功能（主轴功能）

主轴功能指令（S指令）是设定主轴转速的指令。利用地址码S后续数值，可以控制主轴的回转速度。有3种主轴转速控制指令。

（1）主轴最高转速的设定（G50），指令格式：G50 S_。说明：G50为主轴最高转速设定G代码。S_为主轴最高转速（r/min）。注意：当零件直径越来越小时，主轴转速会越来越高，如果超过机床允许的最高转速时，零件有可能从卡盘中飞出。为防止发生事故，可使用G50 S_指令限制主轴的最高转速。

（2）设定主轴线速度恒定指令（G96），指令格式：G96 S_。说明：G96为主轴线速度恒定G代码。S_为设定主轴线速度，即切削速度（m/min）。切削速度 v 和主轴转速 n（r/min）之间的关系式为：

$$N = \frac{1000V}{\pi \times D} (r/min) \tag{6-1}$$

式中，D——切削点的直径（mm）。

当工作直径（切削点的直径D）变化时主轴每分钟转数也随之变化，这样就可保证切削速度恒定不变，从而提高了切削质量。

（3）直接设定主轴转速指令（G97），指令格式：G97 S_。说明：G97为取消主轴线速度恒定G代码。S_为设定主轴转速（r/min），指令范围为0～9999。注意：G96是模态G代码。若指令了G96，则以后均为恒速控制状态（G96）。当由G96转为G97时，应对S码赋值，未指令时，将保留G96指令的最终值。当由G97转为G96时，若没有S指令，则按前一G96所赋S值进行恒线速度控制。

3）T功能（刀具功能）

根据加工需要，在某些程序段中要加入选刀和换刀指令，该指令是由地址符T和其后的四位数字来表示的。

4. 数控车床的程序格式

通常在数控车床程序的开头是程序号，之后为加工指令程序段及程序段结束符（；）。程序的最后是程序结束代码。

（1）程序编号的结构：O××××（用4位数1～9999表示）。

（2）程序段的构成：N_G_X(U)_Z(W)_F_M_S_T_。

说明：N_为程序段顺序号，程序段顺序号的结构：N××××（用四位数1～9999表示）；G_为准备功能；X(U)_Z(W)_为X、Z轴移动指令；F_为进给功能；M_为辅助功能；S_为主轴功能；T_为刀具功能；"；"为程序段结束符。

6.2.4 数控车床刀具

1. 数控车床常用刀具

在数控车床上使用的刀具有外圆车刀、钻头、镗刀、切断刀及螺纹加工刀具等，其中以外圆车刀、镗刀和钻头最为常用。

数控车床使用的车刀、镗刀、切断刀、螺纹加工刀具均有焊接式和机夹式之分。除经济型数控车床外，其他数控车床目前已广泛使用机夹式车刀，机夹式车刀主要由刀体、刀片和刀片压紧系统三部分组成，其中刀片普遍使用硬质合金涂层刀片。

2. 数控车刀命名规则及结构

根据GB2076-87规定，可转位硬质合金刀片型号由代表一定意义的字母和数字按一定顺序排列组成。目前国内外大部分公司均采用此规则，只在槽型位有所区别。图6-7是刀具型号，此规则只限于标准车刀，不包含切断刀，螺纹刀等非标型号。

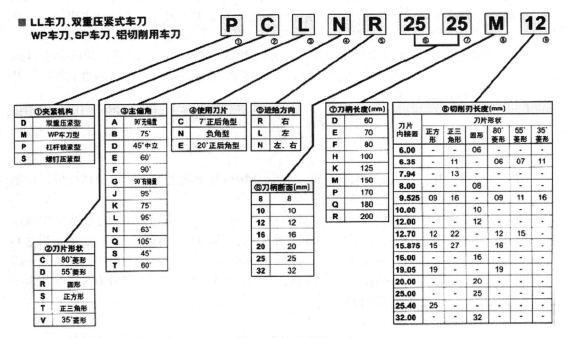

图6-7　刀具型号

　　车刀刀片的紧固方式如图6-8所示，S、P、M三类刀具夹紧机构的装配示意图如图6-9所示。

　　刀片形状与刀杆主偏角如图6-10所示。

名称	构造		特征	名称	构造		特征
押板 紧固 （C）	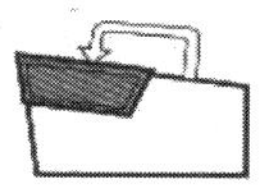	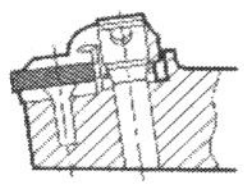	·坚硬紧固 ·负角刀片： 半精加工～粗加 工用（主要用于 陶瓷刀片坚固） ·正角刀片： 低切削阴力	双重 紧固 （M）	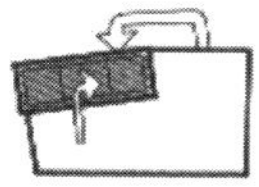	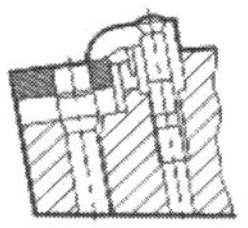	·押板和插梢 ·双重紧固 ·坚硬紧固 ·重切削用
插梢 紧固 （P）	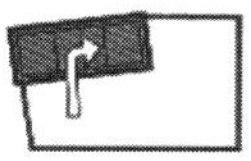	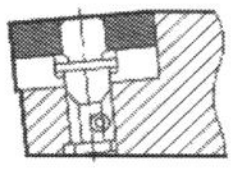	·紧固力强 ·高精度 ·更换刀片容易	杠杆 紧固 （P）	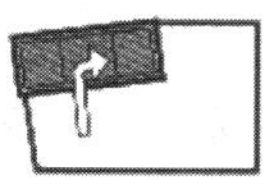	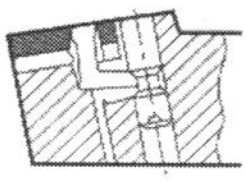	·紧固力强 ·高精度 ·更换刀片容易 ·使用广泛通 用性好
螺丝 紧固 （S）	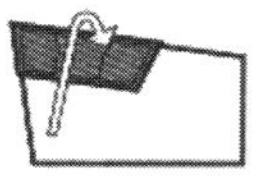	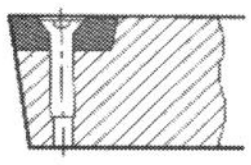	·构造简单 ·使用零件少 ·精～半精加工 用	楔形 紧固 (W)	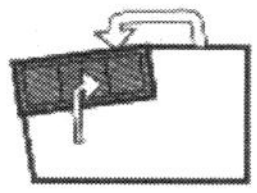	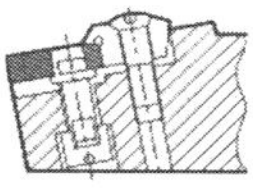	·坚硬紧固 ·重切削用

图 6-8　刀片紧固方式

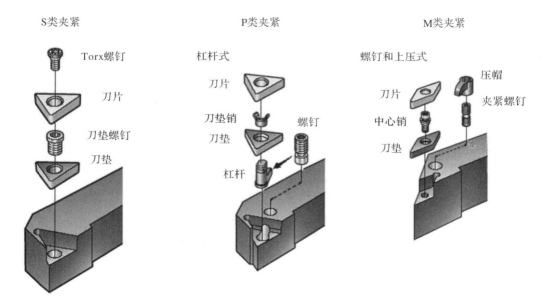

图 6-9　S、P、M类刀具夹紧机构装配示意图

3. 车削刀具的选用原则

车削刀具的选用原则包括以下几个方面：工序类型的确定（如：外圆或内孔加工）；加

工类型的确定(如外圆车削、端面车削 、仿型车削或者插入车削); 刀具夹紧系统的确定(如M类夹紧、S类夹紧或P类夹紧); 刀具形式的确定; 刀具中心高的确定(如16、20 、25、32或40 mm); 刀片的选择(包括: 形状 、型号、槽型、刀尖半径和牌号等)和推荐的切削参数(包括: 切削速度v、切削深度a_p和进给量f)。

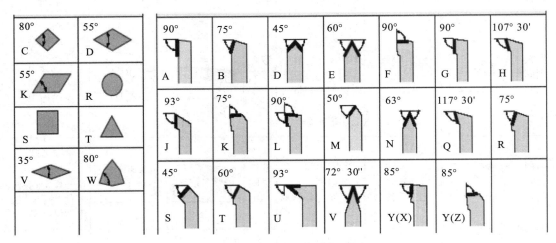

图 6-10　刀片形状及刀杆主偏角

4. 数控车床刀具合理选择的依据

数控车床刀具的选择共需经过十个基本步骤来完成。其中,第一条路线为: 零件图样、机床影响因素、选择刀杆和刀片夹紧系统、选择刀片形状,这条路线主要考虑机床和刀具的情况; 第二条路线为: 工件影响因素、选择工件材料代码、确定刀片的断屑槽型、选择加工条件,这条路线主要考虑工件的情况。综合这两条路线的结果,才能确定所选用的刀具。

1) 机床影响因素

为保证加工方案的可行性、经济性,获得最佳加工方案,在刀具选择前必须确定与机床有关的如下因素: 机床类型(数控车床或车削中心)、刀具附件(刀柄的形状和直径,左切或右切刀柄)、主轴功率以及工件夹持方式。

2) 选择刀杆

选用刀杆时,首先应选用尺寸尽可能大的刀杆,同时要考虑以下几个因素: 夹持方式、切削层截面形状(即背吃刀量和进给量)和刀柄的悬伸。

3) 刀片夹紧系统

(1)杠杆式夹紧系统。杠杆式夹紧系统是最常用的刀片夹紧方式。其特点为: 定位精度高,切屑流畅,操作简便,可与其它系列刀具产品通用。

(2)螺钉夹紧系统。螺钉夹紧系统适用于小孔径内孔以及长悬伸加工。

刀片夹紧系统常用杠杆式夹紧系统。

4) 选择刀片形状

刀片主要参数选择方法如下:

(1)刀尖角。刀尖角的大小决定了刀片的强度。在工件结构形状和系统刚性允许的前提下，应选择尽可能大的刀尖角。通常这个角度在35°～90°之间。其中 R 型圆刀片，在重切削时具有较好的稳定性，但易产生较大的径向力。

（2）刀片形状的选择。刀片形状主要依据被加工工件的表面形状、切削方法、刀具使用寿命和刀片的转位次数等因素选择。

正三角形刀片可用于主偏角为 60° 或 90° 的外圆车刀、端面车刀和内孔车刀。由于此刀片刀尖角小、强度差、耐用度低，故只宜用较小的切削用量。

正方形刀片的刀尖角为 90°，比正三角形刀片的 60° 要大，因此其强度和散热性能均有所提高。这种刀片通用性较好，主要用于主偏角为 45°、60° 或 75° 等的外圆车刀、端面车刀和镗孔刀。

正五边形刀片的刀尖角为 108°，其强度、耐用度高，散热面积大。但切削时径向力大，只宜在加工系统刚性较好的情况下使用。

菱形刀片和圆形刀片主要用于成形表面和圆弧表面的加工，其形状及尺寸可结合加工对象参照国家标准来确定。

5）工件影响因素

选择刀具时，必须考虑以下与工件有关的因素：工件结构、工件材质（包括硬度、塑性、韧性、可能形成的切屑类型等）、毛坯类型（如：锻件、铸件等）、工艺系统刚性（包括机床夹具、工件、刀具等）、表面质量、加工精度、切削深度、进给量以及刀具耐用度等。

6）选择工件材料代码

按照不同的机加工性能，加工材料分成 6 个工件材料组，它们分别和一个字母及一种颜色对应，以确定被加工工件的材料组符号代码，见表6-8。

表6-8　选择工件材料代码

加工材料组		代码
钢	非合金和合金钢 高合金钢 不锈钢，铁素体，马氏体	P（蓝）
不锈钢和铸钢	奥氏体 铁素体——奥氏体	M（黄）
铸铁	可锻铸铁，灰口铸铁，球墨铸铁	K（红）
NF金属	有色金属和非金属材料	N（绿）
难切削材料	以镍或钴为基体的热固性材料 钛，钛合金及难切削加工的高合金钢	S（棕）
硬材料	淬硬钢，淬硬铸件和冷硬模铸件，锰钢	H（白）

7）确定刀片的断屑槽型

按加工的背吃刀量和合适的进给量，根据刀具选用手册来确定刀片的断屑槽型代码。

8）选择加工条件

加工条件：很好、好、不足。表6-9表示加工条件取决于机床的稳定性、刀具夹持方式和工件加工表面。

表6-9 选择加工条件

机床，夹具和工件系统的稳定性加工方式	很好	好	不足
无断续切削加工表面已经过粗加工	很好	很好	好
带铸件或锻件硬表层，不断变换切深轻微的断续切削	很好	好	好
中等断续切屑	好	好	不足
严重断续切削	不足	不足	不足

9）选定刀具

选定刀具工作分以下两部分：

（1）选定刀片材料。根据被加工工件的材料组符号标记、刀片的断屑槽型、加工条件，参考刀具手册就可选出刀片材料代号。

（2）选定刀具。根据工件加工表面轮廓，从刀杆订货页码中选择刀杆。根据选择好的刀杆，从刀片订货页码中选择刀片。

6.2.5 数控车床对刀方法

数控车床设置工件零点以FANUC系统为例：

1. 直接用刀具试切对刀

（1）用外圆车刀先试车一外圆，记住当前X坐标，测量外圆直径后，用X坐标减外圆直径，所得值输入offset界面的几何形状X值中。

（2）用外圆车刀先试车工件端面，记住当前Z坐标，输入offset界面的几何形状Z值中。

2. 用G50设置工件零点

（1）用外圆车刀先试车一外圆，测量外圆直径后，将刀沿Z轴正方向退一些距离，切端面到中心。

（2）选择MDI方式，输入G50 X0 Z0，启动START键，把当前点设为零点。

（3）选择MDI方式，输入G0 X150 Z150，使刀具离开工件。

（4）在程序开头编入：G50 X150 Z150……。

（5）注意：用G50 X150 Z150时，起点和终点必须一致，即X150 Z150，这样才能保证重复加工不乱刀。

（6）如用第二参考点G30，即能保证重复加工不乱刀，这时程序开头为 G30 U0 W0；G50 X150 Z150。

（7）在FANUC系统里，第二参考点的位置在参数里设置，在斯沃数控仿真软件中，按鼠标右键出现对话框，按鼠标左键确认即可。

3. 用工件偏移设置工件零点

（1）在FANUC 0-TD系统的offset里，有一工件偏移界面，可输入零点偏移值。

（2）用外圆车刀先试切工件端面，假设Z坐标的位置为200，直接将其输入到偏移值里。

（3）选择"Ref"回参考点方式，按X、Z轴回参考点，这时工件零点坐标系即建立。

（4）注意：这个零点一直保持，只有重新设置偏移值Z0，才能将零点清除。

4. 用G54-G59设置工件零点

（1）用外圆车刀先试车一外圆，测量外圆直径后，把刀沿Z轴正方向退一些距离，切端面到中心，记住此时机床坐标X、Z值。

（2）将当前的X轴和Z轴坐标值直接输入到G54-G59里，程序直接调用如:G54X50Z50。

（3）注意：可用G53指令清除G54-G59工件坐标系。

6.2.6 数控车床加工示例

在CK6136型数控车床上精加工如图6-11所示的零件，要求编制精加工程序。具体步骤如下：

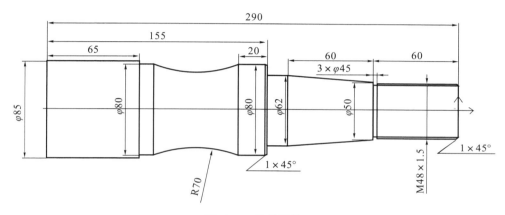

图 6-11 轴类零件

1. 首先根据图纸要求按照先主后次的加工原则，确定工艺路线

1）从右至左切削外轮廓面

其路线为：倒角→切削螺纹的实际外圆→切削锥度部分→车削 φ62 mm 的外圆→倒角→车削 φ80 mm 的外圆→切削圆弧部分→车削 φ80 mm 的外圆。

2）切削 3 mm × φ45 mm 的退刀槽

3）车削 M48×1.5 的螺纹

2. 刀具选择与分布

根据加工要求，需使用三把刀具，见表6-10。
T01：外圆车刀，T02：切槽车刀，T03：螺纹车刀。

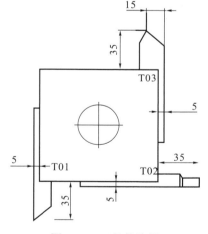

图 6-12 刀具的选择

表6-10 刀具选择表

刀具号	刀具名称	备注
T01	外圆车刀	左偏刀
T02	切槽车刀	刃口宽度4 mm
T03	外螺纹车刀	

3. 确定切削用量

如表6-11所示。

表6-11 切削用量表

切削工序	切削用量	
	主轴转速S（r/min）	进给速度F（mm/r）
车外圆	630	0.15
切 槽	315	0.16
车螺纹	200	1.50

4. 编写精加工程序单

如表6-12所示。

表6-12 程序单

程　序	注　释
O0001	程序号
N0001 G40 G97 G95；	程序初始化
N0002 T0101；	1号刀具1号刀补
N0003 M03 S630；	主轴正转，转速630r/min
N0004 G00 X41.8 Z2.0 M08；	开冷却液
N0005 G01 X47.8 Z−1 F0.15；	倒角
N0006 W−56；	切削螺纹大径
N0007 X50；	
N0008 X62 W−60；	切削锥度
N0009 Z−135；	
N0010 X78；	
N0011 X80 W−1；	
N0012 W−19；	
N0013 G02 W−60 I63.25 K−30；	顺时针圆弧插补
N0014 G01 W−10；	
N0015 X85；	
N0016 W−65；	
N0017 X90 M09；	退刀，关冷却液
N0018 G00X200 Z200；	返回换刀点
N0019 T0202	换2号刀具（切槽刀）
N0020 M03 S315；	
N0021 G00 X51 Z−63 M08；	
N0022 G01 X45 F0.16；	
N0023 G04 P5；	暂停5秒
N0024 G00 X51 M09；	
N0025 X200 Z200；	
N0026 T0303；	换3号刀具（螺纹刀）
N0027 M03 S200；	
N0028 G00 X62 Z6 M08；	
N0029 G92 X47.54 Z−62 F1.5；	切削螺纹循环
N0030 X46.94；	
N0031 X46.54；	
N0032 X46.38；	
N0033 G00 X200 Z200 M09；	退至换刀点，停冷却液
N0034 M05 T0300；	撤销刀补
N0035 M30；	程序结束

5. 对刀，方法如6.2.5节所示

6. 加工

6.2.7 数控车床及车削加工中心的安全操作规程

数控车床及车削加工中心主要用于加工回转体零件，其安全操作规程如下：

（1）操作机床前，一定要穿戴好劳保用品，不要戴手套操作机床。

（2）在接入电源时，应当先接通机床主电源，再接通CNC电源；切断电源时按相反顺序操作。

（3）遇到紧急情况时，应当立即按下停止按钮，排除故障后方可通电操作。

（4）操作前必须熟知每个按钮的作用以及操作注意事项。

（5）使用机床时，应当注意机床各个部位警示牌上所警示的内容。

（6）操作中所用的工具要按指定的位置摆放整齐，用完及时归位。

（7）加工前必须关上机床的防护门。

（8）刀具装夹完毕后，应当采用手动方式进行试切。

（9）机床运转过程中，不要清除切屑，要避免用手接触机床运动部件。

（10）清除切屑时，要使用专用的工具，应当注意不要被切屑划破皮肤。

（11）要测量工件时，必须在机床停止状态下进行。

（12）工作结束后，应注意保持机床及控制设备的清洁，要及时对机床进行维护保养。

（13）禁止打闹、闲谈、睡觉和任意离开岗位，同时要注意精力集中，杜绝疲劳操作。

（14）文明生产，加工操作结束后，必须打扫干净工作场地、擦拭干净机床、并且切断系统电源后才能离开。

6.3 数控铣床与加工中心的加工

6.3.1 数控铣床与加工中心的概念

1. 数控铣床与加工中心的概念

数控铣床是一种用途广泛的机床，主要用于各类平面、曲面、沟槽、齿形和内孔等的加工。数控铣床以其特有的三轴联动特性，多用于模具、样板、叶片、凸轮、连杆和箱体的加工。数控铣床是以铣削为加工方式的数控机床。世界上出现的第一台数控机床就是数控铣床，数控铣床在制造业中具有举足轻重的地位，目前在汽车、航空航天、军工、模具等行业得到广泛应用。

加工中心是从数控铣床发展而来的。加工中心与数控铣床的最大区别在于加工中心具有自动交换加工刀具的能力，通过在刀库上安装不同用途的刀具，可在一次装夹中通过自动换刀装置改变主轴上的加工刀具，实现多种加工功能。它的综合加工能力较强，工件一次装夹后能完成较多的加工内容，加工精度较高，就中等加工难度的批量工件，其效率是普通设备的5～10倍。特别是它能完成许多普通设备不能完成的加工，对形状较复杂，精度要求高的单件加工或中小批量加工更为适用。

2. 数控铣床的分类

按机床主轴的位置及机床的布局特点分类，数控铣床可分为立式数控铣床、卧式数控铣床和龙门数控铣床等，如图6-13所示。

立式数控铣床一般适宜盘、套、板类零件的加工，一次装夹后，可对上述零件表面进行铣、钻、扩、镗、攻螺纹等加工以及侧面的轮廓加工；卧式数控铣床一般带有回转工作台，便于加工零件的不同侧面，适宜箱体类零件加工；龙门数控铣床，适用于大型或形状复杂的零件加工。

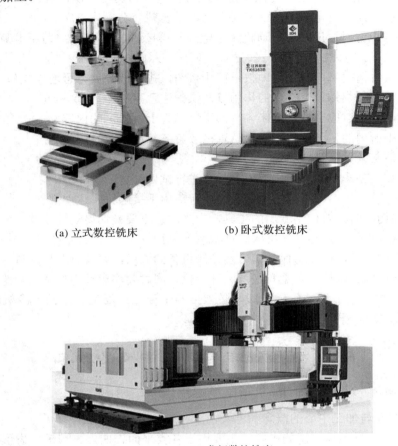

(a) 立式数控铣床　　　　　　(b) 卧式数控铣床

(c) 龙门数控铣床

图6-13　各类数控铣床

3. 加工中心分类

加工中心常按主轴在空间所处的位置分为立式加工中心和卧式加工中心，加工中心的主轴在空间处于垂直状态时称为立式加工中心，主轴在空间处于水平状态时称为卧式加工中心。主轴可作垂直和水平转换的，称为立卧式加工中心或五面加工中心，也称复合加工中心。按加工中心立柱的数量加工中心可分为单柱式和双柱式(龙门式)。

按加工中心运动坐标数和同时控制的坐标数加工中心可分：三轴二联动、三轴三联动、四轴三联动、五轴四联动、六轴五联动等。三轴、四轴是指加工中心具有的运动坐标数，联动是指控制系统可以同时控制运动的坐标数，从而实现刀具相对工件的位置和速度控制。

按工作台的数量和功能加工中心可分：单工作台加工中心、双工作台加工中心和多工作台加工中心。

按加工精度加工中心可分为普通加工中心和高精度加工中心。普通加工中心的分辨率为 1 μm，最大进给速度为 15 ～ 25 m/min，定位精度为 10 μm 左右。高精度加工中心的分辨率为 0.1 μm，最大进给速度为 15 ～ 100 m/min，定位精度为 2 μm 左右。定位精度介于 2 ～ 10 μm 之间的，以 ±5 μm 较多，可称精密级。

4．数控铣床与加工中心的加工特点

数控铣削对零件的适应性强、灵活性好，可以加工轮廓形状非常复杂或难以控制尺寸的零件，如壳体、模具零件等。如图 6-14 所示，加工中心可以在一次装夹后，对零件进行多道工序的加工，使工序高度集中，减少装夹误差，大大提高了生产效率和加工精度；加工质量稳定可靠，一般不需要使用专用夹具和工艺装备，生产自动化程度高。另外，数控铣削加工对刀具的要求较高，要求刀具具有良好的抗冲击性、韧性和耐磨性。

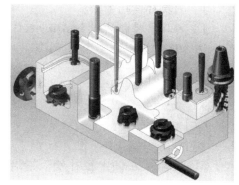

图 6-14　数控铣床与加工中心多工序加工示意图

6.3.2　数控铣床与加工中心的机床坐标系与工件坐标系

1．机床坐标系的组成

数控铣床的坐标系采用右手定则的笛卡儿坐标系，如图 6-15 所示。X 轴：水平方向。Y 轴：前后方向。Z 轴：上下方向，如图 6-16 所示。

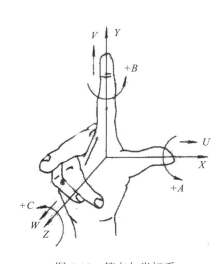

图 6-15　笛卡尔坐标系

图 6-16　数控铣床坐标系

2．机床原点

机床原点又称机床零点，是机床上设置的一个固定的点，在机床装配、调试时已调整好。通过机床回零操作可使运动部件运动到机床原点。

3．机床坐标系正方向的判定方法

假设刀具运动、工件静止。判定方法是右手定则：大拇指指向 X 轴正方向；食指指向

Y轴正方向；中指指向Z轴正方向。在操作过程中可通过手轮操作感知坐标系的正负方向。

6.3.3 数控铣床与加工中心编程指令

1. 刀具补偿指令

1）刀具半径补偿指令 G40、G41、G42

指令格式为：

$$G01 \begin{Bmatrix} G41 \\ G42 \end{Bmatrix} X\_Y\_D\_;$$

G01 G40 X_Y_；

其中：

（1）G41：左偏半径补偿，指沿着刀具前进方向，向左侧偏移一个刀具半径，如图6-17（a）所示。G42：右偏半径补偿，指沿着刀具前进方向，向右侧补偿一个刀具半径，如图6-17（b）所示。

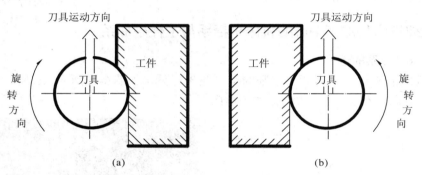

图6-17　刀具半径补偿

（2）X，Y：建立刀补直线段的终点坐标值。

（3）D：数控系统存放刀具半径值的内存地址，后有两位数字。如D01代表了存储在刀补内存表第1号中的刀具的半径值。刀具的半径值需预先手动输入。

（4）G40：刀具半径补偿撤消指令。

注意：

（1）刀具半径补偿平面的切换，必须在补偿取消方式下进行。

（2）刀具半径补偿的建立与取消只能用 G00 或 G01 指令，不得是 G02 或 G03 指令。

【例6-1】考虑刀具半径补偿，编制图6-18所示零件的加工程序。要求建立如图6-18所示的工件坐标系，按箭头所指示的路径进行加工。设加工开始时刀具距离工件上表面50 mm，切

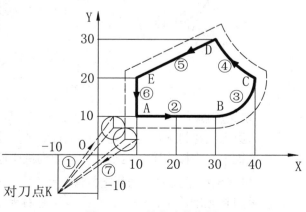

图6-18　刀补指令的应用

削深度为2 mm。

完整的零件程序如表6-13所示。

表6-13　刀具半径补偿指令的应用

程　　序	说　　明
%8031	程序名
N10 G92 X–10 Y–10 Z50	确定对刀点
N20 G90 G17	在XY平面，绝对坐标编程
N30 G42 G00 X4 Y10 D01	右刀补，进刀到（4，10）的位置
N40 Z2 M03 S900	Z轴进到离工件表面2 mm的位置，主轴正转
N50 G01 Z–2 F800	进给切削深度
N60 X30	插补直线A→B
N70 G03 X40 Y20 I0 J10	插补圆弧B→C
N80 G02 X30 Y30 I0 J10	插补圆弧C→D
N90 G01 X10 Y20	插补直线D→E
N100 Y5	插补直线E→（10，5）
N110 G00 Z50 M05	返回Z方向的安全高度，主轴停转
N120 G40 X–10 Y–10	返回到对刀点
N130 M02	程序结束

注意：（1）加工前应先用手动方式对刀，将刀具移动到相对于编程原点(-10，-10，50)的对刀点处。
（2）图中带箭头的实线为编程轮廓，不带箭头的虚线为刀具中心的实际路线。

2）刀具长度补偿指令G43、G44、G49

G43：使刀具在终点坐标处向正方向多移动一个偏差量e；G44：使刀具在终点坐标处减去一个偏差量e(向负方向移动e)；G49：（或H00)撤销刀具长度补偿。其格式与刀具半径补偿指令类似。

2．子程序

1）子程序概念及其应用的场合

在一个加工程序中的若干位置，如果包含有一连串在写法上完全相同或相似的内容，为了简化程序，可以把这些重复的程序段单独列出，并按一定的格式编写成子程序。主程序在执行过程中如果需要调用某一子程序，可以通过调用指令来调用该子程序，子程序执行后又可以返回主程序，继续执行后面的程序段。子程序在数控编程中应用相当广泛。合理、正确地应用子程序功能，为编写和修改加工程序带来很大方便，能大大提高工作效率。

2）子程序应用原则

（1）零件上有若干处相同的轮廓形状。在这种情况下只编写一个子程序，然后用主程序调用该子程序就可以了。

（2）加工中反复出现相同轨迹的走刀路线。被加工的零件需要刀具在某一区域内分层或分行反复走刀。走刀轨迹总是出现某一特定的形状时，采用子程序比较方便，此时通常要以增量方式编程。

（3）程序的内容具有相对的独立性。在加工较复杂的零件时，往往包含许多独立的工序，有时工序之间的调整也是容许的。为了优化加工顺序，把每一个的工序编成一个独立子程序，主程序中只需加入换刀和调用子程序等指令即可。

3）子程序嵌套

当一个主程序调用一个子程序时，该子程序可以调用另一个子程序，这样的情况，我们称之为子程序的两重嵌套。一般机床可以允许最多达四重的子程序嵌套。在调用子程序指令中，可以指令重复执行所调用的子程序，重复次数最多可达999次。

4）子程序格式

O××××；子程序号

······；

······；

······；子程序内容

······；

M99；　　返回主程序

在主程序中，调用子程序的程序段应包含如下内容：

M98 P×××××××；

在这里，地址P后面所跟的数字中，后面的四位用于指定被调用的子程序的程序号，前面的四位用于指定调用子程序的重复次数。

如：M98 P51002，调用1002号子程序，重复5次。M98 P1002，调用1002号子程序，重复1次。

【例6-2】排孔编程（加工中心适用）。

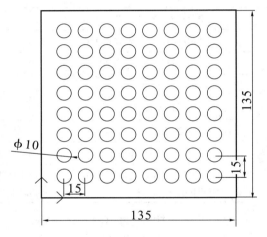

图6-19　排孔加工

主程序O0001：

O0001	主程序名
G90G94G80G49G40G21G17	程序初始化
G28G91Z0	换刀步骤
M06T1	换一号刀
G00G54G90X15Y15	快速到第一个孔位置
M03S800	
G00G43Z20H01M08	
M98P00080002	调用子程序O0002八次
G00G90G49Z0	
M05	主轴停止
M09	冷却液停止
M30	程序结束

子程序O0002：

O0002	子程序名
G90G99G81Z-10R10F50	
M98P00070003	调用子程序0003七次
G80	
G91X15Y-105	
M99	子程序结束

子程序O0003：

O0003	子程序名
G91	相对坐标
Y15	
M99	子程序结束

【例6-3】铣平面。用刀具直径为10 mm的平底刀加工 ϕ 100 mm的毛坯。

主程序O0001:

O0001	主程序名
G90G94G80G49G40G21G17	
G28G91Z0	
M06T1	换刀
G00G54G90X0Y4	
M03S600	
G00G43H01Z20M08	
G01Z–5F50	
M98P00070002	调用子程序0002七次
G00G49Z0	回到z轴第一参考点
M05	
M09	
M30	程序结束

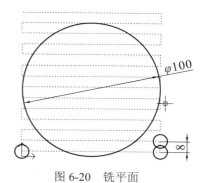

图6-20 铣平面

子程序O0002:

O0002	子程序名
G91	相对编程
G01X100	
Y8	数值可根据毛坯大小改变
X–100	
Y8	
G90	
M99	子程序结束

6.3.4 加工中心（数控铣床）刀具

1. 加工中心刀柄介绍

加工中心的主轴锥孔通常分为两大类，即锥度为7：24的通用系统和锥度为1：10的HSK系统。

1）7：24锥度的通用刀柄

锥度为7：24的通用刀柄通常有五种标准和规格，即NT型（传统型）、DIN 69871型（德国标准）、ISO 7388/1型（国际标准）、MAS BT型（日本标准）以及ANSI/ASME型（美国标准）。

NT型刀柄的德国标准为DIN 2080，是在传统机床上通过拉杆将刀柄拉紧，国内称为ST型；其他四种刀柄是在加工中心上通过刀柄尾部的拉钉将刀柄拉紧。

目前国内使用最多的是DIN 69871型（即JT）和MAS BT型两种刀柄。

DIN 69871型的刀柄可以安装在DIN 69871型和ANSI/ASME主轴锥孔的机床上，ISO7388/1型的刀柄可以安装在DIN 69871型、ISO 7388/1型和ANSI/ASME主轴锥孔的机床上。所以就通用性而言，ISO7388/1型的刀柄是最好的。

（1）拉钉。拉钉主要有三个关键参数：θ角、长度*l*以及螺纹*G*，如图6-21所示。其中刀柄拉钉的θ角有如下几种情况：

① MAS BT型（日本标准）刀柄拉钉θ角有45°、60°和90°三种，常用的是45°和60°；

② DIN 69871型刀柄拉钉（通常称为DIN 69872－40/50）θ角只有75°一种；

③ ISO 7388/1型刀柄拉钉（通常称为ISO 7388/2－40/50）θ角有45°和75°两种；

④ ANSI/ASME 型（美国标准）刀柄拉钉 θ 角有 45°、60° 和 90° 三种。

刀柄拉钉的螺纹 G，除 ANSI/ASME（美国标准）刀柄拉钉存在有英制螺纹标准外，其它三种均使用公制螺纹，40# 刀柄拉钉通常使用 M16 螺纹，50# 刀柄拉钉通常使用 M24 螺纹。

根据三个关键参数的不同，每种刀柄配备的拉钉也不同。拉钉还有是否带内冷却孔之分。

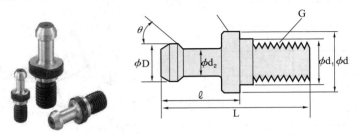

图 6-21　拉钉

（2）刀柄。

① DIN 2080 型（简称 NT 或 ST）。DIN 2080 型是德国标准，即国际标准 ISO 2583，是我们通常所说 NT 型刀柄，它不能用机床的机械手装刀而用手动装刀。

② DIN 69871 型（简称 JT、DIN、DAT 或 DV）。DIN 69871 型分两种，即 DIN 69871 A/AD 型 和 DIN 69871 B 型，前者是中心内冷，后者是法兰盘内冷，其他尺寸相同。

③ ISO 7388/1 型（简称 IV 或 IT）。其刀柄安装尺寸与 DIN 69871 型没有区别，但由于 ISO 7388/1 型刀柄的 D4 值小于 DIN 69871 型刀柄的 D4 值，所以将 ISO 7388/1 型刀柄安装在 DIN 69871 型锥孔的机床上是没有问题的，但将 DIN 69871 型刀柄安装在 ISO 7388/1 型机床上则有可能会发生干涉。

④ MAS BT 型（简称 BT）。BT 型刀柄是日本标准，安装尺寸与 DIN 69871、ISO 7388/1 及 ANSI 完全不同，如图 6-22 所示，不能换用。 BT 型刀柄的对称性结构使它比其它三种刀柄的高速稳定性要好。

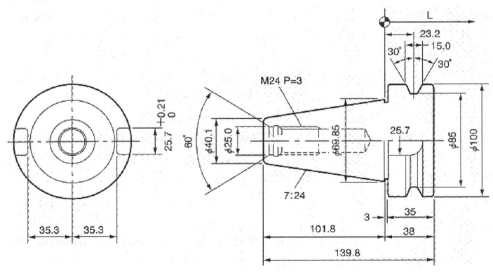

图 6-22　BT50 的尺寸示意图

⑤ ANSI B5.50 型(简称 CAT)。ANSI B5.50 型刀柄是美国标准，安装尺寸与 DIN 69871、ISO 7388/1 类似，但由于它少一个楔缺口，所以 ANSI B5.50 型刀柄不能安装在 DIN 69871 和 ISO7388/1 机床上，但 DIN 69871 和 ISO 7388/1 刀柄可以安装在 ANSIB5.50 型机床上。

标准的 7∶24 锥度的刀柄的优点：

① 不自锁，可以实现快速装卸刀具。

② 刀柄的锥体在拉杆轴向拉力的作用下，紧紧地与主轴的内锥面接触，实心的锥体直接在主轴内锥孔内支承刀具，可以减小刀具的悬伸量。

③ 7∶24 锥度的刀柄在制造时只要将锥角加工到高精度即可保证连接的精度，所以成本比较低，而且使用可靠。

标准的 7∶24 锥度的刀柄的缺点：

① 单独的锥面定位。7∶24 锥度刀柄的连接锥度较大，锥柄较长，锥体表面同时要起两个重要作用，即刀柄相对于主轴的精确定位以及实现刀柄夹紧。轴向精度是采用单独的锥面进行轴向定位，轴向定位误差高达 15 μm。

② 在高速旋转时，由于离心力的作用，主轴前端锥孔会发生膨胀，膨胀量的大小随着旋转半径与转速的增大而增大，但是与之配合的 7∶24 锥度刀柄由于是实心的，所以膨胀量较小，因此总的锥度连接刚度会降低，在拉杆拉力的作用下，刀柄的轴向位移也会发生改变。每次换刀后刀柄的径向尺寸都会发生改变，存在着重复定位精度不稳定的问题。主轴锥孔的"喇叭口"状扩张，还会引起刀柄及夹紧机构质心的偏离，从而影响主轴动平衡。

2）1∶10 的 HSK 中空刀柄

半个多世纪以来，传统的 7∶24 锥度的实心刀柄工具系统在机械加工中发挥了重要的作用。但是随着加工精度和加工效率的提高，特别是高速加工技术的应用，这种系统固有的缺陷造成其已无法适应现代加工的要求。针对这个问题，工业发达国家相继研发了适用于高速、高精度加工的新型工具系统。

德国在 20 世纪八十年代末到九十年代初开发的 HSK 中空短锥工具系统(德文 Hohl Schaft Kegel 的缩写，称为空心短锥刀柄)性能优良稳定，具有动静刚度高、定位(回转)精度好、允许转速高(使用转速一般在 15 000 ～ 40 000 r/min)等特点。

德国于 1991 年 7 月公布了 HSK 工具系统的 DIN 标准草案，于 1993 年制订了 HSK 工具系统的正式工业标准 DIN 69893。2001 年，国际标准化组织以德国制订出的 HSK 工具系统 DIN 69893 标准为基础，制订出了 HSK 工具系统的国际标准 ISO12164。由于德国取消了对 HSK 中空短锥工具系统发明的专利保护，HSK 工具系统将成为 21 世纪数控机床高速高精密加工的主流工具系统。

HSK 刀柄的结构如图 6-23 所示，其特点如下：

(1) HSK 工具系统最突出的特点是端面和锥面同时接触。夹紧时，由于主轴孔锥面和刀柄锥面有过盈，所以刀柄锥面受压产生弹性变形，同时刀柄向主轴锥孔轴向位移以消除初始的端面间隙，实现端面之间的贴合，这样就实现了双面同步夹紧。就其本身定位而言，这种保证锥面和端面同时定位的方式实质上是过定位。

HSK 刀柄的定位精度包括径向定位精度和轴向定位精度。在径向定位精度方面，HSK 接口的径向精度是由锥面接触特性决定的，即由 HSK 刀柄锥面大端与主轴锥孔的大端的配合状况决定，这点与 7∶24 锥度刀柄一致，二者的径向精度均可达到 0.2 μm。

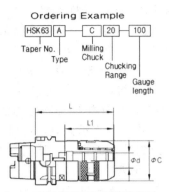

Ordering Example

HSK63 | A | — | C | 20 | — | 100

Taper No.
Type
Milling Chuck
Chucking Range
Gauge length

Taper No.	Code No.	Φd	L	ΦC	L1 Min	L1 Max	Collet	Weight (kg)	Stock
HSK63	HSK 63A -C20-100	20	100	53	45	70	MC20		☐
	HSK 63A -C32-105	32	105	74	60	95	MC32		☐
HSK100	HSK100A-C20-105	20	105	53	45	70	MC20		☐
	HSK100A-C20-135	32	135	74	60	95	MC32		☐
	HSK100A-C42-140	42	140	92	60	98	MC42		☐

图 6-23　HSK刀柄的尺寸示意图

HSK 接口的轴向精度是采用接触端面进行轴向定位的，可达到 $0.2~\mu m$，而 7∶24 锥度刀柄仅由锥柄定位，轴向定位误差为 $15~\mu m$。

HSK 接口的轴向精度不受夹紧力大小的影响，仅由结构决定。由于主轴端面贴合后刀柄端面起到了支承作用，可以防止在高速加工时由于主轴孔和刀柄的膨胀差异而产生的刀柄轴向窜动，提高了轴向精度。

（2）中空薄壁结构。中空薄壁结构是 HSK 刀柄一个重要特征，是保证 HSK 工具系统工作的必要结构。

要实现上一条所述的"端面和锥面同时接触"，锥面必须产生弹性变形。与实心刀柄相比，空心薄壁柄产生弹性变形要容易很多，所需要消耗的夹紧力也要小很多；同时，当主轴高速回转时，空心薄壁柄的径向膨胀量与主轴内锥孔的膨胀量相差不大，有利于在较高转速范围内保持锥面的可靠接触。

HSK 刀柄的空心柄部还为夹紧机构提供了安装空间，以实现由内往外的夹紧。这种夹紧方式的好处是把离心力转化成为夹紧力，使刀柄在高转速下工作时夹紧更可靠。此外，HSK 刀柄的空心柄部还便于内部切削液的供应。

（3）1∶10 的短锥。7∶24 锥度刀柄之所以要采用大锥度长结构，是因为刀柄与主轴端面有间隙没有贴合，这样的话长锥面可以起到支承刀柄工具系统的作用。

而 HSK 刀柄由于采用了端面和锥面同时接触定位，端面贴合后刀柄端面已经起到了支承刀柄的作用，这样主轴与锥体的接触长度对工具系统的刚度影响很小，为了克服加工误差对双面过定位结构的影响，只能尽量缩短锥面的接触长度。

同样，7∶24 锥度刀柄在设计时并没有考虑采用端面定位时过定位带来的对制造精度的影响。由于锥角大，当锥体直径方向产生 $1~\mu m$ 的误差时，允许的轴向端面位置误差只有大约 $3~\mu m$（而采用 1∶10 锥度刀柄，允许的轴向端面位置误差可以有大约 $10~\mu m$），这对系统的制造精度要求非常的高。另外，由于钢材的摩擦系数大约为 0.1，为了保证刀柄夹紧后能自锁，刀柄的锥度原则上不能大于0.1，但太过小的锥度会增加刀柄锥面的摩擦。所以HSK刀柄最终采用的是1：10的短锥。

（4）锥面严格的过盈量保证联接刚度。HSK刀柄锥部尺寸以及刀柄锥部与主轴锥孔的配合状况对联接刚度的影响是双重的。一方面，为了HSK刀柄在较大工作载荷范围内保持较高刚性，必须保证有足够大的夹紧力传递到刀柄端面，使之与主轴端面紧密贴合，这就要求刀柄锥部和主轴锥孔的配合过盈量不能太大；另一方面，为使重载时刀柄的联接刚度不会急剧下降，就必须保证刀柄锥部和主轴锥孔的配合过盈量足够大。因此，对刀柄锥部和主轴锥孔的加工精度提出了极高要求。

实际上，HSK刀柄1：10的提法只是近似值。ISO12164标准中明确规定了HSK刀柄的锥度为1：9.98，而主轴锥度为1：10。这样的规定可以保证在刀柄锥部和主轴锥孔拉紧联接过程中，圆锥的大端首先接触，随着发生弹性变形，使刀柄与主轴的端面发生过定位全面接触，有利于保证锥面严格的过盈量，减小锥面消耗的夹紧力，使大部分夹紧力可以有效地传递到接触端面，从而确保HSK接口的承载能力。

根据DIN标准，HSK工具系统有六种标准和规格，即：

HSK-A：带内冷自动换刀，具有供机械手夹持的V型槽，有放置控制芯片的圆孔，锥体尾部有两个传递扭矩的键槽；

HSK-B：带外冷自动换刀，与HSK-A的锥体直径相同，圆柱部分直径比HSK-A大一号，有穿过圆柱部分的外部冷却液通道，传递扭矩的键槽在圆柱端面上；

HSK-C：带内冷手动换刀，其它与HSK-A一样；

HSK-D：带外冷手动换刀，其它与HSK-B一样；

HSK-E：带内冷自动换刀，与HSK-A的外形相似，但HSK-E完全对称，没有传递扭矩的键槽和缺口，扭矩靠摩擦力传递，适用于低扭矩超高速加工；

HSK-F：与HSK-E的锥体直径相同，圆柱部分直径比HSK-E大一号，适用于超高速加工。

目前使用最广泛的是HSK-A型，大约占使用总量的98%。

2. 加工中心刀具的合理选择

为了保证平面铣削的顺利进行，在开始铣削之前，应先对整个过程有个估计。比如，要进行的是粗铣还是精铣？所加工的表面是否将作为基准？铣削过程中表面粗糙度、尺寸精度会有多大变化？另外，还需要正确选择铣刀的切削参数。

下面就铣刀刀体的选择、铣刀片的选择、冷却和涂层的选择、顺铣和逆铣的选择等四个方面具体进行分析。

1）铣刀刀体

首先，在选择一把铣刀时，要考虑它的齿数。例如直径为100 mm的粗齿铣刀只有6个齿，而直径为100 mm的密齿铣刀有8个齿。齿距的大小将决定铣削时同时参与切削的刀齿数目，影响到切削的平稳性和对机床功率的要求。每个铣刀生产厂家都有它自己的粗齿、密齿面铣刀系列。

在进行重负荷粗铣时，过大的切削力会使刚性较差的机床产生振颤。这种振颤会导致硬质合金刀片的崩刃，从而缩短刀具使用寿命。选用粗齿铣刀可以减低对机床功率的要求。所以，当主轴孔规格较小时(如R-8、30#、40#锥孔)，可以用粗齿铣刀有效地进行铣削加工。

粗齿铣刀多用于粗加工，因为它有较大的容屑槽。如果容屑槽不够大，将会造成卷屑困难或加剧切屑与刀体、工件间的摩擦。在相同的进给速度下，粗齿铣刀每个齿的切削负荷较密齿铣刀要大。

精铣时切削深度较浅，一般为0.25～0.64 mm，每个齿的切削负荷小，所需功率不大，可以选择密齿铣刀，而且可以选用比较大的进给量。由于精铣中金属切除率总是有限，密齿铣刀容屑槽小些也无妨。

对于锥孔规格较大、刚性较好的主轴，也可以用密齿铣刀进行粗铣。由于密齿铣刀同时有较多的齿参与切削，当用较大切削深度(1.27～5 mm)时，要注意机床功率和刚性是否足够，铣刀容屑槽是否够大。排屑情况需要通过试验来验证，如果排屑有问题，应及时调整切削用量。

2）铣刀片的选择

粗加工最好选用压制刀片，可降低加工成本。压制刀片的尺寸精度及刃口锋利程度比磨制刀片差，但是压制刀片的刃口强度较好，粗加工时耐冲击并能承受较大的切削深度和进给量。压制的刀片有时前刀面上有卷屑槽，可减小切削力，同时还可减小切屑与工件、切屑的摩擦，降低功率需求。但是压制的刀片表面不像磨制刀片那么紧密，尺寸精度较差，在铣刀刀体上各刀尖高度相差较多。由于压制刀片便宜，所以在生产上得到广泛应用。

对于精铣，最好选用磨制刀片。这种刀片具有较好的尺寸精度，所以刀刃在铣削中的定位精度较高，可得到较好的加工精度及表面粗糙度。另外，精加工所用的磨制刀片的发展趋势是磨出卷屑槽，形成大的正前角切削刃，允许刀片在小进给、小切深上切削。而没有尖锐前角的硬质合金刀片，当采用小进给、小切深加工时，刀尖会摩损工件，刀具使用寿命短。

磨过的大前角刀片，可以用来铣削粘性的材料(如不锈钢)。通过锋利刀刃的剪切作用，减少了刀片与工件材料之间的摩擦，并且切屑能较快地从刀片前面离开。

作为另一种组合，可以将压制刀片装在大多数铣刀的刀片座内，再配置一磨制的刮光刀片。刮光刀片可清除粗加工刀痕，比只用压制刀片能得到更好的表面粗糙度。而且应用刮光刀片可减小循环时间并降低成本。刮光技术是一种先进工艺，已在车削、切槽切断及钻削加工领域广泛应用。

3）冷却和涂层的选择

现代的刀具涂层能使产生温度裂纹的概率大大降低，促进了干式切削的发展。特别是TiAlN涂层刀具很适合于干式切削。因为当TiAlN涂层刀具切入金属时，切削的热量使TiAlN表面发生化学变化，产生了更硬的物质。

干式切削的优点是操作者可以看清切屑实际的形状和颜色，为操作者提供了评定切削过程的信息。由于工件的化学成分不同，发出的信息也不一样：当加工碳钢时，形成暗褐色切屑，说明采用切削速度适当；当速度进一步提高，褐色切屑将变成蓝色。如果切屑变黑，表明切削温度过高，此时应降低切削速度。不锈钢的导热率较低，热量不能很好地传至切屑，所以加工不锈钢应选用适当的切削速度，使切屑呈棕褐色。如果切屑变成深褐色，表明切削速度已达最高限度。有时，为避免刀瘤，加工不锈钢时切削热又是需要的。另外，冷却液会使切屑冷却太快而熔合在刀片上，导致刀具使用寿命降低。过大的进给量会引起材料的堆积，而进给量过小又会使刀具与工件发生摩擦，也会导致过热。

干切的目标是要调整切削速度与进给量，使热量传到切屑而不是工件或铣刀上。因此，应避免使用冷却液，以便观察飞溅的切屑，适当地调整主轴速度和进给量。热切屑意味着热量没有传到零件和刀具上，不会发生热裂纹，从而延长了刀具使用寿命。但加工易燃的材料(如镁和钛)时，应注意冷却并备好灭火设施。

值得一提的是，干切时，在螺纹或铣刀体的结合面上涂少量防止"咬死"(难以拆卸)的化合物也很重要，但要注意不要带进污物，否则会影响铣刀的安装精度。

4）顺铣和逆铣的选择

大多数平面铣削都是在带有丝杠或滚珠丝杠的轻型机床上用逆铣方式来完成。但是，应尽量采用顺铣，这样会取得更好的加工效果。因为逆铣时，刀片切入前产生强烈摩擦，造成加工表面硬化，使下一个刀齿难以切入。顺铣时应使铣削宽度大约等于 2/3 铣刀直径，这可保证刀刃一开始就能立即切入工件，几乎没有摩擦。如果铣削宽度小于 1/2 铣刀直径，则刀片又开始"摩擦"工件，因为切入时切削厚度变小，每齿进给量也将因径向切削宽度的变窄而减小。"摩擦"使刀具使用寿命缩短。

6.3.5　数控铣床与加工中心对刀方法

1. 对刀

对刀的目的是通过刀具或对刀工具确定工件坐标系与机床坐标系之间的空间位置关系，并将对刀数据输入到相应的存储位置。它是数控加工中最重要的操作内容，其准确性将直接影响零件的加工精度。

对刀分为 X 向、Y 向对刀和 Z 向对刀。

1）对刀方法

根据现有条件和加工精度要求选择对刀方法，可采用试切法、寻边器对刀、机内对刀仪对刀、自动对刀等。其中试切法对刀精度较低。加工中常用寻边器和 Z 向设定器对刀，效率高，能保证对刀精度。

2）对刀工具

（1）寻边器。寻边器主要用于确定工件坐标系原点在机床坐标系中的 X 值、Y 值，也可以测量工件的尺寸。

寻边器有偏心式和光电式等类型，其中以光电式较为常用。光电式寻边器的测头一般为 10 mm 的钢球，用弹簧拉紧在光电式寻边器的测杆上，碰到工件时侧头可以退让，并将电路导通，发出光讯号，通过光电式寻边器的指示和机床坐标位置即可得到被测表面的坐标位置，具体使用方法见下述对刀实例。

（2）Z轴设定器。Z轴设定器主要用于确定工件坐标系原点在机床坐标系中的 Z 轴坐标，或者说是确定刀具在机床坐标系中的高度。Z 轴设定器有光电式和指针式等类型，通过光电指示或指针判断刀具与对刀器是否接触，对刀精度一般可达 0.005 mm。Z 轴设定器带有磁性表座，可以牢固地附着在工件或夹具上，其高度一般为 50 mm 或 100 mm。

2. 对刀实例

以对工件中心为例(方型工件)。

方法一：G54—G59。

（1）主轴正转，铣刀靠工件的左侧，记下 X 值，提刀，铣刀移到工件的右侧，靠工件的右侧，记下 X 值，将这两个 X 值取平均值，记录到 G54 中的 X 上。

（2）主轴正转，铣刀靠工件的前面，记住 Y 值，提刀，铣刀移到工件的后面，靠工件的后面，记下 Y 值，将这两个 Y 值取平均值，记录到 G54 中的 Y 上。

（3）主轴正转，用铣刀慢慢靠工件的上表面，记下 Z 值，把它记录到 G54 的 Z 上。

方法二：G92。

G92 指令是用来建立工件坐标系的，它与刀具当前所在位置有关。

该指令应用格式为：G92X_Y_Z_，其含义是刀具当前所在位置在工件坐标系下的坐标值为（X_,Y_,Z_）。

例如，G92X0Y0Z0 表示刀具当前所在位置在工件坐标系下的坐标值为（0，0，0），即刀具当前所在位置是工件坐标系的原点。

（1）在 X 方向一边用铣刀与工件轮廓接触，得出一个读数值 M1，沿 X 方向移动主轴使铣刀与工件轮廓的另一边接触，得到第二个读数 M2，在刀补测量页面输入 M＝M2－M1；

（2）在 Z 方向一边用铣刀与工件轮廓接触，得出一个读数值 N1，沿 Z 方向移动主轴使铣刀与工件轮廓的另一边接触，得到第二个读数 N2，在刀补测量页面输入 N＝N2－N1。

方法三：采用寻边器对刀 X、Y 方向。

（1）将工件通过夹具装在机床工作台上，装夹时，工件的四个侧面都应留出寻边器的测量位置；

（2）快速移动工作台和主轴，让寻边器测头靠近工件的左侧；

（3）改用微调操作，让测头慢慢接触到工件左侧，直到寻边器发光，记下此时机床坐标系中的 X 坐标值，如 -310.300；

（4）抬起寻边器至工件上表面之上，快速移动工作台和主轴，让测头靠近工件右侧；

（5）改用微调操作，让测头慢慢接触到工件左侧，直到寻边器发光，记下此时机床坐标系中的 X 坐标值，如 -200.300；

（6）若测头直径为 10 mm，则工件长度为 -200.300－(-310.300)－10＝100，据此可得工件坐标系原点 W 在机床坐标系中的 X 坐标值为 -310.300＋100/2＋5＝-255.300；

（7）同理可测得工件坐标系原点 W 在机床坐标系中的 Y 坐标值。

6.3.6 数控铣床与加工中心加工示例

如图 6-24 所示，为一长方形板类零件，工件材料为 45 号钢，工件六面已加工，试分析孔加工工艺及编写该零件的加工程序。

1）零件加工工艺分析

如图 6-24 所示的零件，其上共有 4 个孔，两个精度要求不高的 $\phi 6/\phi 12$ 的沉头孔，可以直接采用钻头钻穿，后采用 $\phi 12$ 的立铣刀扩出沉孔。$\phi 8H7$ 的通孔要求精度较高，可以先采用 $\phi 7.8$ 的钻头先钻穿，留 0.2 mm 的余量进行铰削加工，保证精度。$\phi 36$ 的沉孔为了保证孔的同轴度和表面的垂直度可以采用背镗工艺，因此该零件的加工工艺过程如下：

（1）为保证孔间距精度，先采用中心钻点孔。

（2）采用 $\phi 6$ 的钻头钻削两个 $\phi 6$ 孔。

（3）采用 $\phi 7.8$ 钻头钻削 $\phi 8$ 孔，留余量 0.2 mm。

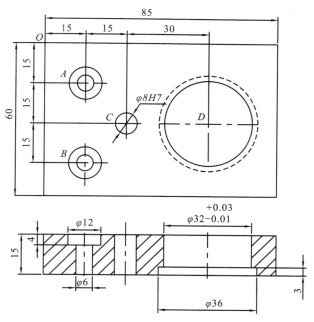

图 6-24　数控铣床的加工工件

（4）采用 ϕ30 钻头钻削 ϕ32 孔，留余量 2 mm。

（5）扩 ϕ12 沉孔。

（6）粗镗 ϕ32 孔留余量 0.03 mm。

（7）背镗 ϕ36 孔至要求尺寸。

（8）铰 ϕ8H7 孔。

（9）精镗 ϕ32 孔。

2）刀具及切削用量的选择

加工零件所需的刀具及其切削用量选择见表 6-14。

表 6-14　加工刀具及切削用量

刀号	加工内容	刀具规格		主轴转速 r/min	进给速度 mm/min	刀具补偿	
		类型	材料			半径	长度
T1	中心钻点孔	ϕ3mm中心钻		1300	80		H01
T2	钻孔	ϕ6mm钻头		800	100		H02
T3	钻孔	ϕ7.8钻头	高速钢	600	100		H03
T4	钻孔	ϕ30钻头		200	60		H04
T5	扩孔	ϕ12立铣刀		600	100		H05
T6	粗镗	可调粗镗刀	硬质合金	800	100		H06
T7	镗孔	可调背镗刀		600	50		H07
T8	铰孔	ϕ8H7铰刀	高速钢	200	50		H08
T9	精镗	可调精镗刀	硬质合金	800	50		H09

3）确定编程原点位置及相关的数值计算

根据工艺分析，为方便计算与编程，如图6-24所示，选左上角的O点为工件坐标系原点。4个点位的坐标如下：

$A(15.00, -15.00)$ $B(15.00, -45.00)$ $C(30.00, -30.00)$ $D(60.00, -30.00)$

4）编制程序

程序段号	程 序	注 释
	OO100	程序名
	G40 G80 G49；	安全设定
	G28 G91 Z0；	经当前点，返回换刀点
	G28 X0 Y0；	返回机床原点
	G54；	坐标系设定
N1	M06 T01；	换1号刀（ϕ3mm中心钻），适用无机械手盘式刀库
	M03 S1300；	主轴设定
	M8；	冷却液设定
	G43 G90 G0 Z20. H01；	下刀至横越平面，同时执行刀具长度补偿
	G99 G81 X15.Y–15. R3 Z–4.F80；	中心钻点出A孔位
	X15. Y–45.；	点出B孔位
	X30. Y–30.；	点出C孔位
	X60. Y–30.；	点出D孔位
	G80 G28 G91 Z0；	返回换刀点
N2	M06 T02；	换2号刀（ϕ6mm钻头）
	M03 S800；	主轴设定
	G43 G90 G0 Z20. H02；	下刀至横越平面，同时执行刀具长度补偿
	G73 X15. Y–15. Z –19. Q4. F100；	断削钻方式钻削A孔
	X15. Y–45.；	断削钻方式钻削B孔
	G80 G28 G91 Z0；	返回换刀点
N3	M06 T03；	换3号刀（ϕ7.8钻头）
	M03 S600；	主轴设定
	G43 G90 G0 Z20. H03；	
	G73 X30. Y–30. Z –19. Q4. F100；	断削钻方式钻削C孔
	G80 G28 G91 Z0；	
	M5；	主轴停
	M9；	冷却液停
	M1；	选择性暂停，测量尺寸，保证余量。（试件时使用）
N4	M06 T04；	换4号刀（ϕ30钻头）
	M03 S200；	
	M8；	冷却液设定

程序段号	程　　序	注　　释
	G43 G90 G0 Z20. H04；	
	G73 X60. Y–30. Z –19. Q4. F60；	断削钻方式钻削D孔
	G80 G28 G91 Z0；	
N5	M06 T05；	换5号刀（ϕ12立铣刀）
	M03 S600；	
	G43 G90 G0 Z20. H05；	
	G81 X15. Y–15. Z –19.F100；	铣削沉孔A
	X15. Y–45.；	铣削沉孔B
	G80 G28 G91 Z0；	
N6	M06 T06；	换6号刀（可调粗镗刀）
	M03 S800；	
	G43 G90 G0 Z20. H06；	
	G86 X60. Y–30. R3. Z –17. F100；	镗ϕ32孔留0.02mm余量
	G80 G28 G91 Z0；	
	M5；	
	M9；	
	M1；	选择性暂停，调整余量。（试件时使用）
N7	M06 T07；	换7号刀（可调背镗刀）
	M03 S600；	
	M8；	冷却液设定
	G43 G90 G0 Z20. H07；	
	G87X60. Y–30. R–18. Z –12. Q2. F50；	背镗ϕ36孔至尺寸
	G80 G28 G91 Z0；	
	M5；	
	M9；	
	M1；	选择性暂停，控制尺寸（试件时使用）
N8	M06 T08；	换8号刀（ϕ8H7铰刀）
	M03 S200；	
	M8；	冷却液设定
	G43 G90 G0 Z20. H08；	
	G85 X30. Y–30. R3. Z –19.F50；	铰ϕ8H7孔
	G80 G28 G91 Z0；	
	M5；	
	M9；	
	M1	

程序段号	程　　序	注　　释
N9	M06 T09；	换9号刀（可调精镗刀）
	M03 S800；	
	M8；	冷却液设定
	G43 G90 G0 Z20. H09；	
	G76 X60. Y−30. R3. Z −17.Q2. F50；	精镗ϕ32孔至尺寸
	G80 G28 G91 Z0；	
	M30；	程序结束，光标返回程序头

　　5）加工注意事项

　　（1）装夹镗刀杆时，要注意首先使用M19控制好准定方位，另外，注意系统内设的退刀方向。

　　（2）在首件加工时，按下选择性暂停按钮，调整好刀具，控制精度。

6.3.7　数控铣床及加工中心的安全操作规程

　　数控铣床及加工中心主要用于非回转体类零件的加工，在模具制造业应用广泛。其安全操作规程如下：

　　（1）开机前要检查润滑油是否充足、冷却是否充足，发现不足应及时补充。

　　（2）打开数控铣床电器柜上的电器总开关。

　　（3）按下数控铣床控制面板上的"ON"按钮，启动数控系统，等自检完毕后进行数控铣床的强电复位。

　　（4）手动返回数控铣床参考点。首先返回＋Z方向，然后返回＋X和＋Y方向。

　　（5）手动操作时，在X、Y轴移动前，必须使Z轴处于较高位置，以免撞刀。

　　（6）数控铣床出现报警时，要根据报警号，查找原因，及时排除警报。

　　（7）更换刀具时应注意操作安全。在装入刀具前应将刀柄和刀具擦拭干净。

　　（8）在自动运行程序前，必须认真检查程序，确保程序的正确性。在操作过程中必须集中注意力，谨慎操作。运行过程中，一旦发生问题，及时按下复位按钮或紧急停止按钮。

　　（9）加工完毕后，应把刀架停放在远离工件的换刀位置。

　　（10）实习学生在操作时，旁观的同学禁止按控制面板的任何按钮、旋钮，以免发生事故。

　　（11）严禁任意修改、删除机床参数。

　　（12）加工前必须关上机床的防护门。

　　（13）工人应穿紧身工作服，袖口扎紧；女同志要戴防护帽；高速铣削时要戴防护镜；铣削铸铁件时应戴口罩；操作时，严禁戴手套，以防将手卷入旋转刀具和工件之间。

　　（14）操作前应检查铣床各部件及安全装置是否安全可靠；检查设备电器部分是否安全可靠。

　　（15）注意检查工件和刀具是否装夹正确、牢固；在刀具装夹完毕后，应当采用手动方式进行试切。

（16）机床运转过程中，不要清除切屑，要避免用手接触机床运动部件。

（17）要测量工件时，必须在机床停止状态下进行。

（18）在铣刀旋转未完全停止前，不能用手去制动。

（19）铣削中不要用手清除切屑，也不要用嘴吹，以防切屑损伤皮肤和眼睛。

（20）装拆铣刀时要用专用衬垫垫好，不要用手直接握住铣刀。

（21）铣削完毕后，要打扫干净工作场地，擦拭干净机床，应注意保持机床及控制设备的清洁。

（22）切断系统电源，关好门窗后才能离开。

 复 习 思 考 题

一、编制图题中各零件的数控车床加工程序。

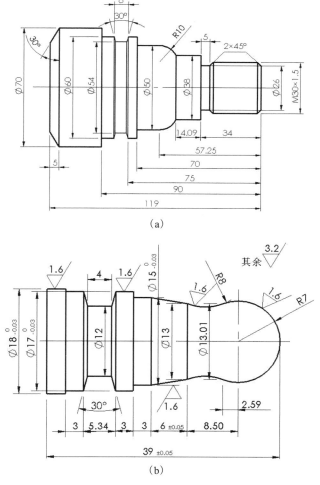

（a）

（b）

图 6-25　数控车床加工的零件

二、编制图题中各零件的数控铣床加工程序。

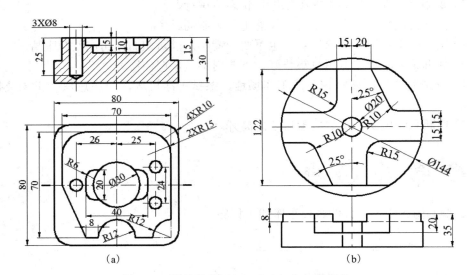

图 6-26　数控铣床（加工中心）加工的零件

第7章　先进制造技术

7.1　特种加工

7.1.1　数控线切割

1. 数控线切割概述

电火花线切割加工（Wire Cut Electrical Discharge Machining，简称WEDM）是在电火花加工基础上于50年代末在苏联发展起来的一种新工艺，原理是使用线状电极（钼丝或铜丝）靠火花放电对工件进行切割，故称电火花线切割。电火花线切割加工现已获得广泛的应用，目前国内外的线切割机床都采用数字控制，数控线切割机床已占电加工机床的60%以上。

电火花线切割机按走丝速度可分为高速往复走丝电火花线切割机（俗称"快走丝"）、低速单向走丝电火花线切割机（俗称"慢走丝"）和立式自旋转电火花线切割机三类，又可按工作台形式分成单立柱十字工作台型和双立柱型（俗称龙门型）。

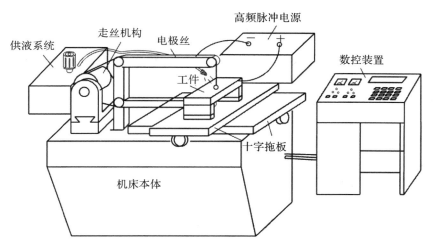

图 7-1　快走丝线切割加工原理

1）慢走丝机床

低速走丝线切割机以铜线作为工具电极，一般以低于0.2 m/s的速度作单向运动，放电现象均匀一致，目前加工精度可达0.001 mm级，加工表面质量也接近磨削水平。电极丝放电后不再使用，该种机床采用无电阻防电解电源，一般均带有自动穿丝和恒张力装置。低速走丝线切割机工作平稳、抖动小、加工精度高、表面质量好，但不宜加工大厚度工件。由于该种机床结构精密，技术含量高，机床价格高，因此使用成本也高。

2）快走丝机床

往复走丝线切割机的走丝速度为 6 ～ 12 m/s，是我国独创的机种，如图 7-1 所示。目前全国往复走丝线切割机床的存量已达 20 余万台，应用于各类中低档模具制造和特殊零件加工中，成为我国数控机床中应用最广泛的机种之一。但由于往复走丝线切割机床不能对电极丝实施恒张力控制，故电极丝抖动大，在加工过程中易断丝。由于电级丝往复使用，所以会造成电极丝损耗，加工精度和表面质量降低。

2. 数控线切割编程方式

数控线切割机床的控制系统是根据人的"命令"控制机床进行加工的。所以必须先将要进行线切割加工的图形，用线切割控制系统所能接受的"语言"编好"命令"，输入控制系统（控制器）。这种"命令"就是线切割程序，编写这种"命令"的工作叫做编程。

编程方法分手工编程和计算机辅助编程。手工编程是线切割工作者的一项基本功，它能使工作者比较清楚地了解编程所需的各种计算和编程的原理与过程。但手工编程的计算工作比较繁杂并且费时间，因此，近年来随着微机的飞速发展，线切割编程大都采用微机编程。微机有很强的计算功能，大大减轻了编程的劳动强度，并大幅度地减少了编程所需时间。

1）3B 格式编程

线切割程序格式有 3B、ISO 代码两种，3B 程序格式如表 7-1 所示。

表 7-1　3B 程序格式表

B	X	B	Y	B	J	G	Z
分隔符	X轴坐标值	分隔符	Y轴坐标值	分隔符	计数长度	计数方向	加工指令

（1）平面坐标系和坐标值 X、Y 的确定。平面坐标系是这样规定的：面对机床工作台，工作台平面为坐标平面，左右方向为 X 轴，且向右为正；前后方向为 Y 轴，且向前为正。

坐标系的原点随程序段的不同而变化：加工直线时，以该直线的起点为坐标的原点，X、Y 值取该直线终点的坐标值；加工圆弧时，以该圆弧的圆心为坐标系的原点，X、Y 值取该圆弧起点的坐标值。坐标值的负号均不写，单位为 μm。

（2）计数方向 G 的确定。不管是加工直线还是圆弧，计数方向均按终点的位置来确定。具体确定的原则如下：

加工直线时计数方向取与直线终点走向较平行那个坐标轴。例如图 7-2 中，加工直线 $\overrightarrow{OA}$，计数方向取 X 轴，记作 Gx；加工 $\overrightarrow{OB}$，计数方向取 Y 轴，记作 Gy；加工 $\overrightarrow{OC}$，计数方向取 X 轴、Y 轴均可，记作 Gx 或 Gy。

加工圆弧时，同样，终点走向较平行于何轴，则计数方向取该轴。例如在图 7-3 中，加工圆弧 $\overset{\frown}{AB}$，计数方向应取 X 轴，记作 Gx；加工圆弧 $\overset{\frown}{MN}$，计数方向应取 Y 轴，记作 Gy；加工圆弧 $\overset{\frown}{PQ}$，计数方向取 X 轴、Y 轴均可，记作 Gx 或 Gy。

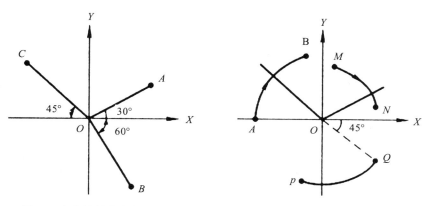

图 7-2　直线计数方向的确定　　　　图 7-3　圆弧计数方向的确定

（3）计数长度的确定。计数长度是在计数方向的基础上确定的，是被加工的直线或圆弧在计数方向的坐标轴上投影的绝对值总和，单位为 μm。

例如，图 7-4 中，加工直线 $\overrightarrow{OA}$，计数方向为 X 轴，计数长度为 OB，数值等于终点 A 的 X 坐标值。图 7-5 中，加工半径为 0.5 mm 的圆弧 $\overset{\frown}{MN}$，计数方向为 X 轴，计数长度为 500 μm×3 ＝ 1500 μm，即圆弧 MN 三段 90° 圆弧在 X 轴上投影的绝对值总和，而不是 500 μm×2 ＝ 1000 μm。

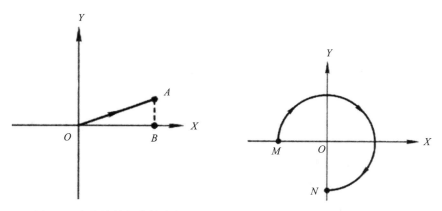

图 7-4　直线计数长度的确定　　　　图 7-5　圆弧计数长度的确定

（4）加工指令 Z 的确定。加工直线时有四种加工指令：L1、L2、L3 和 L4。如图 7-6 所示，当直线处于第 Ⅰ 象限（包括 X 轴而不包括 Y 轴）时，加工指令记作 L1；当直线处于第 Ⅱ 象限（包括 Y 轴而不包括 X 轴）时，记作 L2；L3、L4 依次类推。

加工顺圆弧时有四种加工指令：SR1、SR2、SR3 和 SR4。如图 7-7 所示，当圆弧的起点顺时针第一步进入第 Ⅰ 象限时，加工指令记作 SR1（简称顺圆1）；当圆弧起点顺时针第一步进入第 Ⅱ 象限时，记作 SR2（简称顺圆2）；SR3、SR4 依次类推。

加工逆圆弧时也有四种加工指令：NR1、NR2、NR3 和 NR4。如图 7-8 所示，当圆弧的起点逆时针第一步进入第 Ⅰ 象限时，加工指令记作 NR1（简称逆圆1）；当圆弧起点逆时针第一步进入第 Ⅱ 象限时，记作 NR2（简称逆圆2）；NR3、NR4 依次类推。

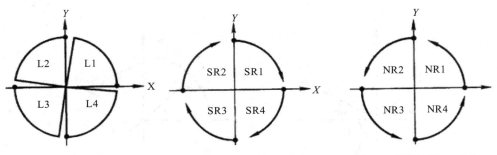

图 7-6 直线加工确定   图 7-7 顺圆弧加工确定   图 7-8 逆圆弧加工确定

【例 7-1】3B 编程实例。下面以图 7-9 所示样板零件为例，介绍编程方法。

（1）确定加工路线。起始点为 A，加工路线按照图中所标的①②③…⑧进行，共分八个程序段。其中①为切入程序段，⑧为切出程序段。

（2）计算坐标值。按照坐标系和坐标值 X、Y 的规定，分别计算①～⑧程序段的坐标值。

（3）填写程序单。按程序标准格式逐段填写 B X B Y B J G Z，见表 7-2。

图 7-9 所示样板的图形，按程序①（切入）、②…⑦、⑧（切出）进行切割，编制的 3B 程序见表 7-2。

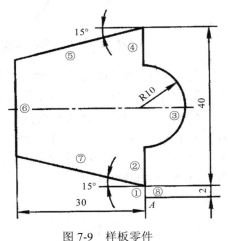

图 7-9 样板零件

表 7-2 程序举例

N	B	X	B	Y	B	J	G	Z
1	B	0	B	2000	B	2000	Gy	L2
2	B	0	B	10000	B	10000	Gy	L2
3	B	0	B	10000	B	20000	Gx	NR4
4	B	0	B	10000	B	10000	Gy	L2
5	B	3000	B	8040	B	30000	Gx	L3
6	B	0	B	23920	B	23920	Gy	L4
7	B	3000	B	8040	B	30000	Gx	L4
8	B	0	B	2000	B	2000	Gy	L4

2）CAXA 数控线切割自动编程

"CAXA 线切割 XP"本身自带位图矢量化功能，但在需要对原图进行修改、图形较复杂或图形颜色多时，其自带的矢量化功能就难以处理了。所以在此之前先使用"Coreldraw X4"软件对图像进行处理。以下以奥运福娃为例，具体说明设计、加工仿真与实际加工的过程。

（1）图像的前期处理。福娃的原始图形如图7-10所示，此时图片的格式为JPG。打开软件"Coreldraw X4"，将图片导入到软件当中进行图像处理，具体操作为：

图7-10 福娃原始图

① 点击 文件(E) → 导入(I)..。

② 选择要导入的福娃图形文件，导入。

③ 选中图片，通过拖拽或点击软件左上角 ↔ 200.0 mm ⇳ 41.99 mm 来更改图片的大小。

④ 选中图片，点击工具栏上的 位图(B) → 编辑位图(E)...

⑤ 在编辑位图的状态下，点击 图像(I) → 转换为黑白(1 位)(1)...，转换方法通过下拉菜单选择 线条图 ，改变阀值，当轮廓线条都比较清晰且无多余部分时即可，此图当阀值为52左右时符合要求。

⑥ 确定阀值后通过工具栏对转换后的黑白图进行修改，修改完成后保存图片，关闭编辑位图的窗口。

⑦ 因为"CAXA线切割XP"仅支持BMP、GIF、JPEG、PNG、PCX格式的图片进行导入矢量化，直接对用"Coreldraw X4"处理后的图片进行保存无法满足以上格式要求，应用Ctrl＋E将图片导出，导出格式为BMP（注意：选择后缀为"Windows"，另一种"OS/2"无法用"CAXA线切割XP"软件打开）。

处理完后的图片呈黑色。

（2）图像的矢量化。打开"CAXA线切割XP"软件，具体操作如下：

① 点击 绘制(D) → 高级曲线(A) → 位图矢量化(V) → ● 矢量化(V) 。

② 选择保存为黑色的图，打开图片，此时在软件界面的下面出现"位图矢量化"立即菜单，设置菜单的各选项内容，1: 描亮色域边界 ▼ 2: 直线拟 ▼ 3: 指定宽度 ▼ 4: 正常 ▼ 。

参数说明：①当图像颜色较深而背景颜色较浅且背景颜色较均匀时选择"描暗色域边界"选项；当图像颜色较浅而背景颜色较深且图像颜色较均匀时选择"描亮色域边界"选项；选择"指定临界灰度"选项时，若背景灰度较为均匀，且与图像灰度对比较为明显时，将临界灰度值设为背景的灰度值效果较好；当图像灰度较为均匀，且与背景灰度对比较为明显时，将临界灰度值设为图像的灰度值效果较好，缺省的情况下系统将取位图灰度值的平均值作为临界灰度。②"直线拟合"产生轮廓只包含直线段；"圆弧拟合"产生轮廓包括直线和圆弧。③通过"指定宽度"调整生成轮廓的大小。④精度级别分为精细、正常、较粗略、粗略四种，精度级别越高轮廓的形状越精细，但会造成轮廓出现较多的锯齿，精度级别越低轮廓的偏差就越大。

通过以上设置方法，调整参数，多试几次，即可获得较理想的轮廓。

选择"指定临界灰度"、"直线拟合"、"指定宽度"、"精细"，按下回车键，使给定宽度为500 mm。

点击 **绘制(D)** → **高级曲线(A)** → **位图矢量化(V)** → **清除位图(C)**，此时界面上显示的是蓝色的福娃轮廓线条，如图7-11所示。

图 7-11　矢量化后的福娃轮廓

（3）图形的修整。矢量化后的图形是由许多不连续的样条线组成，不符合线切割的条件。因此要对图形做修整，使其成为一笔画的图形。

具体方法为：矢量化后的图形为蓝色线条，选中图形，右击鼠标对线条属性进行修改，改成需要的线条，再通过工具栏中的直线 ╲ 样条 ∿ 对图像线条进行修改，利用等距线将图形中的线条连接起来，形成类似一笔画的封闭图形，如图7-12。

图 7-12　修整后的福娃图

（4）轨迹生成。轨迹生成的具体步骤为：点击 **线切割(W)** → ⟳ **轨迹生成(G)**，出现如图7-13所示参数表，进行参数设置。根据实际情况依次选择链拾取方向即加工路径的方向和补偿方向。

此时可能出现问题，如链拾取时不能完全拾取，出现中断，发生此现象可能的原因有三点：① 线条与线条未完全连接即断开；② 线条与线条交叉；③ 多条线重叠在一起。解决思路为：先在轨迹生成时的中断处进行放大查看是否有上述①②点问题，若没有以上问题再试删除已生成轨迹的最后一个线段，通过滚动鼠标滚轮（即放大或缩小），若线条还存在，则为第③种情况。

选择穿丝点位置，退出点位置与穿丝点位置

图 7-13　参数表

相同，回车会出现绿色轨迹图。

（5）轨迹仿真。选择菜单栏中的 **线切割(W)** → **轨迹仿真(S)**，此时软件左下角出现 `1:连续▼ 2:步 0.0`，选择默认设置，单击步骤4生成的绿色轨迹，系统会出现如图7-14所示的加工过程。

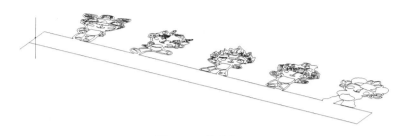

图7-14　仿真加工

（6）代码生成。选择菜单栏中的 **线切割(W)** → **3B 生成3B代码(B)**，出现如图7-15所示的对话框，选择好保存路径后输入保存名为fuwa.3B。

选择绿色轨迹图单击鼠标后再右击就生成如图7-16所示的3B代码。

（7）线切割机床加工。将3B代码传输至江苏锋陵集团DK7732电火花数控线切割机床，把550 mm×80 mm×3 mm的不锈钢用夹具压紧固定，并使用百分表找正。把钼丝移动至加工点（即生成轨迹操作的穿丝点）进行加工。

（8）总结。通过对福娃这种复杂图形的加工，得出在使用"CAXA线切割XP"软件时要注意以下几点：①对图片先通过"Coreldraw X4"软件进行处理，转换为背景与图形对比分明的图片即黑白位图；②矢量化后的图形存在缺陷用直线与线条进行修改；③轨迹生成时出现中断，通过检查线段与线段之间是否断开、交叉或多条线重合，不断选取不同位置进行轨迹生成进行修改；④线切割机床加工时要注意夹紧工件，注意加工初始点的位置与工件的位置关系，防止材料的浪费。

图 7-15　对话框　　　　　　　图 7-16　生成的3B代码

3. 数控线切割加工示例

下面以图7-17所示样板零件为例，介绍编程方法。

1）确定加工路线

起始点为A，加工路线按照图中所标的①②③…⑧进行，共分八个程序段。其中①为切入程序段，⑧为切出程序段。

2）计算坐标值

按照坐标系和坐标值X、Y的规定，分别计算①～⑧程序段的坐标值。

3）填写程序单

按程序标准格式逐段填写B X B Y B J G Z，见表7-3。

图7-17所示样板的图形，按程序①（切入）、②…⑦、⑧（切出）进行切割，编制的3B程序见表7-3。

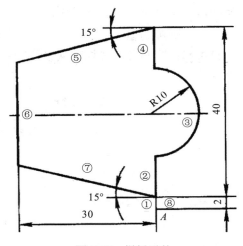

图7-17 样板零件

表7-3 程序举例

N	B	X	B	Y	B	J	G	Z
1	B	0	B	2000	B	2000	Gy	L2
2	B	0	B	10000	B	10000	Gy	L2
3	B	0	B	10000	B	20000	Gx	NR4
4	B	0	B	10000	B	10000	Gy	L2
5	B	30000	B	8040	B	30000	Gx	L3
6	B	0	B	23920	B	23920	Gy	L4
7	B	30000	B	8040	B	30000	Gx	L4
8	B	0	B	2000	B	2000	Gy	L4

4. 电火花线切割安全操作规程

由于电火花线切割加工是在电火花成型加工基础上发展起来的，它是用线状电极（钼丝或铜丝）通过火花放电对工件进行切割。因此，电火花线切割加工机床的安全操作规程与电火花成型加工机床的安全操作规程大部分相同。此外，电火花线切割操作中还要注意：

（1）在绕线时要保证电极丝有一定的预紧力，以减少加工时线电极的振动幅度，提高加工精度。

（2）检查工作液系统中装有去离子树脂筒，以确保工作液能自动保持一定的电阻率。

（3）在放电加工时，必须使工作液充分地将电极丝包围起来，以防止因电极丝在通过大脉冲电流时产生的热而发生断丝现象。

（4）加强机床的机械装置的日常检修、维护和润滑。

（5）做到文明生产，加工操作结束后，必须打扫干净工作场地、擦拭干净机床、并且切断系统电源后才能离开。

7.1.2　数控电火花加工

1. 数控电火花加工概述

电火花加工又称放电加工，它是利用在一定的绝缘介质中，通过工具电极和零件电极之间脉冲放电时的电腐蚀作用对零件进行加工的一种工艺方法，在加工过程中可以看到火花，故称为电火花加工。电火花加工适合于用传统机械加工方法难以加工的材料或零件，如加工各种高熔点、高强度、高纯度、高韧性材料；加工特殊及复杂形状的零件，如模具制造中的型孔和型腔的加工。电火花加工根据工具电极形式的不同，又分为电火花成型加工和电火花线切割加工。

如图7-18所示，电火花加工是基于在绝缘的工作液中工具和零件（正、负电极）之间脉冲性火花放电时局部、瞬时产生的高温，使零件表面的金属熔化、气化、抛离零件表面的原理，来去除多余的金属，以达到零件尺寸、形状及表面质量预定要求的加工。

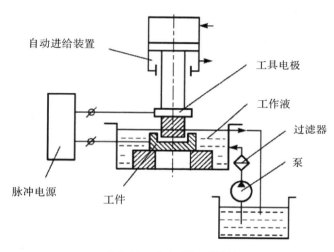

图 7-18　电火花加工原理

利用电火花对零件进行加工时，必须创造有利于加工的外界条件。首先，工具电极和零件被加工表面之间必须保持一定的放电间隙。然后，为使加工稳定进行，并使放电所产生的热量不致于很快散失，火花放电必须是瞬时脉冲性放电。最后，火花放电必须在像煤油、皂化液或去离子水等绝缘性好的液体介质（工作液）中进行。

电火花加工与常规的金属切削比较具有以下特点：

（1）电火花加工属于非接触加工。工具电极和零件之间不直接接触，而是有一个火花放电间隙（0.01 ～ 0.1 mm），间隙中充满工作液。

（2）加工过程中没有宏观的切削力。火花放电时，局部、瞬时爆炸力的平均值很小，不足以引起零件的变形和位移。

（3）可以"以柔克刚"。由于电火花加工直接利用电能和热能来去除金属材料，与零件材料的强度和硬度等关系不大，因此可用软的工具电极加工硬的零件，实现"以柔充刚"。

（4）电火花加工范围相当广泛。电火花加工可以加工任何难加工的金属材料和其他导电材料，形状复杂的表面以及薄壁，低刚度、微细小孔、异形小孔、深小孔等有特殊要求的零件。

2. 数控电火花加工的编程基础

电火花加工机床如果具有 X、Y、Z 等多轴数控系统，则工具电极和零件之间相对的运动就多种多样，可以满足各种模具加工的要求，而且还可以用国际上通用的 ISO 代码进行编程、程序控制、数控摇动加工等。

1）ISO 代码

ISO 代码是国际标准化组织制定的用于数控编程和控制的一种标准代码。代码中分别有准备功能 G 指令和辅助功能 M 指令。表7-4 为数控电火花加工中最常用的 G 指令和 M 指令代码，它是从切削加工机床的数控系统中套用过来的。不同工厂的代码，多少不同，含义上也可能稍有差异，具体应遵照所使用电火化加工机床说明书中的规定。

表7-4 数控电火花加工中常用的 G 指令和 M 指令代码

代码	功能	代码	功能
G00	快速定位	G81	回机床零点
G01	直线插补	G90	绝对坐标系
G02	圆弧顺时针插补	G91	增量坐标系
G03	圆弧逆时针插补	M00	程序暂停
G04	暂停	M02	程序结束
G17	XY平面选择	M05	不用接触感知
G18	ZX平面选择	M08	旋转头开
G19	YZ平面选择	M09	旋转头关
G20	英制输入	M80	冲油，工作液流动
G21	米制输入	M84	接通脉冲电源
G40	取消补偿	M85	断开脉冲电源
G41	左偏补偿	M89	工作液排除
G42	右偏补偿	M98	子程序调用
G80	有接触感知	M99	子程序调用结束

2）数控摇动加工

主轴上的平动头使工具电极向外逐步扩张的运动叫平动，工作台使零件向外逐步扩张的运动叫摇动。摇动加工的作用是：

（1）可以逐步修光侧面和底面，使表面粗糙度 Ra 值达 $0.8 \sim 0.2\ \mu m$。

（2）可以精确控制尺寸精度到 $2 \sim 5\ \mu m$。

（3）可以加工出清棱、清角的侧壁和底边。

（4）变全面加工为局部加工，有利于排屑和稳定加工。

（5）摇动的轨迹除平动头是小圆形轨迹外，数控摇动的轨迹还有方形、棱形、叉形和十字形，而且摇动半径可达9.9 mm。

3. 数控电火花加工步骤

对数控电火花加工工艺性分析主要包括加工工艺参数（工具电极极性和电参数）的选定、提高加工效率的方法和选择加工方式等环节。

1）电加工工艺参数的选定

（1）工具电极极性选择。在电火花成型加工过程中，电极是十分重要的部件，对其工艺影响甚大。根据电火花加工原理，可以说任何导电材料都可以用来制作电极，但在生产中应选择损耗小，加工过程稳定，生产率高，机械加工性能良好，来源丰富，价格低廉的材料作电极材料。一般用于做电极材料的有钢、铸铁、石墨、黄铜、紫铜、钨合金等。

选择工具电极极性应遵循以下原则：

① 铜电极对钢，或钢电极对钢，选做"＋"极性；

② 铜电极对铜，或石墨电极对铜，或石墨电极对硬质合金，选做"－"极性；

③ 铜电极对硬质合金，选做"＋"或"－"极性都可以；

④ 石墨电极对钢，加工表面粗糙度 Ra 为 15 μm 以下的孔，选做"－"极性；加工表面粗糙度 Ra 为 15 μm 以上的孔，选做"＋"极性。

（2）主要电参数的选择。电火花加工过程的电参数为脉冲电源提供的电流峰值 I_e、脉冲宽度 t_i 和脉冲间隙 t_o。其中电流峰值 I_e 和脉冲宽度 t_i 主要影响加工表面粗糙度和加工精度。这对参数的选择，主要根据加工经验和所用机床的电源特性，见表7-5。

表7-5　脉冲电流峰值 I_e 和脉冲宽度 t_i 的选择

类别参数	机床的电源特性		加工选择		
	最小	最大	粗加工	半精加工	精加工
电流峰值 I_e/A	I_{emin}	I_{emax}	$(1/2)I_{emax} \sim I_{emax}$ 可取偏大值	$(1/6)I_{emax} \sim (1/2)I_{emax}$ 可取中间值	$I_{emin} \sim (1/6)I_{emax}$ 可取偏小值
脉冲宽度 t_i/μs	t_{imin}	t_{imax}	$(1/12)t_{imax} \sim I_{emax}$ 可取偏大值	$(1/30)t_{imax} \sim (1/12)ti_{max}$ 可取中间值	$t_{imin} \sim (1/30)t_{imax}$ 可取偏小值

脉冲间隔 t_o 主要影响加工效率，但脉冲间隔 t_o 太小会引起放电异常，选择脉冲间隔 t_o 时重点考虑能否及时排屑，以保证零件的正常加工。

2）提高加工效率的方法

除改善电参数外，提高电火花加工效率也是其工艺性分析的一个重要方面，提高电火花加工效率的方法有以下两个。

（1）零件预加工。由于电加工的效率一般比较低，所以在电加工前要对零件进行预加工，在保证加工成型的前提下，留给电加工的余量越小越好。电火花成型加工余量一般对型腔的侧面单边余量为 0.1 ～ 0.5 mm，底面余量为 0.2 ～ 0.7 mm；对盲孔或台阶型腔，侧面单边余量为 0.1 ～ 0.3 mm，底面余量为 0.1 ～ 0.5 mm。

（2）蚀出物去除。在电火花加工过程中，为了避免加工区的蚀出物发生二次放电，要将蚀出物及时去除。蚀出物去除的方式有三种：冲油式、抽油式和喷射式。其中，喷射式主要在零件或电极不能打开工作液喷孔时采用。

3）电火花加工方式选定

电火花加工方式主要有单电极加工、多电极多次加工和摇动加工等，其选择要根据具体情况而定。单电极加工一般用于加工比较简单的型腔；多电极多次加工的加工时间较长，需电极定位准确，但其工艺参数的选择比较简单；摇动加工用于加工一些型腔表面粗糙度和形状精度要求较高的零件。

4. 数控电火花加工实例

如图7-19所示，纪念币模具加工。纪念币尺寸为：直径28 mm，型腔深1.2 mm。

图 7-19 纪念币模具加工

表7-6 例题的电参数设定

加工阶段	脉冲电流峰I_e A	脉冲宽t_i μs	脉冲间隔t_0 μs	加工深度 mm	加工条件序号
粗加工	10	90	60	1.0	9958
半精加工	5	32	32	1.1	9959
精加工	2	16	16	1.16	9960
光整加工	1	4	4	1.2	9961

1）加工工艺性分析

该纪念币的纹路细，要求电极损耗小，另外要求其光泽好，因而选用电铸电极。电极极性："＋"，即正极性加工；零件预加工：模板上下面平磨，四边平面用作定位；

电极安装：以9 mm的铜柄作装夹柄并调整其垂直度，要求倾斜度小于0.007 mm；

排屑方法：采用两边喷射，压力为0.3 MPa；加工条件：分粗、半精、精和光整等四次加工，其电参数设定见表7-6。

2）编制加工程序

纪念币模具数控电火花加工程序，如表7-7所示。

表7-7 纪念币模具电火花加工程序单

G26Z;	电极与零件端面定位
G92XYZC;	机床各轴设零
G90F100;	绝对值加工，加工速度初设为100 mm/min
M80M88;	充加工液并保持加工液高度
E9958;	取出数据库中的第9958号加工条件，即粗加工条件
M84;	打开加工电源
G01Z−1.0;	加工方向为Z向，加工深度1.0 mm
E9959;	切换电加工条件，代号为9959，即半精加工条件
G01Z−1.1;	加工方向为Z向，加工深度1.1 mm
E9960;	切换电加工条件，代号为9960，即精加工条件
G01Z−1.16;	加工方向为Z向，加工深度1.16 mm
E9961;	切换电加工条件，代号为9961，即光整加工条件
G01Z−1.2;	加工方向为Z向，加工深度1.2 mm
M85;	关闭加工电源
M25G01Z0.;	机床主轴Z回零
M81M89;	放加工液回油箱，取消加工液高度保证功能
M02;	程序结束

5．电火花成型机安全操作规程

电火花成型机安全操作规程如下：

（1）开机前，要仔细阅读机床的使用说明书，在未熟悉机床操作前，切勿随意开动机床，以免发生安全事故。

（2）加工前注意检查放电间隙，即必须使接在不同极性上的工具和工件之间保持一定的距离以形成放电间隙，一般为0.01～0.1 mm左右。

（3）工具电极的装夹与校正必须保证工具电极进给加工方向垂直于工作台平面。

（4）保证液体介质中的工件和工具电极上的脉冲电源输出的电压脉冲波形是单向的。

（5）要有足够的脉冲放电能量，以保证放电部位的金属熔化或气化。

（6）放电必须在具有一定绝缘性能的液体介质中进行。

（7）操作中要注意检查工作液系统过滤器的滤芯，如果出现堵塞要及时更换，以确保工作液能自动保持一定的清洁度。

（8）对于采用易燃类型的工作液，使用中要注意防火。

（9）严格按机床说明书规定的动作顺序操作，正确选取加工参数，不得进行超程加工。

（10）经常保持机床电气设备清洁，防止受潮，以免降低绝缘强度而影响机床的正常工作。

（11）添加工作介质煤油时，不得混入类似汽油的易燃液体，防止火花引起火灾，油箱要有足够的循环油量，使油温限制在安全范围内。

（12）加工时，工作液面与工件的距离不得小于40 mm，若液面过低，加工电流较大时易引起火灾。

（13）根据煤油的混浊程度，要及时更换过滤介质，并保持油路畅通。

（14）机床周围严禁烟火，并应配备适用于油类的灭火器，机床工作时需保持室内空气畅通，机床工作完毕应及时关闭总电源。

（15）做到文明生产，加工操作结束后，必须打扫干净工作场地、擦拭干净机床并且切断系统电源后才能离开。

7.1.3 其他特种加工技术简介

1. 电解加工

电解加工是利用金属在电解液中发生阳极溶解反应而去除工件上多余的材料，将零件加工成形的一种方法。

如图7-20所示，电解加工时，工件接电源正极（阳极），按一定形状要求制成的工具接负极（阴极），工具电极向工件缓慢进给，并使两极之间保持较小的间隙（通常为0.02～0.7 mm），利用电解液泵在间隙中间通以高速（5～50 m/s）流动的电解液。

在工件与工具之间施加一定电压，阳极工件的金属被逐渐电解蚀除，电解产物被电解液带走，直至工件表面形成与工具表面基本相似的形状为止。

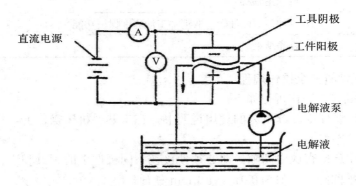

图 7-20　电解加工工作原理图

电解加工具有如下特点：

（1）加工范围广。电解加工不受材料强度、硬度和韧性的限制，可加工高强度、高硬度和高韧性等难切削的金属材料，如淬火钢、钛合金、硬质合金、不锈钢、耐热合金等；可加工叶片、花键孔、炮管膛线、锻模等各种复杂的三维型面，以及薄壁、异形零件等。

（2）能以简单的进给运动一次加工出形状复杂的型面和型腔，进给速度可快达0.3～15 mm/min。

（3）表面质量好。加工中无切削力和切削热的作用，所以不产生由此引起的变形和残余应力、加工硬化、毛刺、飞边、刀痕等，可以获得较低的表面粗糙度（Ra1.25～0.2 μm）和±0.1 mm左右的平均加工精度。电解微细加工钢材的精度可达±10～70 μm。电解加工适合于加工易变形或薄壁零件。

（4）加工过程中工具电极理论上无损耗，可长期使用。因为工具阴极材料本身不参与电极反应，其表面仅产生析氢反应，同时工具材料又是抗腐蚀性良好的不锈钢或黄铜等，所以除产生火花短路等特殊情况外，工具阴极基本上没有损耗。

（5）加工生产率高。电解加工的效率约为电火花加工的5～10倍以上，在某些情况下比切削加工的生产率还高，且加工生产率不直接受加工质量的限制，故一般适宜于大批量零件的加工。

（6）设备昂贵，技术难度高。电解加工设备投资较高，占地面积较大。同时，电解加工影响因素多，技术难度高，不易实现稳定加工和保证较高的加工精度，一般情况下电解加工精度要低于电火花加工。

（7）不适用于单件生产。工具电极的设计、制造和修正较麻烦，因而电解加工很难适用于单件生产。

（8）不环保。电解液对设备、工装有腐蚀作用，电解产物的处理和回收困难。

电解加工现在已经广泛适用于型腔加工、型面加工、电解倒棱去毛刺、深孔扩孔加工、深小孔加工、型孔加工和套料加工等各种场合。

2. 超声加工

对于非金属材料，采用电火花或电解加工的方式都不可行。超声加工不仅能加工硬质合金、淬火刚等脆硬金属材料，而且更适合于加工玻璃、陶瓷、半导体锗和硅片等不导电的非金属脆硬材料，同时还可以用来清洗、焊接和探伤等。

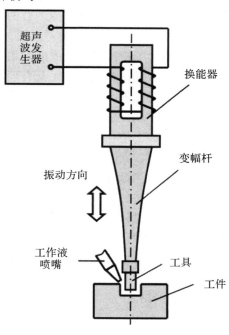

图 7-21 超声波加工原理示意图

如图7-21所示，超声加工是利用工具端面的超声振动，通过磨料悬浮液加工脆硬材料的一种成型方法。加工时，在工具头与工件之间加入液体与磨料混合的悬浮液，并在工具头振动方向加上一个不大的压力，超声波发生器产生的超声频电振荡通过换能器转变为超声频的机械振动，变幅杆将振幅放大到0.01～0.15 mm，再传给工具，并驱动工具端面作超声振动，迫使悬浮液中的悬浮磨料在工具头的超声振动下以高速不断撞击抛磨被加工表面，把加工区域的材料粉碎成很细的微粒，从材料上去除下来。虽然每次去除的材料不多，但由于每秒钟打击16000次以上，所以仍存在一定的加工速度。与此同时，悬浮液受工具端部的超声振动作用而产生的液压冲击和空化现象促使液体钻入被加工材料的隙裂处，加速了破坏作用，而液压冲击也使悬浮工作液在加工间隙中强迫循环，使变钝的磨料及时得到更新。由于超声加工是基于局部撞击作用，因此越脆的材料，受撞击作用遭受的破坏越大，越易进行超声加工。相反，脆性和硬度不大的韧性材料，由于它的缓冲作用而难以加工。

超声加工的特点如下：

（1）适合于加工各种硬脆材料，特别是不导电的非金属材料。

（2）由于工具可用较软的材料，做成较复杂的形状，故不需要工具和工件做比较复杂的相对运动，因此超声加工机床的结构比较简单，操作、维修方便。

（3）工件表面的宏观切削力很小，切削应力、切削热很小，不会引起变形及烧伤，表面粗糙度也较好。

目前超声加工主要应用于：超声切削加工、超声磨削加工、超声光整加工、超声塑性加工、磨料冲击加工、超声焊接等。随着超声加工研究的不断深入，它的应用范围还将继续扩大。

3. 激光加工

激光加工是将激光束照射到工件的表面（如图7-22所示），以激光的高能量来切除、熔化材料以及改变物体表面性能。由于激光加工是无接触式加工，工具不会与工件的表面直接磨擦产生阻力，所以激光加工的速度极快，加工对象受热影响的范围较小而且不会产生噪音。由于激光束的能量和光束的移动速度均可调节，因此激光加工可应用到不同层面和范围上。

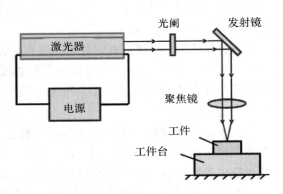

图 7-22　激光加工原理示意图图

目前，公认的激光加工原理有两种：激光热加工和光化学加工（又称冷加工）。

激光热加工指当激光束照射到物体表面时，引起快速加热，热力把对象的特性改变或把物料熔解蒸发。激光热加工具有较高能量密度的激光束（它是集中的能量流），激光束照射在被加工材料表面上，材料表面吸收激光能量，在照射区域内产生热激发过程，从而使材料表面（或涂层）温度上升，产生变态、熔融、烧蚀、蒸发等现象。

激光热加工是利用激光束投射到材料表面产生的热效应来完成加工过程，包括激光焊接、激光切割、表面改性、激光打标、激光钻孔和微加工等。

冷加工指当激光束加于物体时，高密度能量光子引发或控制光化学反应的加工过程。冷加工具有很高负荷能量的（紫外）光子，能够打断材料（特别是有机材料）或周围介质内的化学键，至使材料发生非热过程破坏。这种冷加工在激光标记加工中具有特殊的意义，因为它不是热烧蚀，而是不产生"热损伤"的打断化学键的冷剥离，因而对被加工表面的里层和附近区域不产生加热或热变形等作用。例如，电子工业中使用准分子激光器在基底材料上沉积化学物质薄膜，在半导体基片上开出狭窄的槽。

1）激光切割

激光切割加工是利用数控技术为基础，激光为加工媒介，加工材料在激光照射下瞬间的熔化和气化的物理变性，达到加工的目的。激光加工特点：工具与材料表面没有接触，不受机械运动影响，表面不会变形，工件一般无需固定；不受材料的弹性、柔韧影响，方便对软质材料加工；加工精度高、速度快，应用领域广泛。

激光切割加工分为激光切割、激光雕刻、激光打标、玻璃（水晶）内雕等几种常见方式。激光切割加工工艺通过激光雕刻机，激光打标机，激光切割机等设备来实现。

激光切割加工常见材质：

（1）非金属材料加工（CO_2激光）。主要包括有机玻璃、木材、皮革、布料、塑料、印刷用胶皮版、双色板、玻璃、合成水晶、牛角、纸板、密度板、大理石、玉石等。

（2）金属材料加工（YAG激光）。主要是常见的金属材料。

激光雕刻广泛应用于广告加工、礼品加工、包装雕版、皮革加工、布料打样、产品标刻、印章雕刻等诸多行业。

2）激光焊接

激光焊接是激光加工技术应用的重要方面之一，焊接过程属热传导型，即激光辐射加热工件表面，表面热量通过热传导向内部扩散，通过控制激光脉冲的宽度、能量、峰功率和重复频率等参数，使工件熔化，形成特定的熔池。由于其独特的优点，激光焊接已成功地应用于微、小型零件焊接中。与其它焊接技术比较，激光焊接的主要优点是：激光焊接速度快、深度大、变形小；能在室温或特殊的条件下进行焊接；焊接设备装置简单。

3）激光钻孔

随着电子产品朝着便携式、小型化的方向发展，电路板小型化的要求越来越高，提高电路板小型化水平的关键就是越来越窄的线宽和不同层面线路之间越来越小的微型过孔和盲孔。传统的机械钻孔最小的尺寸为$100\ \mu m$，这显然已不能满足要求，代而取之的是一种新型的激光微型过孔加工方式。

目前用CO_2激光器加工在工业上可获得过孔直径在$30 \sim 40\ \mu m$的小孔或用UV激光加工$10\ \mu m$左右的小孔。目前在世界范围内激光在电路板微孔制作和电路板直接成型方面的应用成为激光加工应用的热点，利用激光制作微孔及电路板直接成型与其它加工方法相比其优越性更为突出，具有极大的商业价值。

激光具有的宝贵特性决定了激光在加工领域的优势：

（1）由于激光是无接触加工，并且高能量激光束的能量及其移动速度均可调，因此激光加工可以实现多种加工的目的。

（2）它可以对多种金属、非金属加工，特别是可以加工高硬度、高脆性及高熔点的材料。

（3）激光加工过程中无"刀具"磨损，无"切削力"作用于工件。

（4）激光加工过程中，激光束能量密度高，加工速度快，并且是局部加工，对非激光照射部位没有影响或影响极小。因此，其热影响区小，工件热变形小，后续加工量小。

（5）激光加工可以通过透明介质对密闭容器内的工件进行各种加工。

（6）由于激光束易于导向、聚集实现各方向变换，极易与数控系统配合，可以对复杂工件进行加工，因此激光加工是一种极为灵活的加工方法。

（7）激光加工，生产效率高，质量可靠，经济效益好。

4. 快速成型

3D打印机是当今比较热门的设备，3D打印在业界被称为"增材制造"，广义上来说就是快速成型技术。3D打印机的优点是能够在短时间内、以较低的成本制作出试制品等实物（立体模型），如可以"打印"儿童的玩具、装饰用的灯饰、摆设等，还能在建筑方面打印出一幢完整的建筑模型，甚至可以在航天飞船中给宇航员打印任何所需的物品。

纵观快速成型技术，目前已有十多种成型技术，较为成熟且在生产中使用的有以下四种：

（1）SLA（光固化成型法，stereo lithography）或称立体印刷。成型材料为液态光敏树脂，制件性能相当于工程塑料或蜡模，常用于加工高精度塑料件、铸造用蜡模、样件或模型。

（2）SLS（激光选区烧结法）或称选择性激光烧结法（selected laser sintering）。成型材料为工程塑料粉末，制件性能相当于工程塑料、蜡模、砂型，主要用于加工塑料件、铸造用蜡模、样件或模型。

（3）LOM（叠层实体制造法，laminated object manufacturing）。成型材料为涂敷有热敏胶的纤维纸，制件性能相当于高级木材，主要用于快速制造新产品样件、模型或铸造用木模。

（4）FDM（熔融沉积法，fused deposition modeling）。成型材料为固体丝状工程塑料，制件性能相当于工程塑料或蜡模，主要用于加工塑料件、铸造用蜡模、样件或模型。FDM技术是由Stratasys公司所设计与制造，该技术利用ABS、polycarbonate（PC）、poly phenyl、sul fone（PPSF）以及其它材料。这些热塑性材料受到挤压成为半熔融状态的细丝，由沉积在层层堆栈基础上的方式，从3D CAD资料直接建构原型。该技术通常应用于塑型、装配、功能性测试以及概念设计。此外，FDM技术可以应用于打样与快速制造，FDM原型可以进行铣床加工、钻孔、研磨、车床加工等。FDM技术工作原理如图7-23所示。

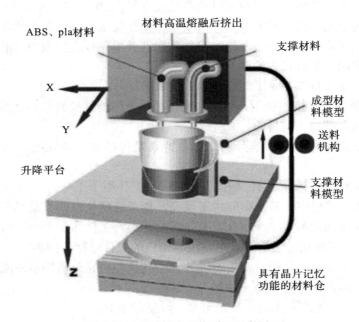

图 7-23　FDM技术工作原理示意图

7.2　高速高效加工技术

高速高效加工的主要目的就是提高生产效率、加工质量和降低加工成本，它包括高速切削加工、高进给切削加工、大余量切削加工和高效复合切削加工、高速与超高速磨削、高效深切磨削、快速点磨削和缓进给深切磨削等。

高速高效加工技术的研究范围包括：高速高效切削磨削机理、高速高性能主轴单元及进给系统设计制造控制技术、高速高效加工用刀具磨具、加工过程检测与监控技术、高速加工控制系统、高速高效加工装备设计制造技术以及高速高效加工工艺等。

7.2.1　高速切削加工技术简介

高速切削加工理念来源于德国Salomon博士的专利，图7-24为Salomon高速切削加工理论的示意图。

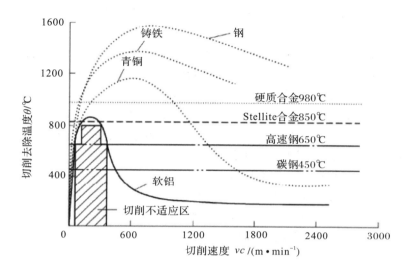

图 7-24　Salomon高速切削加工理论示意图

高速切削加工技术中的"高速"是一个相对概念，随着切削加工技术的不断发展，其速度范畴发生着变化，对于不同的加工方法和工件材料与刀具材料，高速切削加工时应用的切削速度也不相同。德国Darmstadt工业大学生产工程与机床研究所提出将高于普通切削速度5～10倍的切削加工定义为高速切削加工。

高速切削加工具有如下优点：

（1）提高了加工效率。高速切削加工允许使用较大的进给率，比常规切削加工提高5～10倍，单位时间材料去除率可提高3～6倍。当加工需要大量切除金属的零件时，可使加工时间大大减少。

（2）有利于刚性较差和薄壁零件的切削加工。高速切削的径向切削分力减小，达30%左右，切削变得较为轻松。切削力的降低，使切削应力随之降低，从而减少了加工中的热处理的中间环节，并有利于薄壁零件的切削加工。

（3）工作平稳性高。在高速切削加工中，由于切削产生的激振频率远离机床、工件、刀具工艺系统的固有频率，所以振动较小、工作平稳度较高。

（4）工艺集中。高速切削可将粗加工、半精加工、精加工合为一体，尽量都在一台机床上用复合刀具加工完成，减少了设备数量，避免了多次装夹产生的时间浪费和加工误差。

（5）有利于减少加工零件的内应力和热变形，提高了加工精度。高速切削时，由于切削速度很高，切削热多数被切屑带着，而来不及传递给工件和刀具，所以减少了工件的内应力和热变形，同时有利于实现干式切削或半干切削，减少了冷却液的使用，减少了对环境的污染。

7.2.2 高效磨削加工技术

近30年来，磨削加工技术有了很大发展，磨削已开始成为能与车、铣、刨等加工相匹配的加工方法。高效磨削技术是以高效率、高质量为目标，实现材料高效去除加工的先进加工技术。

高效磨削包括高速磨削、缓进给大切深磨削、高效深磨和砂带磨削等。

1. 高速磨削

高速磨削是相对于以前的普通磨削而言的，目前砂轮线速度 $v_s > 45$ m/s 的磨削都可称为高速磨削。通常把砂轮线速度 $v_s > 150$ m/s 的磨削称为超高速磨削。

高速磨削与普通磨削相比具有以下突出的技术优势：

（1）可大幅度提高磨削效率，减少设备使用台数。普通磨削仅适用于加工余量很小的精加工，磨削前须有粗加工工序和半精加工工序，需配有不同类型的机床。而高速磨削既可精加工又可粗加工，大大减少了机床种类，简化了工艺流程。

（2）可以明显降低磨削力，提高零件的加工精度。高速磨削在材料切除率不变的条件下，可以降低单一磨粒的切削深度，从而减小磨削力，获得高质量的工件表面，尤其在加工刚度较低(如薄壁零件)的工件时，易于保证较高的加工精度。

（3）成功地越过了磨削"热沟"的影响，工件表面层可获得残余压应力(这对工件受力有利)。

（4）砂轮的磨削比显著提高，有利于实现自动化磨削。

（5）能实现对硬脆材料(如工程陶瓷及光学玻璃等)的高质量加工。

实现高速磨削的前提是：拥有足够刚性的机床，具有足够强度和动平衡的砂轮，能够提供足够转速和功率的主轴系统，以及良好的冷却装置和有效的排屑装置。

超高速磨削在德国、日本和美国等发达国家发展比较快。德国著名磨削专家Tawakoli T博士将其誉为"现代磨削技术的最高峰"。日本先端技术研究学会把超高速加工列为五大现代制造技术之一。国际生产工程学会(CIRP)将超高速磨削技术确定为21世纪的中心研究方向之一，并进行合作研究。

2. 缓进给大切深磨削

缓进给大切深磨削，又称深切缓磨或蠕动磨削。它是以较大的切削深度(可达30 mm以上)和很低的工作台进给(3～300 mm/min)磨削工件，经一次或数次通过磨削区即可磨到所要求的尺寸形状精度，适于磨削高硬度高韧性材料，如耐热合金、不锈钢、高速钢等材料的型面或沟槽。

深切缓磨的特点是：

（1）生产效率高。它的磨削效率是普通磨削的上百倍甚至上千倍。磨削深度大、砂轮与工件接触的弧长很大，因此单位时间通过磨削区的磨粒数量是普通磨削的几百倍以上，从而可充分发挥机床和砂轮的潜力。每小时的金属去除率可达几百公斤。

（2）砂轮耐用度高。深切缓磨时，砂轮以缓慢的速度切入工件，避免了磨粒与工件边缘的撞击，改善了磨削条件，使磨削过程平稳、不振动，因而提高了砂轮的耐用度。深切缓磨是利用砂轮的周边磨削，当砂轮磨钝后，只需对砂轮的外周进行少量的修整，因而可以使砂轮得到充分利用。

（3）冷却条件好，磨削表面粗糙度低，加工精度好。深切缓磨常采用高压大流量冷却系统，磨削时采用顺磨，冷却液易进入磨削区，对砂轮和工件表面进行冲洗，防止磨粒挤入工件表面和磨屑嵌入砂轮表面。磨削后的工件表面粗糙度 Ra 可达 $0.4 \sim 0.2$ μm。砂轮的耐用度高，砂轮外圆轮廓形状保持时间长，所以加工的工件不但加工精度高，且质量稳定。

（4）适于磨削难切削材料。对于难切削材料，可采用深切缓进给强力磨削来加工型面精度要求高的工件。采用多次成形修整砂轮，对工件型面进行粗磨、半精磨和精磨，来保证工件的形状和尺寸精度。

（5）易引起表面烧伤。深切缓磨时，砂轮与工件接触弧长度大，切屑较长，磨削热难以散出，冷却液难以进入接触区从而造成表面烧伤。为此，需采用较软或超软级、粗颗粒、大气孔砂轮及充分的冷却液，使冷却液透过砂轮孔穴进入磨削弧区。

3. 高效深磨

高效深磨是集砂轮高速度、工件高进给速度（$0.5 \sim 10.0$ m/min）和大切深（$0.1 \sim 30.0$ mm）为一体的高效率磨削技术。高效深磨技术已被用来粗精加工一次磨削，以高的材料去除率和低成本加工高质量的氮化硅陶瓷等零件。

高效深磨概念是由德国 Bremen 大学 Werner 教授于 1980 年提出，目前欧洲企业在高效深磨技术应用方面居领先地位。高效深磨可直观地看成是缓进给磨削和超高速磨削的结合。与普通磨削不同的是高效深磨可以通过一个磨削行程，完成过去由车、铣、磨等多个工序组成的粗精加工过程，获得远高于普通磨削加工的金属去除率（磨除率比普通磨削高 $100 \sim 1000$ 倍），表面质量也可达到普通磨削水平。高效深切磨削工艺开始是使用树脂结合剂氧化铝砂轮，以 $80 \sim 100$ m/s 的高速来进行钻头螺旋沟槽的深磨。由于它使用比缓进给磨削快得多的进给速度，生产效率大幅度提高，后来又进一步在 CBN 砂轮基础上开发出 $200 \sim 300$ m/s 的超高速深磨磨床。

高效深切磨削具有加工时间短、磨削力大、磨削速度高的特点，高效深切磨削除了应具备超高速磨削技术要求外，还要求机床具有高的刚度。一般高效深磨要求机床主轴驱动功率比缓进给磨削大 $3 \sim 6$ 倍，如用 400 mm 砂轮机床主轴至少需要 50 kW 的功率。

4. 砂带磨削

砂带磨削是以砂带作为磨具并辅之以接触轮（或压磨板）、张紧轮、驱动轮等磨头主体以及张紧快换机构、调偏机构、防（吸）尘装置等功能部件共同完成工件的加工过程，如图 7-25 所示。具体讲就是将砂带套在驱动轮、张紧轮的外表面上，并使砂带张紧然后高速运行，根据工件形状和加工要求以相应接触和适当磨削参数对工件进行磨削或抛光。

砂带磨削具有如下特点：

（1）加工效率高。砂带表面磨粒分布均

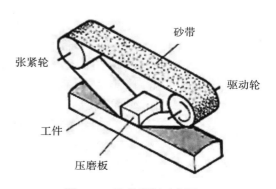

图 7-25　砂带磨削示意图

匀、等高性好、尖刃外露、切刃锋利，切削条件比砂轮磨粒好，使得砂带磨削过程中，磨粒的耕犁和切削作用大，因而材料切除率大、效率高。

（2）磨削质量好。砂带的弹性接触状态，使得砂带磨粒对工件表面材料的挤压和滑擦作用大，因而磨粒有很强的研磨、抛光作用，磨削表面质量好。

（3）磨削速度稳定。由于接触轮极不磨损，砂带可保持恒速运动，而不会像砂轮那样越磨直径越小，速度越慢。

（4）砂带磨削成本低。与砂轮磨床相比，砂带磨床结构简单，传动链短。同时，砂带磨削操作简便，辅助时间少。其次，砂带磨削比大，机床功率利用率高，切削效率高，这使得切除同等重量或体积的材料所消耗的工具材料和能源减少，加工时间短。以上优点使得砂带磨削成本降低。

（5）砂带磨削安全可靠，噪音和粉尘小，且易于控制，环境效益好。由于砂带本身质量很轻，即使断裂也不会有伤人的危险。砂带磨削不像砂轮那样脱砂严重，特别是干磨时，磨屑成分主要是被加工工件的材料，很容易回收和控制粉尘。由于采用橡胶接触轮，砂带磨削不会像砂轮那样形成对工件的刚性冲击，故加工噪音很小。

（6）砂带磨削工艺灵活性大、适应性强。砂带磨削可以十分方便地用于平面、内外圆和复杂曲面的磨削。同时，砂带的基材、磨料、粘结剂均有很大的选择范围，能适应各种用途的需要。砂带的粒度、长度和宽度也有各种规格，并有卷状、环状等多种形式可供选用。对同一种工件，砂带磨削可以采用不同的磨削方式和工艺结构进行加工。

砂带磨削应用面极广，可用来粗磨钢锭、钢板，磨削难加工材料和难加工型面，特别是磨削大尺寸薄板、长径比大的外圆和内孔、薄壁件和复杂型面更为优越。

7.2.3 车铣复合加工技术

随着以航空航天为代表的产品零件突出表现为多品种小批量、工艺过程复杂并且广泛采用整体薄壁结构和难加工材料，制造过程中出现了制造周期长、材料切除量大、加工效率低以及加工变形严重等瓶颈。为了提高复杂产品的加工效率和加工精度，工艺人员一直在寻求更为高效精密的加工工艺方法。复合加工是目前国际上机械加工领域最流行的加工工艺之一，是一种先进制造技术。

复合加工就是把几种不同的加工工艺，在一台机床上实现。复合加工中应用最广泛、难度最大的，就是车铣复合加工。车铣复合加工中心是车铣复合加工的载体，以目前最先进的五轴车铣复合加工中心为例，它是指一种以车削功能为主，并集成了铣削和镗削等功能，至少具有3个直线进给轴和2个圆周进给轴，且配有自动换刀系统的机床的统称。这种车铣复合加工中心是在三轴车削中心基础上发展起来的，相当于1台车削中心和1台加工中心的复合。因此可以在1台车铣复合加工中心上，经过一次装夹，完成全部车、铣、钻、镗、攻丝等加工，其工艺范围之广和能力之强，已成为当今复合加工机床的佼佼者，是世界范围内最先进的机械加工设备之一。

以奥地利WFL公司的M150车铣复合加工中心为例，如图7-26所示。M150机床能实现的运动方式具有X_1、Y_1、Z_1、B_1、C_1、Z_2、Z_4、S_1、S_3等九个运动轴，其中S_1是车削模式下的车削主轴，也是铣削模式下的C_1轴；S_3是车铣镗单元（TDM），所有加工刀具安装在S_3轴上；Z_2是中心架；Z_4是尾座；X_1、Y_1、Z_1、B_1、C_1在铣削模式下可实现五轴五联动，X_1、

Z_1、Y_1、B_1在车削模式下可实现B轴联动车削，机床控制系统为Siemens840D。

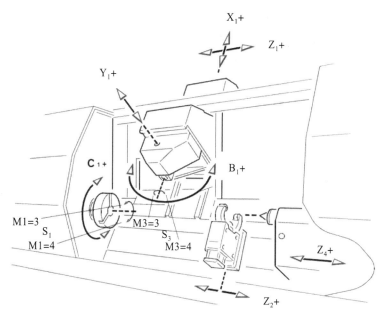

图7-26　M150机床能实现的运动方式

与常规数控加工工艺相比，车铣复合加工具有的突出优势主要表现在以下几个方面：

（1）缩短产品制造工艺链，提高生产效率。车铣复合加工可以实现一次装卡完成全部或者大部分加工工序，从而大大缩短了产品制造工艺链。这样一方面减少了由于装卡改变导致的生产辅助时间，同时也减少了工装卡具制造周期和等待时间，能够显著提高生产效率。

（2）减少装夹次数，提高加工精度。装卡次数的减少避免了由于定位基准变化而导致的误差积累。同时，目前的车铣复合加工设备大都具有在线检测的功能，可以实现制造过程关键数据的在位检测和精度控制，从而提高产品的加工精度。

（3）减少占地面积，降低生产成本。虽然车铣复合加工设备的单台价格比较高，但由于制造工艺链的缩短和产品所需设备的减少，以及工装夹具数量、车间占地面积和设备维护费用的减少，有效降低了总体固定资产的投资、生产运作和管理的成本。

车铣复合加工技术由于具有独特的运动方式和加工特点，所以特别适合于轴类零件的多工序的加工，如：曲轴、叶轮、叶片、机匣和其它复杂结构件，如图7-27所示。

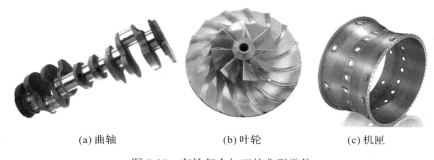

(a) 曲轴　　　　　　　　(b) 叶轮　　　　　　　　(c) 机匣

图7-27　车铣复合加工的典型零件

1.编制图7-28中各零件的数控线切割加工程序。

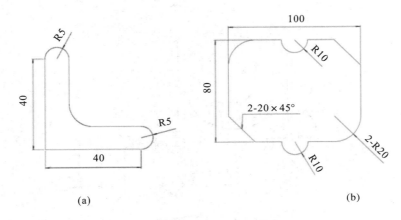

(a)   (b)

图 7-28   线切割加工的零件图

2.按图7-29建模并进行快速成型的加工。

3.采用AutoCAD软件绘制图7-30，导入到CORELDRAW软件进行激光雕刻加工。

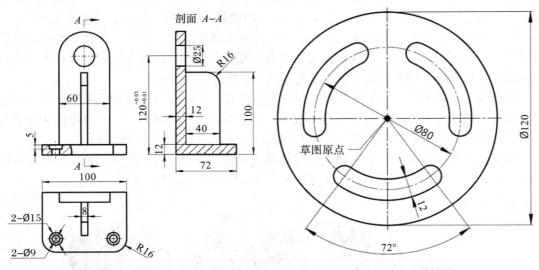

图 7-29   快速成型加工的零件图   图 7-30   激光雕刻加工的零件图

4.查阅资料，了解铝合金、45钢、钛合金TC4三种材料高速切削加工的相应切削参数范围和材料去除率。

5.查阅资料，了解我国高效磨削加工技术的发展现状。

6.车削复合加工技术中，常用的Y轴和B轴指的是哪个方向的运动？

7.查阅资料，分析电解加工和电火花加工各自的加工特点和应用范围。

8.查阅资料，分析超声加工具体的应用实例。

9.查阅资料，了解工业生产中激光加工的应用情况。

参考文献

[1] 王爱珍. 金属成形工艺设计 [M]. 北京：北京航空航天大学出版社，2009.

[2] 杨树财，张玉华. 基础制造技术与项目实训 [M]. 北京：机械工业出版社，2012.

[3] 刘新，崔明铎. 工程训练通识教程 [M]. 北京：清华大学出版社，2011.

[4] 夏德荣，贺锡生. 金工实习 [M]. 南京：东南大学出版社，1999.

[5] 袁名炎，周桂莲，刘政等. 工程训练 [M]. 南昌：江西人民出版社，2009.

[6] 谭逢友，张罡. 工程训练简明教程 [M]. 北京：清华大学出版社，2010.

[7] 孙以安，鞠鲁粤. 金工实习 [M]. 上海：交通大学出版社，1999.

[8] 庞国星. 工程材料与成形技术基础 [M]. 北京：机械工业出版社，2011.

[9] 刘建华. 材料成型工艺基础 [M]. 西安：西安电子科技大学出版社，2012.

[10] 郁龙贵. 机械制造基础 [M]. 北京：清华大学出版社，2009.

[11] 沈其文，赵敖生. 材料成型与机械制造技术基础（材料成形分册）[M]. 武汉：华中科技大学出版社，2011.

[12] 高进. 工程技能训练和创新制作实践 [M]. 北京：清华大学出版社，2011.

[13] 杨慧智. 机械制造基础实习 [M]. 北京：高等教育出版社，2002.

[14] 崔明铎. 工程实训 [M]. 北京：高等教育出版社，2010.

[15] 陈日曜. 金属切削原理 [M]. 北京：机械工业出版社，2012.

[16] 李亚江，李嘉宁. 激光焊接/切割/熔覆技术 [M]. 北京：化学工业出版社，2012.

[17] 傅玉灿. 难加工材料高效加工技术 [M]. 西安：西北工业大学出版社，2010.

[18] 吴宝海，严亚南，罗明. 车铣复合加工的关键技术与应用前景 [J]. 航空数控加工技术，2010，(19)：42-45.

[19] 邓朝晖，刘战强，张晓红. 高速高效加工领域科学技术发展研究 [J]. 机械工程学报，2010，46(23)：106-120.